云原生应用架构

微服务开发最佳实战

FreeWheel核心业务系统开发团队 / 著

电子工业出版社
Publishing House of Electronics Industry
北京·BEIJING

内 容 简 介

传统的微服务应用正在经历着云原生技术的"洗礼"。随着该领域技术的不断变革与完善，以原生方式开发基于云的微服务成了降本提效的重要手段。

FreeWheel 核心业务系统开发团队在多年的实践中探索出了一条云原生微服务应用构建之路。本书基于这些实践经验，从设计、开发到测试、部署，介绍了团队如何利用云原生技术为应用开发的全生命周期赋能。从架构技术选型到具体工程实践，书中内容理论联系实际，较为全面地剖析了容器落地、服务网格、无服务器计算、持续集成和持续部署等核心云原生技术，适合关注微服务、云原生技术的架构师、工程师及技术决策者阅读。

未经许可，不得以任何方式复制或抄袭本书之部分或全部内容。
版权所有，侵权必究。

图书在版编目（CIP）数据

云原生应用架构：微服务开发最佳实战 / FreeWheel 核心业务系统开发团队著. —北京：电子工业出版社，2021.11
ISBN 978-7-121-42274-4

Ⅰ. ①云… Ⅱ. ①F… Ⅲ. ①云计算 Ⅳ. ①TP393.027

中国版本图书馆 CIP 数据核字（2021）第 220861 号

责任编辑：孙奇俏
印　　刷：三河市双峰印刷装订有限公司
装　　订：三河市双峰印刷装订有限公司
出版发行：电子工业出版社
　　　　　北京市海淀区万寿路 173 信箱　邮编 100036
开　　本：787×980　1/16　印张：23.25　字数：517 千字
版　　次：2021 年 11 月第 1 版
印　　次：2021 年 11 月第 1 次印刷
定　　价：108.00 元

凡所购买电子工业出版社图书有缺损问题，请向购买书店调换。若书店售缺，请与本社发行部联系，联系及邮购电话：(010) 88254888，88258888。
质量投诉请发邮件至 zlts@phei.com.cn，盗版侵权举报请发邮件至 dbqq@phei.com.cn。
本书咨询联系方式：010-51260888-819，faq@phei.com.cn。

本书作者

马若飞　王　强　王晓坚

曹　宇　许　侃　杨　帆

张　琦　宋玉鸣　郭彦梅

薛寒钰　杨　娜

赞　誉

应用软件上云的大趋势让云原生和微服务成为技术团队的关注点和技术论坛中的热点话题。FreeWheel 的大型实时广告系统具有高并发、业务逻辑复杂、更新迭代迅速等特点，拥抱云是一种自然而然的选择。我们的核心业务系统开发团队拥有多年的微服务开发和应用上云经验，探索出了一条云原生应用的构建之路。书中内容以工程实践为核心，旨在教会读者如何在实际项目中落地云原生理念，从而提升应用的构建质量和开发效率。

马玉羚，FreeWheel 全球 CTO

云原生技术为构建具有弹性伸缩能力的现代化应用提供了重要的实现手段。本书基于一线开发团队的工程实践，内容覆盖设计、实现、测试和部署，为读者提供了将云原生技术融入软件开发过程的实际案例。

徐昊，ThoughtWorks 中国区 CTO

云原生已成为势不可当的技术趋势。放眼全球，一线互联网公司都在加速推进着业务的云原生化。从技术发展的视角来看，新技术总是从有实力的头部企业开始被应用的，FreeWheel 有着深厚的技术积累，也有着优秀的技术人才，他们是云原生领域的先行者。这本书不空谈概念，不照本宣科，而是从实战案例出发，有节奏、有计划地娓娓道来，为读者总结了 FreeWheel 核心业务系统开发团队在落地云原生过程中的经验和启示。如果你正准备落地云原生，那不妨看看这本书。

郭蕾，极客邦科技合伙人、极客时间首席内容官本书提炼于 FreeWheel 多年的云原生实践之路，讲述了现代化应用开发的云端构建之道。书中内容理论与实践相得益彰，细节之处又彰显架构之美。本书第一作者是我的朋友，也是亚马逊云科技中国区的 AWS Container Hero！

宋烨，AWS 数字原生业务部解决方案架构师总监

本书作者团队始终在一线架构设计领域躬身实践，持续探索后端技术与服务的演进。本书是作者团队最近几年探索和实践的结晶，对一线工程师的实操极具指导意义和参考价值，推荐！

黄奔阳，Vungle 大中华区总经理（Vungle 中国区原 CTO）

亚马逊云计算平台对云原生应用开发和部署非常友好，适合需要频繁实验的创新过程。本书阐述了进行组织创新时架构转型涉及的多个技术难点，例如微服务化、松耦合、开发和运维、无服务器计算等。对于广大技术爱好者来说，这是一本值得收藏的读物。

徐海，AWS 大中华区解决方案研发中心总监

微服务经过诞生伊始的野蛮生长后，终于在云原生的推动下进入了下半场。引入微服务虽解放了开发者，却也带来了运维复杂度的大幅增加。云原生则通过自动化和容器化的方式，行之有效地提升了微服务的可运维性。如同咖啡和牛奶，微服务和云原生几乎是当今应用开发的最佳拍档。在技术更新迭代十分快速的今天，本书同时涵盖了微服务和云原生的经典理念和前沿技术，非常值得阅读。

张亮，SphereEx 创始人兼 CEO、Apache ShardingSphere 项目主席

随着云原生技术的推广和普及，微服务开发方式也发生了重大改变，传统的微服务开发方式和相关图书可能不再适用。本书从真实案例出发，干货满满，讲述了如何在云原生架构下落地微服务应用，对研发人员有着较高的参考价值，值得认真研读。

罗广明，云原生社区联合创始人、云原生布道师、高级架构师

"云原生"是近些年技术社区讨论架构时避不开的一个热词。市面上关于云原生的书大多是介绍理念、框架的，但很多公司在云原生落地的过程中都碰到了一些现有资料所没有涉及的具体问题和挑战。相信大家都希望在这方面做得比较成功的公司可以分享一些干货。这本书总结了很多一线工程师的具体工程实践，值得所有关注云原生并希望能落地云原生的技术人员一读。

龚凌晖，Strikingly 技术副总裁

《云原生应用架构：微服务开发最佳实践》这本书系统性地解读了云原生领域的核心技术，并结合真实案例进行了深入浅出的讲解。我相信这本书能够帮助广大开发者更好地理解和实践云原生技术。

王宇博，AWS 首席布道师

近年来，随着 Kubernetes、微服务、容器的广泛应用，众多企业遇到了微服务迁移难题。FreeWheel 核心业务系统开发团队集结了一线研发人员撰写此书，总结了他们多年来的丰富经验，相信这本书可以解答你心中的疑惑，让你从容面对后 Kubernetes 时代的微服务转型。

宋净超，Tetrate 布道师、ServiceMesher 中文社区创始人、云原生社区创始人

云原生时代带来了更好的架构体验，但也给开发者提出了更高的要求。本书作者团队结合自身实践，以微服务架构为基点，讲解了从开发到服务治理的方方面面，分享了云原生时代微服务架构所需的主要技术，相信读者也会从中受益良多。

祁宁，SegmentFault CTO

前　言

迈向云原生

作为一位技术领域的老兵，我在过去近 20 年的时间里见证了整个软件行业在技术架构上发生的翻天覆地的变化。

我依稀记得，自己在 2004 年刚刚加入 IBM 中国软件研发中心时，整个团队都专注于构建基于 SOA（面向服务的架构）的项目和解决方案。当时的 SOA 还很"重"，底层的技术实现强依赖于 J2EE、Web Service、SOAP 等技术。对开发人员而言学习成本较高，实现和落地方案相对复杂，客户也需要花费一定时间去学习如何使用系统。另外，当时的技术栈对于分布式系统设计中需要着重考量的非功能性需求（如性能、可扩展性、安全性等）的支持也相对欠缺，这些非业务能力需要在设计阶段就被考虑并最终实现出来，任务繁重。

尽管如此，SOA 这种在当时领先的系统架构设计理念还是给整个软件行业带来了很多启示和思考。"星星之火，可以燎原"，作为架构演进过程中不可或缺的一员，SOA 对随后出现的各种致力于解耦软件系统复杂性的新技术、新架构的诞生起到了重要的推动作用。

现在，微服务、云原生技术几乎成为整个软件开发行业的风向标，很多公司、组织和团队都正在或计划将自己的业务迁移到云上，并基于微服务技术理念对系统架构进行改造升级。其实，不管是 SOA 还是微服务，最终的目的都是解耦复杂的系统设计，以"服务"的方式来定义和封装模块化的业务功能，从而实现系统设计、开发和维护的独立性。

然而凡事都有两面性，在我们享受微服务、云原生技术给系统设计开发工作带来便利的同时，同样也需要面对新技术带来的一系列挑战，例如分布式事务、服务治理等，而这些还只是构造一个强健、完备的微服务架构所要面临问题中的一小部分。究其根源，软件设计的本质即在各种制约因素之下小心翼翼地权衡利弊。银弹未现，取舍为真，在软件架构设计的道路上，我们仍需上下求索，朝夕不倦。

FreeWheel 作为全球互联网视频广告技术的引领者和全美视频广告技术创新的奠基者，其业务和技术复杂度在微服务应用领域具有很强的代表性。从 2016 年开始，我们团队致力于技术架构的改造和升级，通过近 4 年的努力，团队基于微服务、云原生的理念重新设计并实现了整个广告核心业务系统。在技术架构升级的过程中，我们也不可避免地遇到了很多未知的技术问题和挑战，团队如涉世未深的少年，跌跌撞撞，消除了困惑与迷茫，不断探索并一路前行至今，也因此积累了很多宝贵的经验。

书中所有内容正是来源于我们在实际工作中的实践总结。参与撰写书中各章节的同事也都在一线负责具体的设计和开发工作，对技术细节有深入的了解。书中文字可能朴实无华，但字字珠玑，相信对致力于微服务架构设计的开发人员会大有裨益。

本书特色

本书具有以下特色。

（1）实践出真知

作为冲锋在第一线的工程师，我们团队深知真实案例对读者的重要性，也清楚实践对于技术学习的重要性。因此，书中所述案例大都来自真实发生的应用场景，相应的解决方案也是针对该场景的落地实践。这也是本书以"最佳实践"命名的原因。当然，我们也不能轻视理论学习的重要性，通过文献综述和知识溯源，团队力求以最准确的方式描述技术概念和底层原理，使实践有理可依，有法可循。

（2）全生命周期覆盖

不管基于何种架构风格来构建系统，都必然要经历从设计到部署上线的完整流程，微服务应用也如此。特别是在云原生技术的加持下，开发方式和设计思路在技术选型、实现、部署等多方面都会有所不同。因此，我们没有以离散的、无序的方式讲述这些技术，而是基于开发流程，循序渐进地将知识点融入整个软件开发生命周期，以带给读者合理和流畅的阅读体验。从技术选型到服务划分，从敏捷开发到代码管理，从服务治理到质量保证，我们在每一个阶段剖析相应的技术和实践，告诉读者如何将云原生技术融入软件开发生命周期的每个环节。

（3）个性化案例分享

重复性的记叙、随处可得的显性知识会让写作变得苍白，让读者失去翻书的兴趣。本书的一大特色就是基于团队自身经验总结了许多个性化的实践方法，比如用于构建无服务器计算的低代码开发平台、虚拟团队中台搭建法、有趣的 Bug Bash 活动等。相信这些会给读者耳目一新的感觉，我们也希望这些个性化案例能帮助各位读者优化自己的开发方式。

本书内容

本书主要介绍了基于云原生技术构建微服务应用的工程实践，全书共 9 章，每章的内容简介如下。

第 1 章　云原生时代下的微服务

云原生技术的出现改变了微服务应用的构建方式，传统的开发方式无法很好地与云环境适配。本章将从微服务的特性讲起，深入剖析云原生的概念和核心技术，探索在云原生时代下微服务应用需要以何种改变来应对技术洪流的挑战，总结从传统微服务转变到云原生应用的开发过程。

第 2 章　微服务应用设计方法

设计是软件开发生命周期中最重要的活动之一。本章我们将基于团队的实践经验，与读者探讨如何设计一个微服务应用。我们将从应用的架构选型谈起，介绍架构、通信层、存储层、业务层的解决方案，同时还会基于实际案例分析如何对遗留系统进行微服务改造。

第 3 章　服务开发与运维

"实现"是将软件设计的结果转化为软件产品的过程，是软件开发的实际产出。本章将围绕服务开发与运维，基于团队的工程实践，介绍如何通过 Scrum 敏捷开发方法完成整个开发过程，并介绍我们为了提高开发效率而构建的服务管理与运维平台。

第 4 章　微服务流量管理

服务网格是云原生时代下进行流量管理的首选方案。通过声明式配置，应用就能具有控制流量的能力，并且该配置对应用透明。本章将基于我们团队在服务网格方面的实践，为读者详细介绍如何使用 Istio 为微服务应用提供流量管理能力。

第 5 章　分布式事务

随着软件系统从单体时代迈向微服务和云原生时代，以及数据库选型呈现去中心化、异构化的趋势，单体应用上的本地事务会转变为分布式事务，这给数据一致性需求带来了挑战。本章将围绕分布式事务这一技术方向，介绍我们团队使用 Saga 模式进行的实践。

第 6 章 无服务器架构

通过无服务器计算技术构建弹性伸缩应用的优势越来越明显。作为一种新兴的应用架构,无服务器架构的核心概念是什么,它有哪些区别于传统架构的特点,它的优势和应用场景是什么,它能为应用的构建带来哪些变革?本章将对这些问题进行一一解答。

第 7 章 服务的可观察性

使用微服务架构并迁移上云后会面临诸多挑战,例如,查看应用中各个服务的状态,快速定位并解决线上问题,以及监控服务间的调用关系。构建具有可观察性的应用是保障服务质量的重要因素。本章将介绍服务可观察性的定义与应用,以及团队在该领域的落地实践。

第 8 章 质量保证实践

软件质量是贯穿于软件开发生命周期各个阶段的重要概念,在很大程度上决定了系统的可用性和用户体验。在这一章中,我们将为读者介绍在架构迁移过程中所积累的一些与质量保证相关的实践经验,讲述团队如何通过完善的测试技术和混沌工程来构建云原生时代下的质量保证体系。

第 9 章 持续集成和持续部署

持续集成和持续部署是构建云原生应用的必要条件,我们的团队在这方面积累了大量的经验。在这一章中,我们将从持续集成的自动化触发、差异化执行、产物归档等方面谈起,介绍经过微服务改造后的产品发布规划、云原生部署框架,以及持续部署对微服务应用全生命周期的支持。

致谢

感谢 FreeWheel 核心业务系统开发团队的首席工程师马若飞,作为本书的第一作者,他领导参与公司微服务架构升级工作的工程团队成员不断打磨书中的内容。感谢所有参与撰写本书的同事们,他们将自己的真知灼见汇聚于此,句句箴言。感谢公司兄弟团队的支持与协作。还要感谢电子工业出版社博文视点的孙奇俏编辑,她严谨认真的工作态度和极高的专业度是我们高质量成书的关键。

撰写本书的灵感萌生于新年伊始,新春为岁首,寓意万物新生。我们也希望这本书能够帮助更多的读者以全新的方式从零开始构建一个可扩展、可维护的云原生应用,也祝愿大家在构建企业级微服务应用的技术道路上少走弯路,享受微服务、云原生技术带给我们的便利!

王强,FreeWheel 研发副总裁

目 录
Contents

第 1 章　云原生时代下的微服务...1
  1.1　从微服务谈起..1
    1.1.1　微服务架构的关键特性...2
    1.1.2　微服务的取舍...6
  1.2　云原生应用..9
    1.2.1　什么是云原生...9
    1.2.2　云原生技术...12
    1.2.3　云原生应用的特点...15
  1.3　从微服务到云原生..17
    1.3.1　非功能性需求的调整...17
    1.3.2　治理方式的改变...18
    1.3.3　部署和发布的改变...19
    1.3.4　从微服务应用到云原生应用...20
  1.4　本章小结..21

第 2 章　微服务应用设计方法...22
  2.1　应用架构设计..22
    2.1.1　服务架构选型...22
    2.1.2　服务通信策略...27
    2.1.3　存储层设计和选型...35
  2.2　遗留系统改造..37

2.2.1	绿地与棕地	38
2.2.2	绞杀者模式	39
2.3	业务逻辑设计	43
2.3.1	拆分服务	43
2.3.2	设计 API	50
2.4	本章小结	54

第 3 章 服务开发与运维 ... 55

3.1	敏捷开发流程	55
3.1.1	从瀑布模型到敏捷开发	56
3.1.2	基于 Scrum 的敏捷实践	58
3.2	搭建运行环境	64
3.2.1	开发环境	64
3.2.2	测试环境	65
3.2.3	预发布环境	66
3.2.4	生产环境	67
3.3	代码管理	67
3.3.1	Git 分支管理	67
3.3.2	使用 Sonar 进行代码检查	71
3.3.3	代码评审	75
3.3.4	代码提交与合并	76
3.4	低代码开发平台	77
3.4.1	低代码与开发平台	77
3.4.2	低代码开发平台实践	78
3.5	服务管理与运维平台	83
3.5.1	平台要解决的问题	83
3.5.2	平台架构	83
3.5.3	平台功能模块	85
3.6	服务中台化	87
3.6.1	什么是中台	87
3.6.2	中台的构建之路	88

3.7 本章小结 93

第 4 章 微服务流量管理 94

4.1 云原生时代的流量管理 94
4.1.1 流量类型 95
4.1.2 服务网格 96
4.2 服务发现 98
4.2.1 传统服务发现上云后的问题 98
4.2.2 Kubernetes 的服务发现机制 99
4.3 使用 Istio 服务网格进行流量管理 102
4.3.1 核心自定义资源 102
4.3.2 基于 Istio 的流量管理实践 112
4.3.3 常见落地问题与调试 120
4.4 使用 Istio 提升应用的容错能力 127
4.4.1 熔断器 128
4.4.2 超时和重试 131
4.5 本章小结 134

第 5 章 分布式事务 135

5.1 分布式事务的挑战 135
5.1.1 从事务到分布式事务 135
5.1.2 ACID：传统意义上的事务约束 137
5.1.3 CAP：分布式系统的挑战 138
5.1.4 BASE：高可用的代价 139
5.1.5 写顺序 139
5.2 分布式事务框架的方案选型 140
5.2.1 现有研究与实践 140
5.2.2 分布式事务框架的设计目标 143
5.2.3 选择 Saga 144
5.2.4 引入 Kafka 145
5.2.5 系统架构 148

　　　　5.2.6　业务流程 148
　5.3　基于 Saga 和 Kafka 的分布式事务落地实践 149
　　　　5.3.1　Kafka 并行消费模型的改进 149
　　　　5.3.2　部署细节 151
　　　　5.3.3　系统可用性分析 152
　　　　5.3.4　线上问题及处理 152
　5.4　本章小结 155

第 6 章　无服务器架构 157
　6.1　什么是无服务器架构 157
　　　　6.1.1　无服务器架构的定义 157
　　　　6.1.2　无服务器架构的发展 158
　　　　6.1.3　无服务器架构的优势 160
　　　　6.1.4　无服务器架构的不足 161
　6.2　无服务器架构应用 163
　　　　6.2.1　构建 Web API 后端服务 163
　　　　6.2.2　构建数据编排器 165
　　　　6.2.3　构建定时任务 166
　　　　6.2.4　构建实时流处理服务 167
　6.3　无服务器架构的落地实践 169
　　　　6.3.1　为什么选择 AWS Lambda 169
　　　　6.3.2　大量数据的导入和处理 171
　　　　6.3.3　日志数据的采集和处理 179
　6.4　本章小结 190

第 7 章　服务的可观察性 191
　7.1　什么是可观察性 191
　　　　7.1.1　可观察性的定义 191
　　　　7.1.2　可观察性的三大支柱 192
　　　　7.1.3　可观察性与监控的联系与区别 193
　　　　7.1.4　社区产品现状及技术选型 194

7.2	云原生下的日志解决方案	195
	7.2.1 日志分类与设计	195
	7.2.2 云原生日志收集方案的演进	206
	7.2.3 使用 Kibana 展示日志	212
7.3	分布式追踪	222
	7.3.1 分布式追踪系统的核心概念	222
	7.3.2 基于 Jaeger 的追踪方案	223
7.4	度量指标	233
	7.4.1 利用 Prometheus 收集度量指标	233
	7.4.2 使用 Grafana 展示度量指标	241
7.5	监控与告警设计	242
	7.5.1 监控平台构建实践	242
	7.5.2 告警系统的搭建	254
7.6	本章小结	258

第 8 章 质量保证实践 259

8.1	质量保证体系	259
	8.1.1 质量挑战	260
	8.1.2 测试策略	260
	8.1.3 构建质量保证体系	262
8.2	测试实践	265
	8.2.1 单元测试与 mock 实践	266
	8.2.2 基于 Godog 的集成测试实践	272
	8.2.3 基于 Cypress 的端到端测试实践	277
	8.2.4 测试自动化	280
8.3	混沌工程	285
	8.3.1 混沌工程的核心理念	285
	8.3.2 如何运行混沌实验	292
	8.3.3 系统资源类故障注入实验	297
	8.3.4 基于服务网格的网络流量故障注入方法	306
8.4	类生产环境的质量保证	311

	8.4.1 线上服务的监测与分析	311
	8.4.2 Bug Bash 实践	313
	8.4.3 Post-release Check 实践	317
	8.4.4 灾备策略与实践	319
8.5	本章小结	322

第 9 章 持续集成和持续部署 323

9.1	基于 Git 的持续集成	323
	9.1.1 自动触发流水线	324
	9.1.2 流水线差异化与统一协作	331
	9.1.3 流水线产物存储规划	334
9.2	基于 Helm 的持续部署	337
	9.2.1 部署规划	338
	9.2.2 不同环境下多集群的部署框架	339
	9.2.3 云原生的支持和任务维护	345
9.3	基于 Kubernetes 的持续部署实践	348
	9.3.1 Pod 资源配额及水平扩缩	349
	9.3.2 服务上下线流程和故障分析	351
9.4	本章小结	354

读者服务

微信扫码回复：42274

- 加入本书读者交流群，与作者互动
- 获取【百场业界大咖直播合集】（持续更新），仅需 1 元

第 1 章
云原生时代下的微服务

目前,微服务架构几乎已经成为各大公司和团队构建应用的首选。经过多年的发展,相关的理论和技术都日趋成熟。即便是还未使用微服务的团队,也都正在,或者计划对遗留系统进行微服务改造。然而,随着近几年云原生技术和生态的迅速崛起,传统微服务应用的形态和构建方式也在悄然发生变化。如何构建一个基于云原生的微服务应用,已经成为开发团队首要面临的技术难题。

在这一章中,我们会从微服务的特性谈起,深入剖析云原生的概念和核心技术,探索在云原生时代下微服务应用需要经历哪些变化来应对这股技术洪流的挑战,总结从传统微服务转变到云原生应用的开发过程。

1.1 从微服务谈起

2012 年,微服务(microservices)这一术语首次在公开场合出现。如果将这一年看作微服务的元年,则到本书截稿为止,它已经走过了近 10 年旅程。每个人对微服务架构的理解都不尽相同,我们趋向于认同软件工程大师 Martin Fowler 提出的更具象化、更有指导性的定义:

> 微服务架构是一种将单个应用程序开发为一组小型服务的方法,每个服务在自己的进程中运行,并通过轻量级的通信机制(如 HTTP API)进行交互。这些服务围绕业务功能构建,可以通过完全自动化的部署机制独立部署。服务可以使用不同的编程语言编写,并使用不同的数据存储,我们可以以一个非常轻量级的中心化管理方式来协调服务。

微服务架构为软件开发提供了新的思路,它更加适合信息时代下需求频繁变更、产品快速迭代的应用场景。独立构建服务的方式为构建、测试、部署等多个开发阶段带来了更高的灵活性,同时也能通过更细粒度的动态伸缩机制降低应用的资源成本。当然，软件开发领域的"银弹"还未出现，微服务架构也不是救世主，它有优点就必然有缺点。本节我们就来探讨它的关键特性都有哪些。

1.1.1 微服务架构的关键特性

Martin Fowler 在他的文章中列举了一系列微服务架构的特性，笔者认为下面的几点最具代表性。

1. 服务组件化

一直以来，解耦、松散耦合就是软件构建过程中追求的目标。即便是单体应用这种逻辑上是一个整体的结构，其通常也会根据功能不同被拆分为不同的模块（前提是有一个优秀的架构师来设计它）。这种相对独立的功能模块可以被理解为组件。与单体应用不同，微服务应用中的服务就成了应用的组件，并且是进程外组件，它们彼此之间通过某种网络协议进行交互。

将服务作为组件的一个优点是让部署变得相对独立。像单体应用这样单一进程的应用，即便其内部只有某一小部分发生了变化，也需要对其整体打包重新部署，而微服务应用无须面对这样的问题，其间接效应就是，可以在一定程度上提升资源的利用率并节约成本。当然，并不是应用中所有的服务都一定是完全独立的，越复杂的业务逻辑越有可能催生更多的依赖关系。

独立的服务让服务间的调用关系更加明确，因为服务之间必须通过共同约定的契约关系，也就是 API 进行交互。而进程内模块的调用方式没有这一限制，如果方法或函数的可见性设计得不合适，很可能会被习惯不好或者不了解设计意图的程序员乱用，最终与原本拆分服务时想要追求松散耦合的目标背道而驰。

另外，从进程内调用变为进程外调用，组件之间具有的强黏性也因为网络的介入被破坏了，还引入了一系列的非功能性需求，比如原本的本地事务成了分布式事务，或者为了保证系统的可靠性不得不加入通信超时、重试等机制。

2. 基于业务能力构建系统

软件开发大师 Chris Richardson 在他的《微服务架构设计模式》一书中写道："微服务的本质是服务的拆分和定义，而不是技术和工具。"服务拆分的合理性决定了服务之间交互的合理性，进而影响了应用构建的效率。笔者认为，基于业务构建应用是最难的，也是最重要的一步。所要开发的应用功能来源于客户需求，即所谓的业务，业务之所以被拆分成不同的部分就是因为它们彼此相对内聚。因此，围绕业务构建应用就成了很自然的一个选择，解耦也会相对容易实现。这也就是为什么领域驱动设计在微服务架构成为主流后又重新开始流行。

但因为康威定律（Conway's Law）的存在，对应用的构建在很大程度上受限于组织结构。我们可以简单地将康威定律理解为"组织决定架构"。如图 1-1 所示，开发团队会构建出和组织结构一致的系统形态。而一个按不同职能（比如前后端、DBA、运维）划分的组织，大概率会开发出水平细分（分层）的系统。想要构建出基于业务垂直细分的服务，会遇到一些难以跨越的障碍（比如沟通、集成），而重组组织结构通常不太可能，这也就是为什么说服务（业务）拆分是微服务开发中的最大难点之一。

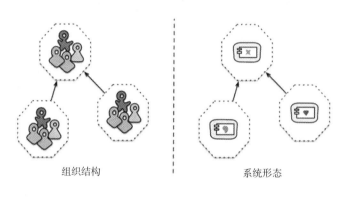

图 1-1

我们团队在面对这个问题时使用了一个相对取巧的方式。在服务改造初期，我们对职能划分做了重新安排，原本前端、后端、QA 这样的常规职位被取消，工程师需以全栈的角色进行开发。侧翼的支持团队，比如 DBA、运维人员，也按业务线不同被划入虚拟团队，以便补全开发团队。

围绕业务去构建系统是一条非常有指导意义的规则。当你在服务的拆分过程中遇到困惑时，仔细思考一下这个理念，也许就有了答案。

3. 去中心化治理和数据分治

分散的服务带来的另一个特征就是去中心化，下面我们具体介绍与去中心化治理和数据分治相关的内容。

（1）去中心化治理

一个应用所包含的各个业务需求必然是各不相同的，而不同的业务模型必然有最适合它的技术方案。通过拆分，我们实现不同的服务时在技术方案上可以有不同的选择，这就是所谓的异构。使用合适的方案比使用统一的方案更重要，因为这样效率更高。例如，使用面向对象语言构建有复杂业务模型且适合建模的服务，使用 Golang 语言构建中间件服务。在数据层面也是如此，对于有级联关系的业务模型，使用 MongoDB 这种文档化的存储方案更合适，对于大数据离线分析业务，使用列式数据仓库方案更合适。对于团队来讲，这种去中心化的构建方式也更加灵活。

相反，集中化的治理方式会产生统一的技术标准，但这一标准或技术栈并不适合所有的业务团队，他们可能需要做适当的兼容和调整来解决技术方案无法满足需求的问题，而这些都会带来额外的工作量。当然，统一技术栈在一定程度上会降低对技术的依赖和维护成本，但在云原生的大背景下，我们观察到这种简化技术栈的方式正在逐渐变少，因为应用的复杂性和非功能性需求越来越多，技术生态也越来越完善，开发团队引入新的技术或工具并不会产生太多额外的负担。因此，对于微服务而言，这种分而治之的去中心化治理依然是其重要特性之一。

（2）数据分治

数据是业务模型在存储层面的体现，换句话说，数据本质上就是业务。因此，数据分治也同样体现了围绕业务构建服务的思路。通常的表现是，不同的服务使用不同的数据库实例、持有不同的数据库表，或者干脆使用不同的存储方案，即采用混合持久化方案。图 1-2 显示了微服务架构和单体应用在数据库持有层面的不同形态。

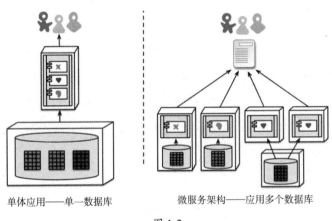

图 1-2

传统的单体应用通常（但并不绝对）会使用逻辑上单一的数据库来持久化数据。如果你是一位具有多年开发经验的"老"程序员，这种长期的习惯会让你在迁移到微服务架构的过程中感到不适。比如你得很小心地拆分业务对应的数据库表，以保证它们被正确持有。

数据分治带来的好处依然是灵活性和内聚性，业务在数据层面的变化可以由服务自己处理。但缺点也非常明显，就是引入了分布式事务的问题。业务之间必然会有联系，一个完整的调用链上很难不出现事务操作。而因为 CAP 理论的存在，分布式事务又没有一个完美的解决方案，开发团队不得不根据应用场景做出权衡。因此，微服务架构在设计上趋向于使服务间进行无事务协作，或者用最终一致性和补偿机制来弥补缺陷。本书第 5 章会详细介绍我们团队在分布式事务上的最佳实践，可供读者参考。

4. 基础设施自动化

从本质上来说，自动化的持续集成（CI）和持续交付（CD）的核心是管道（Pipeline）。通过管道，我们可将代码一步步从开发环境传送到生产环境。随着云平台具有的能力越来越强，构建、部署、运维微服务的操作复杂度在逐渐降低。笔者认为，自动化持续集成和持续交付不一定是构建微服务的必要条件，但不可或缺。想象一下，如果一个应用拥有几百个甚至更多的服务，此时若没有自动化的持续集成和持续交付管道，那么有效部署这些服务将是一个极大的麻烦。另一方面，应用被拆分为服务的一大目的就是希望可以独立部署，提高系统的运转效率和资源利用率。如果因为没有自动化部署而导致运维效率低下，这就违背了设计的初衷。因此，为微服务架构构建一个自动化的持续集成和持续交付管道，特别是在云原生时代，就成了非常重要的一点。

5. 面向失败设计和演进式设计

使用微服务架构时，在设计层面上需要注意以下两点。

（1）面向失败设计

正如前文所说的，将业务模块拆分成服务后，因为交互方式的改变，服务间的调用很有可能会因为各种原因而失败，比如网络抖动、上游服务不可用、流量过载、路由出错等。这就要求我们在构建微服务应用的过程中充分考虑这些问题，想办法在失败发生时尽可能降低对用户的影响。很显然，这将增加开发负担，我们需要在应用中添加更多的非功能性需求，或者说控制逻辑，而这应该是微服务这种分布式架构之于单体应用最大的劣势。

为了解决微服务的这一问题，服务治理，以及通过服务网格技术更轻松地管理服务间的通信成了重要的课题。当面对失败时，最重要的就是能够及时检测和发现故障并自动恢复。在云原生技术的加持下，实现面向失败设计变得不再困难，比如我们可以基于基础设施的探针和运行策略完成自动化重启，也可以通过日志、指标和追踪构建完善的服务监控能力。

（2）演进式设计

我们通常戏谑地称：软件开发过程中唯一不变的事情就是改变。这句话有点自嘲但的确是不争的事实。频繁的需求变更，以及为了追随市场而做出策略调整，都要求我们能设计出具有演进能力的应用。当我们将应用拆分成服务后，它就具有了独立变化的能力，我们可以针对变化做出单独的调整而不需要重新构建整个应用。比如通过不断地、分批次地更新不同的服务，逐渐让应用的各个部分持续发展，这就是所谓的演进。我们甚至可以通过抛弃式的方式来开发应用。比如针对某次市场运营活动开发一项功能，它完全可以以一个单独服务的形式存在，等活动结束后删除它，不会对主要的业务部分产生影响。为了让演进流程更顺畅和合理，还需要注意将稳定的部分和易变的部分分开，以保证将变更带来的影响降至最低。

可以说，微服务在一定程度上为设计演进式应用提供了前提，服务化带来的模块可替代特性让演进式设计更容易实现。

1.1.2 微服务的取舍

取舍（Trade-off）是软件设计和开发中的主旋律，我们总是需要根据各种各样的限制来做出权衡。在技术选型的时候要取舍，在程序花费更多时间还是花费更多空间上要取舍，在性能和功能上要取舍，甚至给一个函数命名也要考虑许久（你肯定深有体会）。同样，微服务架构在使用上也有取舍之道。本节我们会列举它的几个重要优缺点，以及相应的权衡手段，以帮助各位读者在微服务开发中有的放矢。

1. 服务化带来的边界效应

将业务模块拆分成服务后，各部分的边界感会变得更强。因为相比进程内的函数调用来说，跨服务的调用成本更高，你需要考虑通信的问题、延迟的问题，以及如何处理失败调用。而在单体应用中就很容易绕过这种边界限制，如果所使用的开发语言又恰巧没有可见性约束，混乱的调用便会破坏模块化的结构，让它们之间产生耦合。这种耦合的另一个来源是集成的数据库，即不同的模块可以随意访问数据，这在复杂的业务系统中通常是耦合的主要来源。

微服务的去中心化数据分治避免了这一情况的发生。通过服务暴露出的 API 来访问数据可以让代码更容易表现出清晰的业务意图，同时避免让不同的模块陷入无法分割的泥沼。

服务化带来的边界效应是有好处的，它可以在一定程度上保证业务之间的隔离性。前提是进行服务拆分，即边界定义是合理的。如果在设计时没有把控好正确的边界，这个优点反而会变成缺陷。当你发现你总是需要通过跨服务调用来获取数据时，说明很可能是边界定义有问题。在复杂度上，尽管服务是更小的业务单元，更容易理解，但应用整体的复杂性并没有消除，只不过转移到了服务调用上。调用链的冗长会让这种复杂性体现出来。所以定义好服务边界能减少这类问题。领域驱动设计中的子域、边界上下文可以让我们更好地理解业务的隔离性，为我们定义边界提供帮助。因此，在享受边界效应带来的好处时，要先做好它的定义。

2. 独立部署

独立部署能将应用的变更控制在一个范围内，使其他部分不受影响，它还能让演进式开发成为可能。当功能开发完成后，你只需要测试和部署你所负责的服务，哪怕发生了错误，它所影响的也只是一小部分业务，整个系统不会因为你的问题而全部垮掉。当然，前提是具有良好的失败设计。在 Kubernetes 这样的云原生基础设施的加持下，自动回滚的能力甚至无法让用户知道你其实做了一次失败的部署。

独立部署会加快更新应用的速度。但随着服务的增多，部署行为会频繁发生，应用的迭代速度会和交付速度成正比。因此，具有快速部署能力是保证微服务应用迭代的重要条件。这背后的优势就是能让应用更快地引入新特性，快速响应市场的变化。回想笔者十多年前的软件开发经历，一次产品发布需要经历相当烦琐的流程，痛苦且低效。而现在，在持续交付的加持下，每日构建成了常态化的行为。

但独立部署也会给运维带来更多压力，因为一个应用变成了数十个、数百个微服务。如果没有自动化部署管道，恐怕就没有办法完成大批量服务的更新。同时，管理和监控服务的工作也变多了，相应的操作和工具的复杂性也随之增加。因此，如果你所构建的基础设施和工具还不具有自动化持续交付的能力，微服务并不是你当前的合适选择。

3. 技术分治

微服务的相对独立性可以让你自由选择实现它的技术。每个服务都可以使用不同的开发语言、不同的类库、不同的数据存储方案，最终组成一个异构系统。技术分治最大的一个优点就是可以让你根据业务特性选择最合适的开发语言和工具，以便提高开发效率。比如你的服务主要负责大数据分析相关业务，你很可能会优先选择基于 Java 技术栈的那些成熟的大数据产品。这种自由度还能给开发团队带来自信，让他们有一种自己说了算的主人翁意识。

技术分治的另外一个优点是版本控制。如果你开发过单体应用，相信你很可能有过这样的经历：你使用的依赖库需要升级，但这很可能会影响系统其他的模块，你不得不为此去协调、沟通、等待，甚至最后不了了之。而且随着代码规模的扩大，处理版本问题的难度会呈指数级增长。而微服务完美地解决了这个问题。任何依赖库的升级都只需对自己的服务负责。

技术具有多样性一定是好事吗？当然不是。大多数团队一般都只鼓励使用有限的技术栈，过多引入不同的技术会让团队不知所措：首先是使技术学习成本和维护升级成本增加，另外也让构建一个服务的复杂度增加，特别是使持续集成和持续部署的效率降低。因此，我们的建议是使用够用的技术和工具，并在引入新技术前做好调研和实验，为选型提供参考数据。

4. 分布式

分布式能提高系统的模块化程度，但它的缺点也很明显，首先是存在性能问题。相比进程内的函数调用而言，远程调用要慢得多。即便系统没有特别高的性能要求，但如果要在一个业务链上调用多个服务，它们加起来的延迟也是一个不小的数字。如果恰巧传输的数据量又比较大，就会进一步拖慢响应时间。

第二个要面对的问题是上游服务故障。因为网络的介入，远程调用更容易失败，特别是有了大量的服务和调用关系后，故障点会增多。如果设计系统时没考虑面向失败设计，或者不具有很好的监控手段，那么技术人员很容易在出现问题时束手无策，甚至出现负责不同服务的开发人员相互指责、推卸责任的情况，因为在找不到故障点的情况下，谁都不觉得是自己的代码出了问题。这也就是为什么在云原生时代，全链路追踪这样的观察能力越来越受到大家的重视。

第三个缺点是引入了分布式事务。这是非常令人头疼的问题，且目前没有一个完美的解决方案。对于开发人员来讲，要意识到一致性问题，并在自己的系统中开发对应的解决方案。

对于分布式带来的问题，我们需要使用一些方法来缓解。第一个是通过减少调用来降低失败发生的可能性。可以考虑使用批处理的方式来进行调用，即在一次调用过程中完成多个数据请求。第二个方法是使用异步方式。对于没有强依赖关系的服务，不需要直接使用命令方式去调用，通过事件来驱动是更合理的选择。

5. 运维复杂性

快速部署大量的微服务增加了运维的困难。如果没有完善的持续部署和自动化手段，这几乎会抵消掉独立部署带来的优势。服务的管理和监控的需求也会增加，操作复杂性也随之增加。为解决这一问题，团队需要全面引入 DevOps 价值体系，包括实践方法、工具，以及文化。

笔者认为，架构演进的首要驱动力就是降本提效，即提升生产效率、降低生产成本是架构选型的首要考虑因素。本节我们列举了微服务架构中几个需要关注的优缺点，并针对问题提供了相应的解决办法。有一点需要强调的是，微服务带来的生产效率的提升，仅适用于复杂度较高的应用，对于初创团队或者简单的应用场景而言，单体应用几乎是最高效的选择。选择架构需要对团队、技术背景、产品等多方面进行考量后再下结论。

本章后面的部分会介绍云原生应用的相关概念，并为你从传统微服务应用迁移到云原生应用提供参考。

1.2 云原生应用

"上云"能降低资源成本,提升应用的可扩展性,因此越来越多的企业正在将应用迁移到云上。而微服务应用在云计算的加持下发展得势不可当,已成为构建云原生应用的首选技术架构。据权威调查显示,已有超过一半的受访者表示已经在开发过程中引入了微服务的概念、工具和方法。将微服务迁移到云上,成了近几年企业信息技术发展的首要目标。本节我们会从云原生的概念谈起,让大家对云原生技术和应用的特点有一个准确的了解。

1.2.1 什么是云原生

2010 年,WSO2 公司的创始人兼 CTO Paul Fremantle 撰写了题为"Cloud-Native"(云原生)的博客文章,这是云原生一词第一次出现在公众视野。这篇文章阐述了软件要迁移到云环境所面临的挑战,并列举了他所认为的云原生的核心特性,如分布式、弹性、多租户、增量部署和测试等。在这之后,Pivotal 公司的前 CTO Matt Stine,在 2015 年撰写了一本名为 *Migrating to Cloud-Native Application Architectures*(《迁移到云原生应用架构》)的电子书,该书随后广为流传,这也是为什么业界普遍认可其对云原生的定义,甚至有人戏称 Pivotal 为云原生的"黄埔军校"。Matt 认为,云原生应用架构应该具备以下特点。

- 满足十二要素原则
- 使用微服务架构
- 构建自服务敏捷架构
- 面向 API 协作
- 具有抗脆弱性

随着云原生技术的快速发展,云原生的定义也在不断变化。2019 年 VMware 收购 Pivotal,并给出了云原生最新的定义:

> 云原生是一种构建和运行应用程序的方法,它利用了云计算交付模型的优势。当公司使用云原生技术构建和运行应用程序时,可以更快地将创新想法变成产品推向市场,从而快速响应客户需求。

该定义中特别强调了云原生开发中要关注的四个方面,具体如下。

- 微服务
- 容器化
- DevOps
- 持续交付

提到云原生，当然不能忽略云原生计算基金会，即大名鼎鼎的 CNCF。这个 2015 年成立的中立组织，最初的目的是围绕 Kubernetes 打造一个完善的云原生生态社区。目前它已经发展成为云原生领域的绝对权威机构，加入其中孵化的项目有近百个，很多耳熟能详的开源项目已经从 CNCF 毕业，几乎都成了相关领域的事实标准，比如 Kubernetes、Prometheus。CNCF 在 2018 年对云原生做了定义，该定义沿用至今：

> 云原生技术有利于各组织在公有云、私有云和混合云等新型动态环境中，构建和运行可弹性扩展的应用。云原生的代表技术包括容器、服务网格、微服务、不可变基础设施和声明式 API。
>
> 这些技术能够构建容错性好、易于管理和便于观察的松耦合系统。结合可靠的自动化手段，云原生技术使工程师能够轻松地对系统做出频繁和可预测的重大变更。
>
> 云原生计算基金会（CNCF）致力于培育和维护一个厂商中立的开源生态系统，以推广云原生技术。我们通过将最前沿的模式民主化，让这些创新点为大众所用。

可以看到，基于 CNCF 的定义，云原生关注的技术主要有以下五个。

- 容器
- 服务网格
- 微服务
- 不可变基础设施
- 声明式 API

技术和产品不同，产品的定义可以由开发团队明确给出，而技术在不断演变，特别是云原生技术，从 2015 年开始被推广以来，仅仅 5 年就有了翻天覆地的变化，服务网格、无服务器计算这些新兴概念迅速成为云原生领域的重要分支。因此，我们很难给云原生技术下一个准确的、不变的定义，通常只能根据技术特性对其进行描述。每个人都可以对云原生有自己的理解，它的内涵在不同的时期也有不同的变化。笔者建议基于这些关键技术特性去理解云原生的本质。这里也给出一个自己的观点供大家参考：

> 利用云原生技术，我们可以在云平台上构建出具有扩展性和弹性的应用，以自动化的持续交付来满足企业业务快速变化的需求。

初次看到云原生定义的读者很难从晦涩的字面上理解其内在含义，这里我们通过简单回顾云计算的发展历程来帮助大家理解云原生。

2006 年，亚马逊推出了 EC2 服务，标志着基础设施即服务（IaaS）的出现。从当时的产品形态来看，云平台提供的能力极其有限，仅仅是基于虚拟机的计算资源随后也逐渐发展成存储、网络等硬件资源层面的产品。

2010 年前后，平台即服务（PaaS）的概念出现，在 IaaS 的基础上，更多软件层面的服务能够被提供，比如操作系统、中间件等。作为其中的代表厂商，HeroKu 提出了著名的十二要素原则，这也为开发人员构建基于云平台的应用提供了参考准则。在这一阶段，需要用户自己管理的内容逐渐变少，很多非功能性需求都可以交由云平台去实现，比如负载均衡、自动伸缩。PaaS 更进一步演变为软件即服务（SaaS），它追求一个几乎完全托管的应用形态，开发人员只需要关注业务本身。图 1-3 展示了云平台的演变过程。

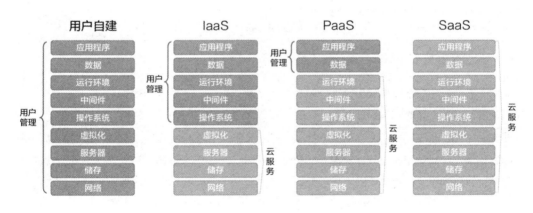

图 1-3

另一方面，2013 年 Docker 出现，容器技术火速发展起来，容器编排市场竞争激烈，最终以 Kubernetes 的全面胜利而告终。同时，CNCF 成立并开始推广云原生技术。可以看到，容器技术非常适用于云平台，它的出现改变了通过 PaaS 平台部署和分发应用的方式。容器化、容器编排，再加上 PaaS 的托管能力，云原生初具雏形。

云原生技术及生态的发展，来源于上面提到的这两条线路。平台代表的是能力，平台越完善，能力越强，需要用户管理的部分就越少。容器这条线代表的是部署形态，以及由此延伸出来的编排管理、持续交付等。

笔者认为，云原生所追求的目标，即使用现代化的容器技术，不断下沉应用所需要的非功能性需求到云平台，**最终达到让开发者只关注业务、只实现业务逻辑的目标**。从本质上来说，构建一个软件的目标，就是实现业务需求，即客户的核心价值。为了运行、维护软件，保证其可用性，我们不得不花费大量时间来补全软件的质量属性。而借助云原生技术是一个让开发回归本源的过程，让开发者只需关注软件开发中的本质问题。

1.2.2 云原生技术

本节我们将简要介绍现阶段云原生领域所蕴含的核心技术。

1. 微服务

微服务的去中心化管理、独立部署等特性让应用获得了巨大的灵活性。而容器也做了一把助燃器，推动微服务架构越来越流行。相对于单体应用而言，这种基于业务模块形成的独立单元更容易被容器化，因此也更容易上云。另一方面，微服务之间是基于 API 进行协作的，并且以可被访问的方式暴露出来，这恰恰和十二要素中的"端口绑定"理念吻合。微服务架构的这些特性让它更加适合在云上发布、部署和运行。这也就是为什么业界一致认为云原生应用应该是面向微服务的。

2. 容器和编排

云原生生态是伴随着容器及编排市场的发展而逐渐成形的。与虚拟机相比，容器基于操作系统的隔离机制，具有更高的效率和运行速度，它可以以更细的粒度使用云上资源，低开销创建和销毁的特性使它更容易完成应用在云上的动态伸缩。基于容器这种应用组织形式，我们也更容易完成应用的部署和分发。而要完成大量容器的调度和管理就需要编排技术。如何调度容器，如何管理容器生命周期，如何维护应用现实状态和期望状态的一致，这都是编排的核心。随着容器编排市场的稳定，Kubernetes 成了该领域的事实标准，而整个云原生生态的构建，最初都是围绕着 Kubernetes 展开的。因此我们可以认为，在现有的技术手段下，容器及其编排技术是云原生的基石，不可动摇。

3. 服务网格

服务网格是从 2017 年起才逐渐被人们熟知的新技术。根据技术成熟度曲线，笔者认为服务网格依然处在发展的中前期。即便如此，CNCF 也在修订的云原生定义中提及了服务网格，可见其重要性。

简单来说，服务网格就是一个用来管理服务间通信的基础设施层，通过一组边车（Sidecar）代理提供的能力，进行服务间流量的管理。如果将 Kubernetes 称作云原生应用的操作系统，那么服务网格就是云原生应用的网络层，为微服务应用解决流量管理难题。随着服务的增多，微服务需要进行治理和管控，服务网格正是用来管理服务间通信的解决方案。另外，服务网格的产品形态是基于边车代理的，而边车代理正是容器技术提供的能力。

服务网格和云原生的理念是高度契合的。云原生架构希望开发者只关注应用的构建，而将非功能性需求都下沉到云平台。服务网格正是这一理念的践行者，它以边车代理方式将通信管理相关功能下沉到基础设施，让应用具有流量管理、安全和可观察性等方面的能力，而且对应用来说，这些都是完全透明的。各大云厂商和团队都非常看重这一领域，开源和托管的产品相继被推出，也出现了很多服务网格生态产品。服务网格的出现改变了微服务架构的通信管理方式，相比侵入式的类库来说更有优势，是云原生技术的重要组成部分。

4. 无服务器计算

无服务器计算（Serverless）是指在无状态的计算容器中运行应用程序，这些容器是由事件触发的，时效短暂，使用时类似调用函数一般。

无服务器计算进一步细化了应用程序对资源的使用粒度，可以提高计算资源的利用率。比如，一个单体应用中的各个模块被调用的次数是不一致的，有的模块比较"热"（访问多），有的模块比较"冷"（访问少）。为了让这些热模块能支持更多的响应，我们不得不连同冷模块也一起扩容。微服务架构改善了这种情况，通过将冷热模块拆分成服务，我们只需要对热服务进行扩容。无服务器计算在这个基础上更进了一步，将资源的利用粒度细化到了函数级别。有请求就启动相应的计算实例，没有就销毁，按需付费。由此，功能即服务（FaaS）的理念被发展出来。

和服务网格一样，无服务器计算也遵循云原生的理念，即只关注功能的实现，而不需要关注如何创建和销毁所使用的计算资源，这也是无服务器计算名字的内涵。CNCF 的蓝图中也为无服务器计算开辟了专门的模块，收录相关的平台、框架、工具等生态产品。

5. 不可变基础设施

不可变基础设施（immutable infrastructure）是指基础设施实例（如服务器、虚拟机、容器等），一旦创建就应该是只读的，若要修改就必须通过创建新的实例来替换。从概念上讲，可变和不变最大的差异在于如何处理实例的生命周期，如创建、修改、销毁。早期我们使用可变基础设施，如服务器时，这些机器会随着应用的运行而不断发生变化，比如修改配置、升级系统、更新应用程序等。频繁修改让服务器变得特殊化，难以复制，一旦它出现问题，我们很难找到替代品。

云计算按需使用的理念为不可变基础设施提供了条件。不可变基础设施完美契合了使用时启动、不用时销毁的要求。通过这种方式，应用和环境高度一致，可以动态伸缩，持续交付也成为可能。在实施上，我们主要以云端的虚拟基础设施为基础，利用容器技术进行打包和部署，通过镜像进行自动化构建和版本管理，并持续集成和交付应用。因此，不可变基础设施是在云上构建一个具有弹性伸缩能力且能应对快速变化的应用的重要基础。

6. 声明式 API

声明式（declarative）是指，我们描述期望的结果后，系统内部自己实现满足这个期望结果的功能的过程。与之对应的是命令式，命令式告知系统怎么做（how），而声明式告知系统要什么（what）。

最被熟悉的声明式编程语言是 SQL，它主要描述想要什么样的数据，我们不需要以命令的方式告知 SQL 怎么执行查询引擎，怎么去数据库查找数据。声明式 API 是 Kubernetes 的一个重要能力，通过声明式配置方式可定义我们期望的状态。如果使用命令式请求方式，Kubernetes 的 API 服务器一次只能处理一个请求，而声明式 API 服务器可以一次处理多个写操作，具备合并的能力。也正因如此，Kubernetes 才能在外界无干扰的情况下完成从实际状态到期望状态的调谐过程，这也是 Kubernetes 编排能力的核心体现。因此，CNCF 特别强调并将声明式 API 作为云原生的一个特性。

7. DevOps 和 CI/CD

DevOps 是一种整合软件开发与运维的工程实践，能够帮助企业更快地发展和改进产品。借助自动化的软件交付流程，构建、测试、发布软件的过程更加快捷、频繁和可靠。

在传统的组织结构中，开发和运维是分离的，在沟通协作上很难高效完成交付任务。开发团队关注的是功能性需求，需要频繁交付新特性；而运维人员关注的是非功能性需求，即系统的可靠性、性能等。运维人员希望尽量避免修改从而降低发布风险，这和开发人员想要频繁交付功能的目标冲突。另一方面，运维人员对代码不了解会影响他们选择运行时环境的正确性，而开发人员对运行环境的生疏又导致他们无法及时对代码做出调整。

DevOps 的出现打破了这种组织结构壁垒，可以让整个流程高速运转，从而跟上创新的脚步和市场变化的节奏。通过小步快跑的迭代方式来降低交付风险，可促进开发和运维的协作。通过持续集成和持续交付实践，发布的频率和速度将提高，产品创新与完善也将更快地实现。云上应用的一大特点就是具有冗余性和不断变化性，DevOps 和持续交付为应对快速变化提供了保障。因此 Pivotal 将其作为云原生的重要特性也不为过。图 1-4 展示了 DevOps 的工作方式。

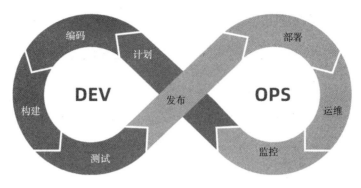

图 1-4

1.2.3 云原生应用的特点

首先，我们给云原生应用下一个简单的定义：

> 一种基于容器构建的微服务应用，通过持续交付的方式部署在弹性的云基础设施上。

这样的描述可能比较片面，需要更详细的解释。所以和介绍云原生的定义一样，我们列举了一些核心的特性来帮助大家更好地理解什么是云原生应用。

1. 容器化

云原生应用应该是容器化的。在现阶段，容器可能还是首选的打包和分发技术，与虚拟机相比，使用容器部署更简单，运行速度也更快，因此更适合云环境。将应用封装成容器，并使之成为独立自治的服务，可以实现独立部署，满足应用不断演进的需求，也能提高资源利用率。

2. 服务化

云原生应用应该是以微服务，或者是无服务器架构风格存在的，即满足独立和松散耦合特性。应用根据业务或功能模块被拆分成服务，彼此独立部署，通过 API 进行交互。这种松散耦合的方式能极大增加应用在实现和部署时的灵活性，也与云平台的理念契合。我们可以简单地认为，云最主要的一种能力就是复制能力，服务化的应用更容易被复制。

3. 独立于基础设施

云原生应用应该是独立于底层基础设施的，比如操作系统、服务器等。对系统资源的使用应该被抽象出来，比如通过定义 CPU、内存的使用量来运行程序，而不需要限定操作系统。

4. 基于弹性的云基础设施

云原生应用应该部署在弹性的云基础设施上，公有云、私有云，甚至混合云都可以。借助云的动态伸缩能力（复制能力），应用可以根据负载情况进行动态调整。这和基于物理机的传统 IT 应用有很大不同，因为物理机缺乏快速扩容的能力，因此在资源的使用上需要评估最坏情况并安排过量的机器资源。基于云基础设施的应用可以在部署时根据需要动态分配资源。

5. DevOps 工作流程

云原生应用应该使用 DevOps 方式进行运转。通过人员、流程和工具，增强开发团队和运维团队之间的协作，从而快速且平稳地将代码发布到生产环境。这当然还需要使用持续集成和持续交付的实践方法。这些能使团队发布的软件迭代得更快，并能更有效地响应客户需求。

6. 自动化能力

云原生应用需要具备自动伸缩的能力，可以基于工作负载的情况实时调整实例的容量。具体做法是，通过声明式方式来配置对每个实例资源的使用量，并根据设置的策略进行伸缩。比如设定一个 CPU 的阈值为 70%，当工作负载的 CPU 超过这个值后，应用就自动扩容，复制一份新的实例，并自动加载到负载均衡器中。

另外，应用的集成过程也应该是自动化的，比如随着每一次代码的提交，持续集成管道被触发并开始工作，完成合并、集成测试等任务，并打包好一个新包供下一次发布使用。在部署层面也可以实现自动化。比如设置一个按比例切分流量的策略，在满足条件的情况下，每隔一段时间，将设定的请求切换到新部署的应用版本中，实现自动灰度发布。

7. 快速恢复

基于容器编排能力和不可变基础设施，云原生应用应该具有快速恢复的能力。无差别的工作负载可以在出现故障时快速销毁并重建，应用也可以在部署失败时快速回滚到上一个版本，而不会对使用者产生影响。再基于编排的动态调度能力，应用可以随时从故障中恢复。

以上列举的方面不一定全面，但通过介绍这些重要的特性，相信可以让你对云原生应用有一个更加具象化的理解。

1.3 从微服务到云原生

微服务是云原生概念的重要组成部分，但本质上二者处在不同的维度。微服务是架构，是应用程序的一种构建风格，而云原生是一个更宽泛的概念，关注的是运行环境、部署方式、工具、生态，甚至文化。

不使用微服务架构的应用也可以是基于云环境的，但无法像微服务那样完全契合云原生理念。而微服务应用也可以是在非云环境下的，但同样也享受不到云平台的能力。两者是相互补足、相辅相成的，未来构建应用的趋势必然是基于微服务架构构建云原生应用。

当微服务应用被迁移到云上环境，并逐渐引入了各种云原生技术之后，其构建、运维、部署和管理的方式也会发生一系列变化。微服务应用需要整合这些新的技术，做技术转型或升级。本节我们就来介绍从微服务转变到云原生应用所做的调整。

1.3.1 非功能性需求的调整

如前文所述，非功能性需求是指应用的质量属性，如稳定性、可扩展性等，即要实现这些属性所开发的非业务逻辑，也叫控制逻辑。

传统微服务应用想要获得这些属性，通常要以类库的方式引入这些属性。当然，也可以用比较直接和原始的做法，将业务逻辑和控制逻辑写在一起。例如在访问上游服务时，我们希望引入一个重试的功能（控制逻辑）以提高应用的可用性（质量属性）。那么可以在调用上游服务的业务代码外写一个循环语句，有正常返回值就跳出循环，异常返回时就继续尝试，直到完成设定的循环次数。

当服务越来越多时，这样的控制逻辑也越来越多，我们肯定不希望重复去做这件事，因此将它抽取出来变成类库是比较合理的做法。比如在使用 Spring 框架开发 Java 应用时，只需要在想要重试的方法上加一个@Retryable 标注即可实现，示例如下。

```
@Retryable(value = { RemoteServiceNotAvailableException.class }, maxAttempts = 3, backoff =
@Backoff(delay = 1000))
public String getBackendResponse(boolean simulateretry, boolean simulateretryfallback);
```

通过类库实现非功能性需求是一大进步，但依然有一些局限性，比如可以肯定的是，这是与语言绑定的，这对于一个异构的微服务应用而言并不合适。另外，虽然分离了控制逻辑和业务逻辑，但本质上它们依然是耦合的，应用需要引入类库并将它们打包在一起部署。

云原生的方式会在解耦的基础上更进一步，做到使业务逻辑无感知和透明。我们以服务网格为例，要实现上面的重试功能，应用本身不需要做任何代码层面的修改，只需在服务网格的路由配置中增加与重试相关的配置即可，服务代理会根据这个配置在请求失败的时候自动进行重试。这种方式不需要绑定开发语言，不需要引入任何依赖类库，也不需要为应用本身增加配置，是完全透明的。下面的代码展示了如何以声明式配置的方式实现重试功能，应用程序不需要做任何修改。

```
- route:
  - destination:
      host: upstream-service    #将请求路由到上游服务
    retries:     #重试3次，每次重试的超时时间为 2 秒
      attempts: 3
      perTryTimeout: 2s
```

这就是云原生技术的能力，其理念是将非功能性需求下沉到基础设施，让应用只关注业务实现。因此，在云原生的加持下，微服务应用在这方面的需求和实现是需要调整的，开发团队要认识到这样的转变，在技术选型时充分考虑，尽量以云原生方式去实现，降低开发成本。当然，原本在这方面的实现和维护成本可能会转移一部分到基础设施层面上，这也符合软件开发中的取舍原则，需要在设计时考虑到。

1.3.2 治理方式的改变

一个运转良好的系统是不需要治理的，只有出现问题时才需要治理。以环境问题来说，环境需要治理可能是因为受到了污染，或者生态不平衡。微服务需要治理也一样是因为要解决相应的问题。例如服务间彼此不认识，需要服务注册和服务发现；服务性能或调用出现异常，需要观察；服务的请求过载，需要进行流量管理，等等。

传统的方式是通过引入微服务框架实现治理，即引入上面提到的类库。我们还以 Spring Cloud 为例，它是一个强大的微服务开发框架，提供了很多具有服务治理能力的组件，具体如下。

- Eureka：服务注册与发现。

- Zuul：请求路由和网关。

- Ribbon：负载均衡。

- Hystrix：熔断、容错管理。

框架几乎可以满足我们所有的需求，但本质上它还是以类库方式运行的。和上面提到的重试的例子类似，让系统具有这些治理能力需要我们在代码或配置层面引入它们，并打包部署。要想使用这些组件需要付出一定的学习成本，同时牵扯一部分维护精力。对于引入服务治理，传统的做法是：

引入功能，整合（修改代码或配置），维护。

在云原生环境下，服务治理能力会尽可能地交由基础设施去实现。例如，我们将应用容器化，并交给 Kubernetes 这样的编排工具去管理后，有关服务注册和发现的问题就迎刃而解了。我们会为每一个服务添加一个名为 Service 的对象，它会为应用自动分配一个虚拟 IP 地址（VIP），用来在集群内进行访问。服务之间只需要通过 Service 对象的名称就可以访问，服务发现由 Kubernetes 的 DNS 服务负责。同时，Service 对象后面可以对接多个应用实例（Pod），配合 kube-proxy 实现负载均衡。这些工作都不需要对应用做任何代码层面的改动，即对应用透明。我们的关注点也会变成如何定义 Service 对象，如何合理选择服务的暴露方式等。

当然，弊端也会在某些情况下出现。应用部分迁移到了云端，这些交由 Kubernetes 集群管理的服务需要和存量系统进行交互，打通它们的访问会带来一定的技术困难，需要花费精力去解决。

1.3.3 部署和发布的改变

软件开发过程中的本质问题是不会因为工具、技术、架构的变化而消失的。当我们迁移到微服务架构之后，应用的形态成了一张网，所以部署和发布也会变得复杂。每个服务都需要部署管道、监控系统、自动报警等，通过不同语言实现的服务也没有一个统一的打包方法。另一方面，部署的协调和版本管理也是一个问题。微服务应用中的依赖关系很可能呈现为一张图，每个服务都会有几个依赖服务，你需要保证没有出现循环调用，即保证依赖关系是一个有向无环图，否则你的部署流程会举步维艰。

服务的版本控制也尤为重要，你需要在失败时回滚，或者基于版本实现蓝绿部署、灰度发布这样的功能。因此，更为复杂的运维，或者说更为复杂的应用生命周期管理成了新的挑战。

在运维和管理微服务应用时，最初并没有一套统一的标准去处理异构环境，容器化让这一切变得简单起来。它的一个重要作用就是通过一层标准的封装和运行时环境来标准化微服务的打包和分发过程。从生命周期管理的角度来看，容器这种云原生技术整合了异构系统的运维管理，服务之间的差异会变少，共同点会变多。

一个具有大量服务的应用需要有一个中心化的平台对这些服务进行统一管理，比如 Kubernetes。存储、计算、网络这些资源通过 Kubernetes 进行统一抽象和封装，可让已经被容器统一的微服务直接运行在平台上。我们依然需要构建监控、日志、告警等系统，但通过集中式的方式可以让它们被复用和统一管理。有了这样的平台，运维人员也不用再考虑如何合理地将某个服务分配到某个具体的计算单元上。

容器和编排设施大大简化了微服务本身的生命周期管理，解决了微服务自身的运维管理问题。相对地，我们的关注重点也会转移到了平台层面，即基于平台去学习和使用如何部署和发布微服务应用。

1.3.4 从微服务应用到云原生应用

不可否认，云原生是目前云计算的发展方向，但想要构建一个云原生应用，或者从传统微服务应用迁移到云原生应用，完成开发、测试、部署、运维的全生命周期管理，依然要实现或整合很多技术。图 1-5 展示了一个微服务应用与云原生应用在形态上的不同。

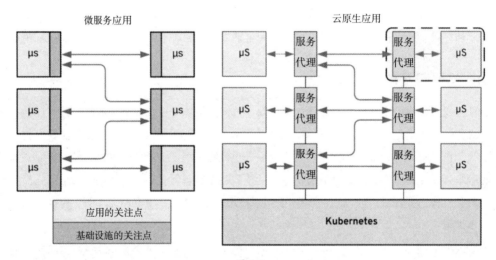

图 1-5

微服务应用基于业务进行服务拆分，通过服务间的交互实现应用的整体功能。开发应用时，除了要考虑实现功能性需求，还要考虑实现非功能性需求。而在云原生架构中，非功能性需求通常交由基础设施负责。下沉非功能性需求可让开发人员只关注业务，这就是我们在前面提到的云原生技术的愿景。因此，从这一宏观层面上来看，开发人员要有思想上的转变，在架构设计、技术选型等方面从云原生的理念出发，构建出面向未来的云原生应用。

在具体的技术实现层面上，我们建议读者深入理解云原生的定义，特别是 CNCF 所强调的几项核心技术。

完成从传统的微服务应用到云原生应用的转变，第一步就是容器化并迁移到云环境，使得应用具有最基本的统一运维能力，并获得云平台提供的可扩展能力。接下来就是利用 Kubernetes 这一类基础设施完成应用的编排和调度管理，使大量的非功能性需求被剥离出来，交由 Kubernetes 实现。完成这一步之后，应用就具有了云原生的基本雏形，以及围绕其生态进一步演进的基础。然后就是逐步深化，比如使用服务网格技术负责流量管理，通过 DevOps 方式完成持续交付等，逐渐让应用的云原生属性更加明显。

简而言之，从微服务到云原生的过程，就是一个逐步剥离应用的非功能性需求并将其下沉到基础设施的过程。在这个过程中，应该逐步增强应用的云原生特性，利用云原生的技术、工具和方法完成应用的生命周期管理。

1.4 本章小结

现代应用程序的构建趋势是"微服务+云原生"，即从微服务应用转变为云原生应用。

为了让读者了解到两者背后的核心理念和相互之间的关系，本章着重剖析了相关的理论基础。1.1 节介绍了微服务的概念，并对其核心特性进行了分析，读者会对什么是微服务应用有一个清晰的认识和判断。1.2 节回顾了云原生定义的发展，解释了核心的云原生技术，强调云原生的理念就是剥离应用开发中的非功能性需求，让开发人员关注业务本身。1.3 节结合二者的特性，详细剖析了从传统微服务应用转变为云原生应用需要改变和关注的重点，并简要概括了从微服务应用演变为云原生应用的基本过程。

从第 2 章起，我们会一步步为读者介绍如何迁移并构建一个云原生应用，并分享我们团队在这个过程中总结的实践经验。

第 2 章
微服务应用设计方法

设计是软件开发生命周期中最重要的活动之一。建房子之前需要设计图纸才能开始施工,软件工程也如此。大到复杂的系统,小到一个功能点,都需要设计。设计是将抽象思维具象化的一种行为,通过分析需求和可能存在的问题,反复斟酌、取舍,最终确定解决方案。合理的设计对于构建出健壮的应用尤为重要。

本章我们将基于团队的实践经验,与读者探讨如何设计一个微服务应用。我们会从应用的架构选型谈起,介绍架构、通信层、存储层、业务层的解决方案,同时还会基于实际案例分析如何对遗留系统进行微服务改造。

2.1 应用架构设计

架构描述的是在更高的层次上将应用拆分为子系统(或模块)的方法,以及这些子系统之间的交互关系。开发过程中的一个基本问题是理解底层的软件架构,在考虑使用何种技术或工具前必须首先考虑总体的架构。

2.1.1 服务架构选型

在一个基于微服务架构构建的应用中,每个服务也需要有自己的架构,本节我们就来介绍常用的架构模式。

1. 被妖魔化的单体应用

我们听到的许多架构演进的案例都是从批判单体应用开始的:"随着应用变得越来越复杂,单体的劣势凸显，于是我们开始了应用的微服务改造工作。"

所谓众口铄金，这样的故事听得多了，大家无形中就会对单体应用产生一种刻板印象，一提起单体应用就嗤之以鼻，仿佛它是一种落后的、充满缺点的应用形态。这种认知是非常片面的，因为我们忽略了应用规模、组织结构这些客观因素对软件开发产生的影响。

图 2-1 展示了单体应用和微服务在不同复杂度下对生产效率的影响。横轴代表复杂度，纵轴代表生产效率。可以看到，复杂度较低时，单体应用的生产效率要高于微服务，只有在复杂度逐渐增加的情况下，单体应用的劣势才逐渐显现并导致生产效率下降。

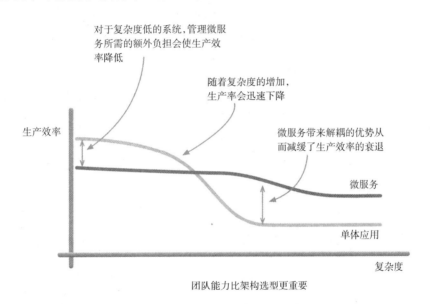

图 2-1

当我们从头开始构建一个应用时，如何确定它能否满足客户的真正需求，或者其技术选型是否合理呢？一个好的办法是先构建一个简单的版本，看看它的运行效果如何。在这一阶段，主要的考量因素是成本和交付时间，应用需要尽快获得客户的反馈以便快速迭代。在这种场景下，单体应用很可能是最合适的选择。单体应用以一个单一的、整体的形态，完成从用户接口到数据访问的完整代码流程。最初单体应用被认为是缺乏模块化设计的应用，但我们依然可以通过模块化的设计来支持部分逻辑的重用。一个比较合理的构建方法是，让应用在逻辑上保持整体统一，但注意设计好内部模块，包括对外接口和数据存储等。这样一来，当向其他架构模式迁移时就会省很多事。

使用单体应用结构可以获得如下好处。

- 开发简单：只需要构建一个单独的应用程序。
- 测试简单：开发者只需要写一些端到端的测试用例并启动应用调用接口即可完成测试。
- 部署简单：没有过多的依赖，只需要将应用程序整体打包部署到服务器上。

如果业务足够简单，并且对开发速度等方面有要求，开发单体应用依然是一个合理的选择，只要注意设计好应用内部的模块即可。

2. 分层架构

在分解复杂的软件系统时，最常用的设计手段就是分层。分层设计的例子比比皆是，比如 TCP/IP 网络模型。这种组织方式一般是，上层使用下层定义的服务，下层对上层隐藏自己的实现细节。

分层在一定程度上为应用提供了解耦能力，层次之间的依赖降低了，可以相对容易地替换某一层的具体实现。分层也有缺点，首先是过多的层次会影响性能，数据在每一层传递时通常需要被封装成对应的格式。另外，当上层修改时，有可能会引起级联修改，比如你要在用户界面上增加一个数据字段时，需要对存储层的查询方法同时做对应的修改。

20 世纪 90 年代前后，两层结构是一种比较先进的设计，例如客户端/服务端架构，如图 2-2 所示。我们熟知的 Docker 采用的就是经典的客户端/服务端架构。

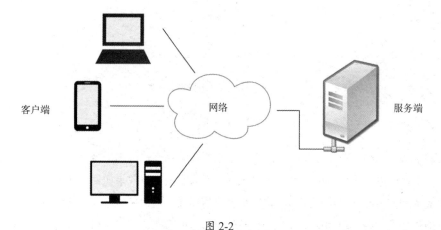

图 2-2

使用两层结构经常要面对的一个问题是业务逻辑写在哪层。如果应用的数据操作是简单的增删改查，选择两层结构是合理的。一旦业务逻辑变得复杂，这些代码写到哪一层都不太合适。出现这一问题的原因是缺乏领域建模。

随着业务的变更和发展，最初设计的数据库表常常无法准确呈现出当前的业务状况，这时转到三层结构是更好的选择。通过引入一个中间层，可以解决业务逻辑的归属问题，我们可以将这一层称为领域层，或者业务逻辑层。

基于三层结构，我们可以用抽象出来的领域模型来描述应用，不必关心数据的存储和结构，数据库管理员可以在不破坏应用的情况下更改数据的物理部署。同样，三层结构也可以让展示层和业务逻辑层分离。展示层只负责和终端用户交互，将业务逻辑层返回的数据展示给用户，不执行任何计算、查询、更新业务等操作。而业务逻辑层负责具体的业务逻辑，以及与展示层的对接，如图 2-3 所示。

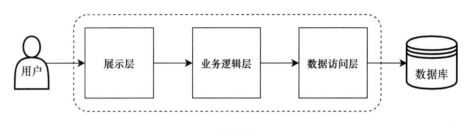

图 2-3

如果我们将展示层看作前端（与网页相关的部分），那么业务逻辑层和数据访问层就是后端。后端可以分两层，不过一个更常见的分层方式是将后端也分为三层，比如下面这样。

- 接口层：或称应用层，负责与前端对接，完成从前端请求参数到业务数据对象的编解码工作，处理通信层面的功能，调用下层真正的业务逻辑。构建这一层的目的是避免将非业务功能引入领域层，保证领域层中业务逻辑的纯粹性。这一层通常可以使用门面模式（Facade）来构建，这样就可以对接不同的展示层，比如网页、移动端 App 等。
- 领域层：领域相关的业务逻辑部分，其中只包含相对纯粹的业务代码。
- 数据访问层：与数据源对接，将业务对象转换为存储数据并保存到数据库中，这个过程可简单理解为"对象—关系映射"（ORM）。

分层结构的弊端是无法展现出应用可能具有多个展示层或数据访问层的事实。比如应用同时支持网页端和移动端访问，但它们都会被划分在同一层里。另外，业务逻辑层对数据访问层也会有所依赖，给测试带来一定困难。

在讨论分层结构的时候，我们需要明确"层"的粒度问题。通常认为"tier"这个词所描述的层是物理上的隔离，比如客户端/服务端。而我们讨论的主要是"layer"所代表的层，是基于代码层面的一种隔离。

3. 六边形架构

对于构建一个微服务来说，在大部分场景下使用分层结构是可以满足需求的，不过还有一种更加流行的架构风格：六边形架构（Haxagonal Architecture），也叫端口适配器架构（ports and adapters architecture）。它以业务逻辑为中心来组织代码，图 2-4 展示了这种架构的形态。

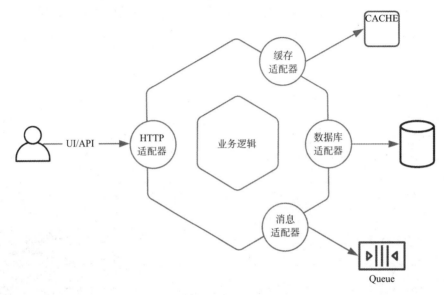

图 2-4

中间的六边形是具体的业务逻辑，包括业务规则、领域对象、领域事件等，这部分是应用的核心。在六边形的边界上有进出的端口，通常以某种协议的 API 形式呈现，与之对应的是外部的适配器，它们将完成外部系统的调用，并通过端口与应用交互。适配器分为入站和出站两种，入站适配器通过调用入站端口处理来自外界的请求，例如 MVC 模式下的控制器，它定义了一组 RESTful 接口，出站适配器通过调用外部系统或服务处理来自业务逻辑的请求。比如一个实现了数据库访问的 DAO 对象，或者是一个基于分布式缓存的客户端，这些都是典型的出站适配器。

六边形架构分离了系统层面和业务层面的具体实现，将整个架构分成了两部分。

- 系统层面：应用的外层边界，负责与外部系统的交互，以及非业务属性的实现。
- 业务层面：也可以称为领域层面，是应用的内层边界，负责核心业务逻辑的实现。

我们用一个很常见的外卖订单的业务场景来举例，看看六边形架构是如何工作的。

首先，用户通过手机上的外卖 App 下单，App 是位于架构边界之外的，属于前端内容，通过某种协议（比如 gRPC）发送订单请求给入站适配器 RequestAdapter。适配器负责将 JSON 格式的请求入参封装成入站端口 DeliveryService 需要的对象，然后由 DeliveryService 调用领域层的 Delivery 执行具体的业务逻辑。生成的外卖订单需要保存到数据库，它被出站端口 DeliveryRepository 从领域模型转换为数据库关系对象，最后调用 DBAdaptor 完成存储。在源码结构上可以用不同的目录来划分，示例如下。

```
app
├──domain/model
│    ├──Delivery
│    ├──DeliveryRepository
├──port/adapter
     ├──RequestAdapter
     ├──DeliveryService
     ├──DBAdapter
```

可以发现，端口实现的好坏会直接影响整个应用的解耦程度。上面例子中的入站端口体现了封装思想，将前端请求参数、数据转换、协议等通信层的技术细节隔离在了业务逻辑之外，也避免了领域模型向外层泄露。而出站端口是抽象的体现，它将对领域模型的操作定义为接口，业务层只需调用接口，不用关心具体的外部服务的实现，同样完成了解耦。

六边形架构的目标是创建松散耦合的应用，通过端口和适配器连接需要的软件环境和基础设施。它主要的优点是业务逻辑不依赖于适配器，这样可以在代码层面获得更好的分离度，让领域的边界更加清晰。六边形架构的理念和领域驱动设计里的界限上下文思想非常契合，在服务的拆分和设计中配合使用能获得不错的效果，《实现领域驱动设计》一书中有详细的介绍。除此以外，六边形架构的可扩展性也更好。比如我们想添加一种新的通信协议，或者引入一个新的数据库，只需要实现对应的适配器即可。六边形架构对测试的支持也更加友好，因为隔离了外层系统，测试业务逻辑变得更容易。六边形架构解决了分层架构的弊端，对于构建应用中的每个服务而言是更好的选择。

2.1.2 服务通信策略

服务之间想要通信就必须先"认识"对方，这就是所谓的服务发现。本节我们将介绍与服务发现、服务通信、基于服务网格的流量管理等相关的内容。

1. 服务发现

服务发现（Service Discovery）是自动监测并发现计算机网络内设备或服务的机制，可以让调用者动态感知到网络设备的变化情况。现实世界中最大的服务发现系统可能就是 DNS 了，通过它，我们可以很方便地访问互联网中的海量网站。

有的读者可能会说，为什么一定需要服务发现呢？我让应用程序在启动时读取一个配置，配置里面包含所有要访问的服务的地址不就可以了吗？

没错，如果服务数量比较少，这种方案也许可行，但对于一个包含了成百上千个服务的应用而言，这种方案就行不通了。首先，新加入网络中的服务是无法被其他服务自动发现的，必须修改配置，应用也不得不重启以加载配置，而配置频繁变更会带来更高的维护成本。另外，一个大规模的服务集群，其节点动态伸缩情况、版本、可用状态等都会经常变化，若没有一个自动的机制去探测这些变化，系统几乎没办法正常运转。因此，对于微服务架构来说，服务发现的重要性不言而喻。

通常一个服务发现系统中有如下三个角色。

- 服务提供者：可以理解为一个 Web 服务（协议可以多样化），对外暴露一些 API，有一个 IP 地址和端口作为服务地址。在微服务应用中可以认为服务提供者就是上游服务，即被调用的服务。

- 服务消费者：消费服务的一方，通过访问服务提供者的 API 来获取数据，实现功能。在微服务应用中可以认为服务消费者就是下游服务，即调用者。

- 注册中心：也叫注册表，可以理解为一个中心化的数据库，用来存储服务地址信息，是服务提供者和服务消费者之间的桥梁。

如果一个服务既要访问上游服务，又要提供 API 给下游服务，那么它既是服务提供者，也是服务消费者。微服务应用中有很多服务都具有这样的特性。服务发现机制的模式主要有两种，下面我们具体介绍。

（1）客户端发现模式

在这种模式下，服务启动时会将自己的地址信息注册到注册中心，客户端访问注册中心获取要访问的服务地址，然后向服务提供者发起请求，如图 2-5 所示。

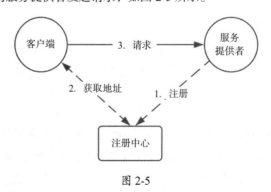

图 2-5

客户端发现模式的一个典型实现是 Netflix 的 Eureka，它提供了注册中心和客户端，配合 Netflix 的 Ribbon 组件一起实现服务发现和负载均衡功能。Eureka 对服务地址的更新基于发布订阅模式中的拉取（pull）方式，即客户端每隔一段时间会定期到注册中心拉取最新的数据。Eureka 还具有缓存及 TLL 机制，不同的服务获取到的数据并不一定具有强一致性，它是一种更倾向于可用性优先的设计。这也很容易理解，因为这种设计已经满足了 Netflix 当时的应用场景：节点与服务的关系是相对静态的，服务上线后，节点的 IP 地址和端口信息都相对固定，变更少，对一致性的依赖也就降低了。

在容器、Kubernetes 等云原生技术兴起后，这种模式就有些跟不上时代脚步了。比如在容器弹性伸缩时，这种弱一致性的服务发现机制会导致无法及时感知到服务地址的变化，从而出现访问错误。另外，容器化很好地封装了应用，所以我们对编程语言无须太关心，但客户端发现模式会存在语言绑定的 SDK，甚至要引入一些语言相关的依赖包，这让应用显得有些臃肿。

（2）服务端发现模式

相对客户端发现模式而言，服务端发现模式最主要的变化是增加了一个中心化的代理，将服务信息的拉取、负载均衡等功能集中到了一起。服务消费者发起的请求会由代理接管，代理从注册中心查询到服务提供者的地址，然后根据地址将请求发送给服务提供者，如图 2-6 所示。

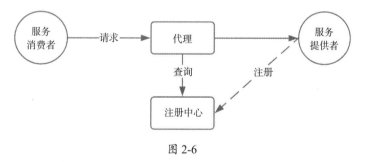

图 2-6

Kubernetes 的服务发现机制就基于这种模式。每一个 Kubernetes 的 Node 节点上都会有一个名为 kube-proxy 的代理，它会实时检测服务和端口信息。当发生变化后，kube-proxy 会在对应的 Node 节点处修改相应的 iptables 路由规则，客户端服务就可以方便地通过服务名称访问到上游服务。这个 kube-proxy 就是我们上面提到的代理，它同时还提供了负载均衡的功能。你可以在任意一个 Kubernetes 集群的 kube-system 命名空间中找到它。

```
NAME         DESIRED   CURRENT   READY   UP-TO-DATE   AVAILABLE   NODE SELECTOR   AGE
kube-proxy   2         2         2       2            2           <none>          6d16h
```

服务端发现模式相比客户端发现模式有一定的优势。它不需要 SDK，隐藏了实现细节，消除了对语言和类库的限制。

它带来的缺点是，因为引入了代理，请求会多转发一次，增加了服务响应的延迟。对于以 Kubernetes 为基础构建的云原生应用来说，使用默认的服务发现机制是首选策略，但如果你的应用是混合部署的，比如既有 Kubernetes 集群内的服务，也有集群外的服务，且它们之间还需要交互，那么就要考虑服务发现的集成方案。比如 HashiCorp 的 Consul 项目就可以与 Kubernetes 集成。它提供的 Helm Chart 可以让你方便地在集群中安装 Consul，并提供了 Kubernetes 服务与 Consul 的自动同步机制。这些特性可以让应用很好地工作在跨集群或者异构的工作负载环境中，为服务间通信提供了便利。

2. 服务通信

微服务架构将应用程序构建为一组服务，并部署在多个实例上，它们必须以进程间通信的方式进行交互。因此进程间通信技术在微服务架构中扮演着重要的角色，技术方案也很多。比如可以选择基于请求/响应的通信机制，如 HTTP、gRPC；也可以使用异步的通信机制。消息的格式可以是基于文本的 JSON、XML，也可以是基于二进制的 Protocol buffers、Thrift。

（1）交互方式

关于交互方式，我们一般考虑两个维度。首先是对应关系，分为一对一和一对多两种。

- 一对一：客户端请求由一个服务响应。
- 一对多：客户端请求由多个服务响应。

另外一个要考虑的维度是响应方式，分为同步和异步两种。

- 同步：客户端发送请求，等待服务端实时响应。
- 异步：客户端发送请求后无须等待，甚至不关心返回结果（类似通知），服务端的响应可以是非实时的。

基于以上两个维度的通信机制有下面两种具体实现。

- 请求/响应：这是最常见的通信机制，客户端发送请求，服务端收到请求执行逻辑，返回结果。一个 Web 应用的大部分使用场景都基于这种机制。当然它也可以是异步的，比如客户端发送完请求后不需要等待，而是让服务端以回调（callback）方式将结果返回。一般服务端执行一个比较耗时的任务时会采用这种异步回调的方式。
- 发布/订阅：其实就是设计模式中的观察者模式，客户端发布一条消息，被一个或多个感兴趣的服务订阅并响应，订阅该消息的服务就是所谓的观察者。发布/订阅是最常见的异步通信机制，比如上面介绍的服务发现一般就是基于这种机制实现的。

（2）通信协议和格式

我们再来看一下在服务通信过程中关于通信协议和格式的选择。

- REST/HTTP

REST 是一组架构设计的约束条件和原则，基于 REST 风格设计的 API 称为 RESTful API。它以资源这个概念为核心，配合使用 HTTP 的方法，从而实现对资源数据的操作。比如下面的 URL 代表使用 HTTP 的 GET 方法来获取订单数据。

```
GET /orders/{id}
```

RESTful API 有很多优点：简单易读，很容易设计；测试方便，可以用 curl 之类的命令或工具直接测试；实现容易，只要构建一个 Web 服务器就可以使用；HTTP 应用广泛，更容易集成。

当然，它也有一些缺点，比如工作在七层，需要多次交互才能建立连接，性能稍逊一等；只支持一对一的通信，如果想在单一请求中获取多个资源，需要通过 API 聚合等方式实现。

尽管如此，RESTful API 依然是构建 Web 应用的事实标准，对内负责前后端的请求和响应，对外负责定义 API 接口，供第三方调用。

- RPC

RPC 即远程过程调用，它的工作方式是使用一种接口定义语言（IDL）来定义接口和请求响应消息，然后渲染出对应的服务端和客户端桩（Stub）程序，客户端可以通过这个桩程序像调用本地方法一样去调用远端的服务。

RPC 一般包含传输协议和序列化协议，比如 gRPC 使用 HTTP/2 协议传输 Protobuf 二进制数据，Thrift 支持多种协议和数据格式。下面是通过 Protobuf 定义的一个获取用户信息的接口，客户端通过传入包含用户 ID 的消息体，调用 GetUser 接口接收返回的 UserResponse。根据语言的不同，消息体可能会被渲染成对象或者结构体。从这一点来讲，RPC 比 HTTP 封装性更好，更符合面向领域建模理念。

```
service UserService {
  rpc GetUser (UserRequest) returns (UserResponse);
}

message UserRequest {
    int64 id = 1;
}

message UserResponse {
```

```
string name = 1;
int32 age = 2;
}
```

从上面的示例可以看到，使用 RPC 也很简单，并且因为具有多语言 SDK 的支持，也可以认为它不会受到语言的限制。另外，RPC 通常优先选择二进制格式数据进行传输，虽然二进制数据不可读，但传输效率要高于 HTTP/JSON 这样的明文格式数据。RPC 的通信机制也更丰富，不仅仅支持请求/响应这种一去一回的方式，比如 gRPC 还支持流（Streaming）式传输。

RPC 更适合服务之间的调用，或者组织内部各个系统之间调用。对于需要暴露给外界的 OpenAPI，还是要优先选择使用 RESTful API。原因很简单，基于 HTTP 的 RESTful API 对调用方的技术栈是没有任何要求的，而 RPC 因为需要特定的 IDL 语言渲染出桩程序，调用方需要在自己的应用中引入桩程序，因此会产生依赖，另外，如果将 IDL 源文件共享给调用方，也会有安全方面的隐患。

除了上面提到的两种协议，还有基于 TCP 的 Socket、SOAP 等，这些协议都有它们特殊的使用场景，但不是构建无状态微服务应用的首选，这里就不多介绍了。

（3）使用场景

目前我们的应用程序中包括以下通信方式和使用场景，如图 2-7 所示。

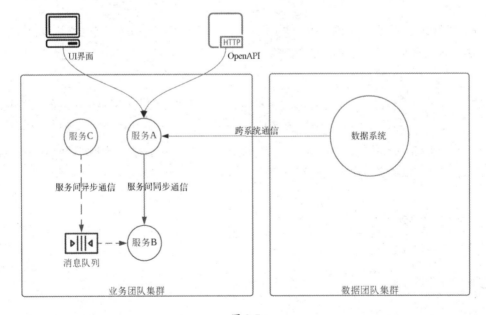

图 2-7

- OpenAPI：对外暴露的 RESTful API，基于 HTTP，是典型的一对一同步通信。
- UI 界面：和 OpenAPI 类似，前端 UI 会通过 HTTP 请求来调用后端服务的接口。
- 服务间同步通信：在微服务应用内部，服务之间是通过 gRPC 进行调用的，这样可以获得更好的性能。
- 服务间异步通信：服务间并不总是使用直接调用的方式交互的，有些场景更适合以异步事件驱动的方式交互。比如有一个业务场景是，用户要执行一个预测任务（Forecast service），该任务完成后会给消息队列发送一个任务完成的消息，另外一个用户服务（User service）会订阅该消息，并将预测结果添加到收件箱。
- 跨系统通信：我们的服务和其他存量系统间也需要交互，一般情况下同步和异步方式都会用到。对于比较新的系统，通常还是以 gRPC 方式进行通信的，个别遗留系统，因为技术栈等原因，会使用 RESTful 接口通信，异步场景中使用回调的方式进行通信。

3. 基于服务网格的流量管理

微服务应用一般会有三种请求来源：来自外界的请求（比如对外提供的 API）、来自组织内部其他存量系统的访问请求，以及微服务应用内部服务之间的请求。这些流量都需要管理，比如实现动态路由、按比例切分，或者添加超时、重试这些弹性能力。一些传统的基于公共库的解决方案（如 Spring Cloud）已经提供了非常完善的流量管理功能，不过相对于服务网格这样的云原生解决方案还存在一些劣势。

- 语言绑定：应用需要以类库（包）的方式引入这些流量管理功能，所使用的语言必须和框架编写语言一致，此时异构的微服务应用就无法使用统一的解决方案了。
- 耦合：公共库这种解决方案尽管在功能上是和业务逻辑解耦的，但因为引入了对类库的依赖，使用上需要增加配置，或者在应用内添加一些代码（标注），因此这不是一种透明的方案。另外，这些依赖包也会包含在应用程序的发布包里，在代码层面上其实也是耦合的。
- 运维成本：基于公共库的流量管理通常以单独的进程部署，有一定的人力成本和资源成本。

服务网格是近几年流行的一种流量管理技术。简单来说，服务网格是一个用来管理服务间通信的网络基础设施，通过在每个微服务旁边部署一个边车（Sidecar）代理来实现各种流量管理功能。相比起公共库这样的方案，它具有比较明显的优势。

- 对应用透明：这是服务网格受到青睐的主要原因，也是它最大的特点。服务网格基本的工作原理是通过边车代理来转发请求，这就使得边车有能力对请求做出相应的操作，比如根据请求头将不同的请求转发到不同的服务。这有点像通信框架里的拦截器。而这些流量管理的能力都是由边车代理提供的，应用不需要修改代码或添加配置就能获取这些能力，这使得服务网格可以被透明接入应用，且不受开发语言和技术栈的限制。

- 以云原生的方式使用：服务网格完全遵循云原生的理念，将网络相关的非功能性需求下沉到基础设施层，与应用解耦。在使用层面上，服务网格也是通过声明式配置这样的云原生方式让应用获取流量管理能力的。

当然，服务网格也并非没有缺点，比较让人担心的一个问题就是延迟。因为边车代理的引入，原本服务到服务的直接调用变成了三次调用：服务 A 到边车代理 A，再从边车代理 A 到边车代理 B，最后从边车代理 B 到服务 B。这必然会增加一定的延迟。也因为转发次数的增多，调试难度相应增加，需要借助分布式追踪等特性来辅助调试。

经过 4 年左右的发展，服务网格技术也逐渐成熟，成了微服务应用在流量管理方面重要的技术选型方案，越来越多的团队已经实现了生产环境下的落地实践。不过新技术的引入必然会带来一定的成本和风险，应结合自己团队的现状和业务特性分析它的可行性。笔者对于是否使用服务网格有以下几点建议。

- 流量管理等方面的需求：如果你目前的应用不具有流量管理这方面的能力，而你又有迫切的需求，可以在技术选型时将服务网格作为重要的方案进行评估。
- 异构微服务应用流量管理能力的统一：如果你的微服务应用是一个异构的、使用不同语言开发的应用，无法使用单一的框架或类库，同时你又想使用统一的方案去实现流量管理，那么服务网格是一个不错的选择。
- 现有方案的痛点：如果你的应用架构目前已经具有了流量管理能力，但却存在着不少痛点，比如不同技术栈的应用使用不同的实现方式且无法统一、框架升级和维护成本高、SDK 的更新导致业务服务也需要更新等，而这些痛点给你带来了长期的困扰并大幅降低了开发效率，此时可以考虑借助服务网格解决这些痛点。
- 遗留系统的技术栈升级：如果你有一个老旧的系统，假设它是一个单体应用，庞大且难以维护，你正打算将它改造成微服务应用。这种情况下就非常适合引入服务网格。一方面，基于新架构去接入服务网格不需要考虑老旧系统的兼容问题，实现成本较低；另一方面，应用改造本来就要花费较高的成本，引入服务网格带来的额外成本就显得不值一提了。
- 云原生应用的演进：如果你的团队热衷于技术创新，想要打造云原生应用，那么落地服务网格将是一个重要的演进过程。

尽管服务网格有很多优势，但笔者依然建议要基于自身情况具体分析，同时还要考虑接入和后续的维护成本。本书的第 4 章会详细介绍我们团队使用服务网格技术来管理微服务应用的落地实践。

2.1.3　存储层设计和选型

在了解了与接口、表现层相关的通信策略后，我们再来介绍应用程序的另一个重要组成：存储层。冯·诺伊曼提出的"计算-存储"体系在微服务架构下仍然成立：系统中大部分的组件都是无状态的或易失状态的计算单元，少部分组件负责将数据持久化，也就是"落盘"。存储层通常位于系统架构的底层，可以称之为"后端的后端"。

1. 数据库

设计微服务的存储层时，首先要回答的问题是，应该使用何种数据库。稍有规模的软件公司都会专门设置数据库管理者这一职位，数据库的重要性和复杂性可见一斑。

我们可以从以下几个维度来分析业务对于数据库的需求。

- 数据模型：需求包括实体属性是多是少、关联关系是否复杂、查询和写入的粒度是否一致等。
- 数据量：需求包括存量和增量是否分片、是否冗余存储等。
- 读写场景：需求包括读写速率和速率变化率、并发度如何，对延迟是否敏感，读写数据分布是否集中（是否有热区）等。

为了满足这些需求，目前常用的数据库架构和技术可以按以下几个维度进行归类。

- OLTP 与 OLAP：OLTP（在线事务处理）面向广大客户，数据输入和输出量级较小、计算负担较小，但是对延迟敏感，对数据的准确性和时效性要求高；OLAP（在线分析处理）面向数据专家客户和公司管理者，数据输入和输出量级大、计算负担大，可能会对 PB 级别的输入数据进行全表扫描和聚合计算，对延迟相对不敏感。
- SQL 与 NoSQL：SQL 是指以 MySQL 为代表的支持 ACID 事务的传统关系数据库。NoSQL 最初是对传统 SQL 数据库及数据库设计范式的反抗，但是随着它的发展壮大，NoSQL 一直在借鉴与融合 SQL 的设计，甚至对 SQL 数据库的设计产生了反哺，二者有殊途同归的趋势。目前关于 NoSQL 的定义，比较中肯的解读是 Not only SQL（不只是 SQL）。NoSQL 在使用场景上又可以细分为 key-value（读写实体的粒度完全一致，零关联）、搜索引擎（支持基于文本分析的全文检索、复合查询）和图数据库（专精于查询复杂的关系，使用场景包括社交网络、知识图谱等）几类。

结合上面介绍的需求维度和技术维度，微服务在存储层设计和选型时可以参考以下决策步骤。

- 如果数据模型、数据量、读写场景的需求都不复杂，优先考虑 SQL 数据库。
- 在 OLTP 典型场景下（对延迟敏感，数据量不大），可优先考虑通过 SQL 数据库进行数据切分（分库分表）；如果 SQL 数据库的读写性能无法满足要求，可以考虑引入缓存、队列等中间件。
- 在 OLAP 典型场景下（对延迟不敏感，数据量超出单机承载范围、模型复杂），可以选择时序数据库、Hive、列存储数据库等。
- 在更加复杂的混合场景下，可以让不同的微服务根据需求采用不同的数据库和存储中间件。例如使用搜索引擎来支持全文搜索，使用内存 key-value 数据库来存储用户登录信息，使用时序数据库来记录和查询用户交互事件和数据变更历史记录，等等。

2. 缓存

缓存是计算机软硬件系统广泛存在的一类组件和设计模式，存储层的典型代表是内存 key-value 型数据库，它比读写硬盘的数据库快，可以作为中间件挡在主数据库的前面，产生以小硬件撬动大流量的杠杆效应。完全在内存中处理数据虽然快，但代价是机器停电或进程重启会导致数据丢失。为了解决易失性问题，有些缓存（如 Redis）也提供了数据持久化方案。

缓存的主要设计指标之一是命中率，命中率越高说明缓存的作用越大，另一方面也预示着缓存被击穿时对数据库的影响越大。缓存的另一个设计指标是流量分布的均衡性。如果某个 key 承载了过大的流量（热点），容易造成存储硬件（内存、网卡）的损坏，热点击穿甚至可能引发新的热点，造成系统雪崩。

应用要使用缓存，需要允许缓存中的数据和数据库的数据出现短暂的不一致。应用可以选择伴随写数据库的操作（之前、之后均可）更新缓存，也可以选择伴随读数据库的操作来更新缓存并设置缓存的过期时间，甚至可以选择离线定期更新缓存，在线只读取缓存，未命中也不穿透到数据库。如果应用设置了缓存过期时间，还要小心处理在缓存过期到缓存更新的间隙中数据库的流量尖峰。

3. 队列

队列作为先进先出（FIFO）的数据结构，是各种数据库系统的持久化、跨节点同步和共识机制的实现基础，保证了进入数据库的数据不丢失、不乱序。例如 MySQL 的 Binlog、Lucene 的 Transaction Log，事实上都是一种队列。

作为中间件，队列可以挡在主数据库前面，解决数据高并发（化并为串）和流速剧烈变化（削峰填谷）的问题。而在消息驱动的架构（Event-driven Architecture）设计中，队列的重要性再度提升，作为系统的事实来源（source of truth），解决了多个数据库系统的同步问题。

队列的核心设计指标是吞吐量和队列长度。生产能力大于消费能力时，队列长度增加，反之减少。如果生产能力长期大于消费能力，队列会被击穿，造成系统不可用，这时需要考虑队列的扩容（提升消费能力）。相反，如果生产能力长期小于消费能力，队列资源会闲置，这时候需要考虑队列的复用（提升生产能力）。

由于队列本身具有串行的特性，应用需要识别和处理少量数据以限制队列吞吐量（类比交通事故导致道路拥堵）。解决办法通常是在消费端设置合理的超时重试机制，将重试超过一定次数的数据从拥堵队列中移除并存储到其他地方，比如另一个"死信"队列（dead letter queue）中。

微服务在存储层设计和选型的灵活度上比传统的单体应用更有优势，不同的微服务可以使用不同的数据库和存储中间件，但微服务架构同时也引入了许多分布式系统特有的问题，比如跨服务保持事务性约束，处理网络延迟和中断造成的数据丢失、乱序、陈旧和冲突，等等。

云原生应用存储层的设计选型更是一个方兴未艾的领域，涉及很多的开放性问题。例如在技术选型上，为实现某种业务需求，应该直接使用云商的 SaaS 数据库，还是基于 PaaS 托管开源的数据库，抑或基于 IaaS 搭建和运维数据库，甚至选择存储层不上云确保对敏感数据的管控？在运维方面，如何快速、正确地对存储层进行扩容和缩容，能否像无状态的计算组件那样使用容器和容器编排？在产品设计上，如何避免或减少跨区域的数据读写和同步，弱化网络延迟对用户体验的影响？在安全性方面，如何设计和贯彻云上数据的访问权限和内容解析，特别是当公司和云商在业务上构成竞争关系时。

总而言之，数据密集型应用的存储层设计和选型应该遵循简单、可靠、可扩展原则：不要用"牛刀"杀"鸡"，不要盲目求新求变，不要过度依赖 ACID 事务、存储过程、外键等不可扩展的约束。

2.2 遗留系统改造

绝大部分微服务应用的开发工作很可能是对现有系统的改造而不是构建一个全新的系统，这样难度会更大，因此迁移时需要选择合理的重构策略来保证质量。本节我们先介绍项目实施方面的概念：绿地、棕地，然后介绍使用绞杀者模式将单体应用改造为微服务的方法和策略。

2.2.1 绿地与棕地

绿地（greenfield）和棕地（brownfield）这两个术语在项目执行过程中经常被提到，广泛应用于 IT、建筑、制造等行业。它们和项目开发相关，具体的含义如下。

- 绿地：绿地项目指开发一个全新的应用程序，我们可以自由选择架构、平台和所有其他技术。整个开发过程从头开始，需要分析需求，指定技术方案，并逐一实现。
- 棕地：棕地项目是指已经做了一些工作的项目。对于软件行业来说，更新和改造现有的应用都可以被看作棕地项目。我们需要先分析遗留系统，可能会从代码审计开始，充分了解功能上的实现细节。在工业领域，棕地通常意味着废弃和污染，它的颜色很形象地体现了这种特性。软件行业的棕地项目倒不至于这么严重，但对于接手的开发者来说确实要比开发绿地项目面临更多的限制。

绿地项目在技术选型和设计方案上几乎没有限制，不会受到遗留系统技术栈的束缚，不需要与遗留代码集成，在实现层面上更加自由。典型的绿地软件项目一般有如下两种。

- 开发一个全新的应用程序，实现全新的业务。
- 用一种新语言重写一个旧的系统，只实现原有的业务逻辑，但不使用任何旧代码。

开发绿地项目听上去很有优势，也是开发者普遍喜欢的一种方式。毕竟，在一张白纸上作画比修改别人的作品要轻松得多。不过这种项目的缺点也比较明显，就是投入较大，成本较高，落地时间更长。需要考虑的因素包括团队、项目管理、硬件、平台、基础设施等，不仅只有开发过程本身。项目的范围也需要仔细规划，与业务需求保持一致，并避免项目方向出现错误。因此，如果你的团队受限于成本和时间，希望快速迁移到新的技术栈，选择绿地方式并不适合。

棕地项目通常从遗留代码中获得便利，降低了开发新项目所花费的成本。然而，在一定程度上它会阻碍开发者的设计灵活性。很多项目由于设计糟糕、实现混乱，或者执行不力等原因被放弃，开发者甚至不愿意再动一行其中的代码，更希望重新开始。但客户基于成本和时间的考虑更愿意尝试让它们复活而不是推翻重来。当然，也不是所有的棕地项目都一无是处，只要代码结构良好、不受污染，项目易于维护，富有经验的开发团队依然可以很好地接手棕地项目。典型的棕地项目一般具有以下特点。

- 将新特性整合到现有系统。
- 修改现有代码以满足业务的变更。
- 优化现有系统的性能，提升应用程序的质量属性。

对于遗留系统的改造，团队需要根据自身情况在绿地和棕地之间做出选择。如果时间和成本容许，希望彻底抛弃旧技术债务并拥抱新的技术栈，可以直接设计绿地项目。对于资源有限，希望在不影响线上业务的情况下逐渐过渡到新技术栈的场景，选择棕地方式更合理。

2.2.2 绞杀者模式

绞杀者模式（Stranger Pattern）是一种系统重构方式，它的名称来源于马丁福勒在澳大利亚雨林看到的一种名为绞杀无花果（stranger fig）的植物。这种植物会缠绕在宿主树上吸收养料，然后慢慢地向下生长，直到在土壤中生根，最终杀死宿主树使其成为一个空壳，如图 2-8 所示。

图 2-8

在软件开发行业，这成了一种重写系统的方式，即围绕旧系统逐步创建一个新系统，让它慢慢成长，直到旧系统被完全替代。绞杀者模式的优势就在于，它是一个渐进的过程，容许新旧系统共存，给予新系统成长的时间。它的另一个优点是能够降低风险。一旦新系统无法工作，你可以迅速将流量切换回旧系统。这听上去和蓝绿部署很相似。我们团队基于绞杀者模式逐步将单体应用改造成了微服务，平滑地迁移到了新技术栈。

1. 绞杀者模式的开发过程

和绞杀无花果一样，绞杀者模式的开发过程也有三个阶段。

- 转换：创建一个新系统。
- 共存：逐渐从旧系统中剥离功能并由新系统实现，使用反向代理或其他路由技术将现有的请求重定向到新系统中。
- 删除：当流量被转移到新系统后，逐步删除旧系统的功能模块，或者停止维护。

我们对旧系统的改造工作涉及前端和后端两部分，改造后端部分是指将原来的业务逻辑逐一拆解成微服务；改造前端部分是将原来的 Rails 应用重构为基于 React 的 UI 界面并调用微服务提供的新接口。

后端部分的改造步骤和策略具体如下。

（1）识别业务边界

业务边界在领域驱动设计（DDD）中称为界限上下文，它根据业务特性将应用分成相对独立的业务模型，比如订单业务、库存业务等。识别出业务边界是合理设计微服务的基础，可以实现高内聚低耦合。不合理的边界划分会导致服务在开发过程中因为依赖而受到制约。

典型的识别业务边界的方法是使用领域驱动设计，但需要由领域专家和熟悉 DDD 的开发者一起完成。还有一种简单的方法是通过已有的 UI 界面进行识别，因为通常情况下不同的业务都会有自己的界面。不过这种方法只能比较粗略地拆分出业务模块，细节部分还需要进一步分析。很可能某个业务模块的页面中也会存在与其他业务交互的部分，比如我们的订单模块中有一个功能是"执行预测"，它显然属于预测服务而不是订单服务。还有一种方式就是基于业务模型并结合旧系统的代码进行梳理，从而识别出业务边界。这种方式比较适合业务清晰且团队在之前已经有很明确的职能分工的组织，我们团队就是使用这种方式完成微服务边界识别和服务拆分的。

（2）基于 API 进行改造

一个包含前后端的 Web 应用通常都是围绕着 API 接口进行开发的，因此，我们的改造过程也是围绕 API 进行的。首先对前端页面调用的后端 API 做一个统计，根据重要性、紧急程度、影响范围等设置优先级，然后在新系统中挨个实现原来的接口。要注意的一点是，如果新接口要被旧页面调用，那么就要和原接口保持一致；如果新接口只是内部接口或只被新前端页面调用，则可以基于新技术栈的特性进行一定的调整，只需要注意暴露给客户的页面使用方式和数据格式兼容即可。

（3）选择代价最小的部分进行重构

识别出业务边界也就意味着服务拆分基本完成，可以进行新系统的开发工作。除了微服务架构这种基础设施，业务逻辑的迁移应该依据最小代价原则进行，也就是说先选择不太重要的业务进行改造，比如客户使用率比较低的业务、查询相关的业务、逻辑简单的业务等。使用这种策略可以降低风险，即便出现问题也不会对客户造成很大的影响。图 2-9 展示了从旧系统中拆分出功能并在新系统中实现的过程。

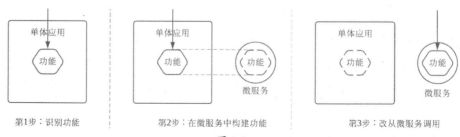

图 2-9

（4）将迁移出来的功能实现为服务，减少对旧系统的修改

理想情况下，除了将已有的业务迁移到新系统，新来的需求也要尽可能地在新系统中实现，这样才能尽快让服务价值被体现，并且阻止单体应用继续变大。

不过现实情况往往不那么完美。第一个棘手的问题是时效性问题，即客户提了一个新需求，并要求在某个时间点以前尽快上线。开发者需要仔细评估实现它的时间成本，如果在新系统中实现要花费更多的时间，那么就不得不在旧系统中实现它，然后再选择合适的时机迁移到新系统。这种重复的无奈之举是开发者最不愿意看到的，但也不得不为最后期限做妥协。另外一种情况是，新功能和旧系统耦合较重，或者暂时不适合单独实现为新的服务。比如，我们需要在原来的接口中添加一两个字段，或者是组合旧代码实现一段新逻辑等，很明显在旧系统中实现这些功能的成本要低得多，因此遇到这样的场景选择修改旧系统相对更合理。但不管怎样，在实施绞杀者模式的时候，开发者还是要明确这一原则：尽可能减少对单体应用的修改。

图 2-10 展示了将已有的单体应用逐渐迁移成新的微服务应用的流程，从图中可以看到，因为上面提到的原因，旧系统并不总是变小的，有可能会变大。在一定时期内，新系统和旧系统是共存的，直到新系统完全实现了旧系统的功能，我们就可以不再维护旧系统并对其做下线处理了。

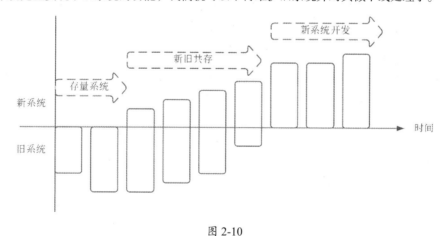

图 2-10

前端部分的改造策略和步骤具体如下。

（1）分析 UI 界面

一般来讲，一个 Web 应用是围绕 API 进行开发的，UI 界面的数据是从后端微服务获取的。因此，我们可以通过分析 API 的从属关系来找到前端和后端的对应关系。

在应用中，UI 界面一级导航栏的内容一般都是基于大的业务模块确定的，通常会包括几个隶属于不同微服务的子业务模块。比如广告投放模块中包括广告主、广告活动、广告创意等二级模块，分别属于不同的微服务。这些业务比较清晰的页面调用的 API 一般也都来自同一个服务。

但是如果出现从其他服务获取数据的情况就需要注意一下，比如有一个页面中的图表是从不同的两个 API 中获取数据并组合在一起的，而这两个 API 属于不同的服务。在遇到这种情况时，笔者建议先做设计自省，分析是不是在服务的拆分上有不合理的情况。如果没有设计问题，那么页面由大业务所属的团队负责，另外一个团队负责提供 API 即可。

（2）旧前端调用新服务

对客户来讲，微服务迁移通常是一个透明的过程，提供给最终用户的 URL 一般不会变更。另一方面，新服务对应的前端页面还没有开发完成，这就需要我们用旧前端去调用新服务。因此在确保新服务已经能替代某些旧系统的业务之后，我们一般都会修改前端调用后端的 API，将数据获取从旧系统转移到新服务。

（3）新前端调用新服务

这种情况相对比较自由，因为前后端都是重新开发的，可以对原有接口的输入和输出做优化和调整，只要保证最终展示给客户的结果和原来的一致即可。我们在迁移过程中单独为新前端定义了一个 URL 前缀，URL 的其他部分和原地址保持一致。两个前端同时存在，可以通过输入对应的 URL 进行对比测试，分析新页面渲染的数据和旧页面是否一致。我们还专门开发了一个对比工具，可以将页面中不一致的部分高亮显示，方便调试。

（4）OpenAPI 替换

对外暴露的 API 原则上是不能随便改接口签名的，我们的解决方法是发布新版本的 OpenAPI。比如之前客户使用的是 V3 版本的 API，现在发布了基于微服务的 V4 版本 API，两个版本并存，并告知客户尽快迁移到新版本，旧版本在某个时间点将停止维护。尽管新版本的 API 可以使用全新的签名，比如 URL、入参，但除非有必要，否则 API 的返回结果最好和旧版本兼容，因为客户的应用程序一般都要基于返回数据做进一步的处理，如果返回结果变了，客户将不得不修改自己的代码逻辑，这会增加他们迁移到新 API 的成本。

2. 绞杀者模式的使用策略

除了上面提到的改造策略和步骤，在使用过程中还需要关注以下问题。

- 不要一次性用新系统替换旧系统，那不是绞杀者模式，要通过控制替换的范围来降低风险。

- 考虑存储和数据一致性问题,确保新旧系统都可以同时访问数据资源。
- 新构建的系统要容易被迁移和替换。
- 迁移完成后,绞杀者应用要么消失,要么演变为遗留系统的适配器。
- 确保绞杀者应用没有单点和性能问题。

3. 绞杀者模式的适用性

绞杀者模式也不是灵丹妙药,并不能适用于所有的系统迁移场景,使用它有一些条件和限制,具体如下。

- 基于 Web 或 API 的应用:实施绞杀者模式的一个前提是必须有一种方式可以在新旧系统之间切换。Web 应用或基于 API 构建的应用程序可以通过 URL 结构来选择系统的哪些部分以何种方式实现。相反,富客户端应用或移动端应用并不适合使用这种方式,因为它们不一定具有分离应用程序的能力。
- 标准化的 URL:一般情况下 Web 应用都使用一些通用的模式来实现,比如 MVC、表现层和业务层分离。但有些情况下使用绞杀者模式就不太容易。比如请求层下面有一个中间层,做了 API 聚合等操作,这就导致切换路由的决定不能在最上层实现,而要在应用的更深层实现,此时使用绞杀者模式的难度就比较大。
- 复杂性和规模较小的小型系统:绞杀者模式不适合用于改造规模较小的系统,因为批量替换的复杂性比较低,还不如直接开发全新的系统。
- 到后端的请求无法被拦截的系统:请求无法拦截意味着没有办法分离前后端,也就没办法将部分请求指向新系统,绞杀者模式无从谈起。

2.3 业务逻辑设计

企业应用程序的核心就是业务逻辑,这些逻辑实现了客户的商业价值。微服务架构下的业务逻辑分布在多个服务上,因此实现一个完整的业务流程更具挑战性。合理拆分服务能降低实现难度,避免出现不合理的调用关系。本节我们会聚焦于如何拆分服务,以及如何设计符合规范的 API 接口。

2.3.1 拆分服务

拆分服务是设计阶段的难点,你需要非常了解应用,然后抽象出领域模型,并且在拆分过程中遵循一定的原则。下面我们来一一介绍。

1. 了解应用

深入了解你要拆分的应用是拆分服务的前提条件，你需要了解业务需求、客户使用场景、系统运行机制、旧代码情况等多方面内容。我们团队的做法是回顾需求和设计文档，并对照遗留系统的代码来了解实现细节。了解需求、使用场景可以让你加深对业务的理解，以便后续抽象出合理的领域模型。阅读代码可以让你审视之前的设计，了解技术细节及可能存在的约束。需要注意的是，阅读旧代码的目的是对需求细节进行补充，千万不要被旧代码禁锢设计思维。原有的实现方式在微服务架构下很有可能是不适用的，也可能存在着优化空间，应该重构。

首先需要识别出系统操作，这一步通常可以通过用户故事和应用场景中的动词进行分析。这些操作会成为设计 API 接口的依据。比如在用户创建订单这一场景中，"创建"这个动作就是一个操作，它最终会被设计成 CreateOrder 这样的接口。

对于比较复杂的场景，需要通过更有效的工具协助分析。我们团队会使用事件风暴（Event Storming）进行业务流程分析。它是一种轻量级的、容易掌握的领域驱动设计方法。事件风暴的作用是帮助项目参与者对业务有一个统一的认识，比如关键的业务流程、业务规则、业务状态变更、用户行为等。它可以帮助开发人员将业务梳理清楚，发现领域模型和聚合，并且在一定程度上分清业务的边界，为服务拆分做好准备。

事件风暴一般通过工作坊的方式运行，找一个有白板的会议室，准备好各种颜色的即时贴就可以开始了。物料不方便准备也可以使用在线协作工具完成。比如我们一开始用即时贴，但发现贴纸多了之后移动和调整都有点麻烦，后来就选择用 lucidspark 以在线的方式进行，效率提高了不少。有关事件风暴的内容不是本书重点，这里不再赘述，感兴趣的读者可以去官网了解其实施细节。图 2-11 展示了事件风暴的基本模型。

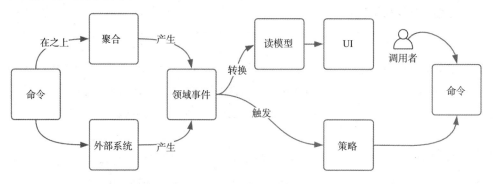

图 2-11

2. 根据业务能力拆分

业务通常指能够为公司或组织产生价值的商业活动，其特定能力取决于业务类型。比如电子商务应用的业务包括商品管理、订单管理、物流管理等；我们所开发的广告平台的业务主要包括客户管理、广告管理、投放管理等。

拆分服务的第一步就是先识别这些业务能力，一般通过组织的目标、结构和商业流程分析可知。下面列举了一个外卖系统可能具有的业务能力。

- 商家管理
- 消费者管理
- 订单管理
- 配送管理
- 其他

识别了业务能力后，接下来要做的就是将业务映射为服务。需要注意的是，业务能力通常都会分层次，即一个业务包含多个子业务。比如订单业务又可以细分为下单、接单、取餐、送达等子业务。因此，要将哪个级别的业务映射为服务需要具体分析。笔者建议遵从高内聚低耦合的原则进行：属于同一个大的业务领域，但彼此相对独立的，可以拆分为不同的服务；反之能力很单一没有细分项的顶级业务可以被定义为一个服务。例如，在订单处理中少不了支付流程，而订单信息和支付显然是非常不同的业务，因此可以分别将它们定义为订单服务和支付服务。再比如，广告投放业务中有广告活动、广告库存、投放标等子业务，既交互又相对独立，适合被拆分为多个服务。

基于业务能力拆分服务的好处是易于分析，业务相对稳定，因此整个架构也比较稳定。但这并不代表服务不会变化，随着业务变更，甚至技术层面的权衡，服务和服务之间的关系都有可能被重新组织。比如某个业务的复杂度增长到一定程度就需要分解对应的服务，或者过多的服务之间频繁通信会导致性能下降，将服务组合在一起反而是更好的选择。

3. 根据领域进行拆分

领域驱动设计（DDD）的理念已经出现近 20 年了，但一直不温不火。微服务架构让它焕发了第二春，使之成为非常热门的设计方法。原因很简单，微服务架构非常适合使用 DDD 理论进行设计，子域、界限上下文的概念可以与微服务完美匹配。子域也为服务拆分提供了很好的方法。子域是一个个独立的领域模型，用来描述应用程序的问题子域。识别子域和识别业务能力类似：分析业务并了解业务中不同的问题域，定义出领域模型的边界，即界限上下文（Bounded Context），每一个子问题就是一个子域，对应一个服务。还以外卖业务为例，它涉及商品服务、订单服务、派送服务，包括商品管理、订单管理、派送管理等问题子域，如图 2-12 所示。

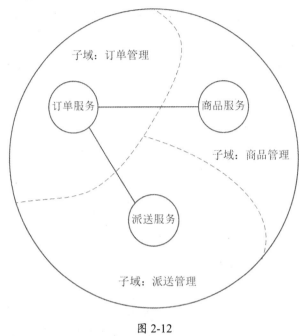

图 2-12

使用领域驱动方法拆分服务一般包括以下两个步骤。

（1）业务场景转变为领域模型

这一步需要抽象出领域模型，并根据模型之间的关系划分界限上下文，即一组具有清晰边界的、高内聚的业务模型。可以认为这就是我们要定义的微服务。

我们团队使用上面提到的事件风暴去识别领域模型。这种方法从系统事件的角度出发，将由系统状态的变化而产生的事件作为关注点，然后根据时间顺序串联出整个业务流程中发生的事件，分析出和事件相关的执行者、指令、读模型、策略等内容，最终识别出聚合模型，划分出界限上下文。例如外卖系统的核心业务流程中的事件有订单已创建、用户已支付、商家已接单、外卖已派送等，这些事件对应的执行者有消费者、商家、派送员等。通过分析，我们也能很清晰地识别出事件对应的领域模型有订单、支付、商家、用户等，再根据模型的交互关系定义聚合，整个业务建模的过程就基本完成了。

分析过程难免有偏差，对于识别出来的领域模型，可以基于低耦合高内聚的原则来评判模型的合理性。比如，划分出来的子域之间的依赖关系是不是做到了尽可能少？是不是出现了不合理的相互依赖？另外，可以在脑海中将业务流程映射到模型中快速浏览一遍，看看模型是否能满足业务的需要，并且思考在业务变化时模型是否可以方便地扩展。当然我们还是要强调一点，设计往往要为现实妥协，通常我们会综合考虑性能、复杂度、成本等因素，并找到一个可接受的设计平衡点。

（2）领域模型转变为微服务

分析出领域模型后就可以根据它来设计服务、系统架构、接口等，这些都是典型的软件设计方面的内容，读者可以基于自己的习惯使用合适的方法进行设计，比如敏捷方法。对于微服务架构而言，还需要在设计上注意以下两点。

- 服务依赖：合理的微服务架构，其依赖关系应该很清晰。我们首先要注意的就是，不能出现两个服务相互依赖的情况，也就是通常所说的循环引用。一个合理的依赖拓扑结构应该是树或者森林，或者有向无环图。服务提供者不需要知道是谁调用了它，即上游服务不需要知道下游服务，这样才能保证系统是局部依赖的，而不是全局依赖的。全局依赖的应用不满足微服务架构要求，而是所谓的分布式单体应用。

- 服务交互：拆分后的微服务不能独立实现业务功能，必然要彼此交互。在交互方式的选择上要注意使用场景，一般情况下有下面几种交互方式。

  - RPC 远程调用：RPC 是笔者首推的服务间交互方式，通信效率相对更高，且易于集成。RPC 会产生一些额外的依赖，需要根据使用的接口描述语言（IDL）生成对应的服务端和客户端。我们的微服务应用使用的就是 gRPC 调用方式。

  - HTTP/JSON 调用：通过定义 RESTful API 以 HTTP 方式进行通信，数据为 JSON 格式。它最大的优势是轻量，服务间的耦合也极低，只需要知道接口就可以调用，但在传输性能上通常比 RPC 稍逊一筹。

  - 异步消息调用：即"发布-订阅"交互方式。这种方式非常适合用在基于事件驱动设计的系统中。服务生产者发布一条消息，监听的一方消费这条消息并完成自己的业务逻辑。消息交互可以消除命令式调用带来的依赖，让整个系统更有弹性。

服务交互的方式并不必须只选择一种，针对不同场景使用不同的方式更加合理。读者可根据自身情况自由选择。上述两个步骤的示意图如图 2-13 所示。

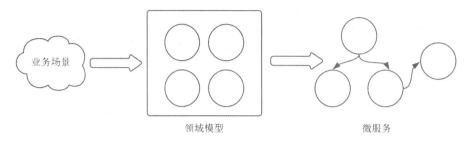

图 2-13

领域驱动设计是一种比较复杂的设计方法，想要解释得很清楚可能需要写一本书才行。在这里我们只做简单引导，具有领域驱动设计经验的团队可以尝试使用它去完成服务拆分，最终的拆分结果和依据业务能力进行拆分的结果应该是一致的。

4. 拆分原则

拆分的服务需要足够小，以便让小团队进行开发和测试。但服务的范围到底多小才合适呢？这常常是一个经验化的结论，特别是"微"这个形容词在一定程度上会误导人。我们可以借鉴一些面向对象的设计原则，这些原则对于定义服务依然适用。

第一个就是单一职责原则（SRP）。在面向对象设计中，单一职责原则要求改变一个类时一般只有一个理由：定义的类的职责应该单一，只负责一件事情。定义服务其实也如此，就是要保证服务聚焦于单一的某个业务，做到高度内聚，这样做的好处是可以提升服务的稳定性。

另外一个在服务拆分中可以参考的原则是闭包原则（CCP）。它本来的含义是，对包做出的修改应该都在包之内。这意味着如果某项更新导致了多个不同的类都要修改，那么这些类应该被放在同一个包内。在出现变更时，我们只需要对一个包进行修改即可。在微服务架构下同样需要将因为同一个原因被改变的部分放在同一个服务中，减少依赖，让变更和部署更容易。对于某个业务规则的变更，应该尽可能修改更少的服务，理想情况下最好只修改一个服务。

除了上面提到的两个原则，服务拆分之后，我们可以再依据下面的规则检查服务设计是否合理。

- 服务必须是内聚的，服务内部应该实现强相关的功能。
- 服务应该遵守公共闭包原则，同时更改的内容应该放在一起，以确保每次更改只影响一个服务。

- 服务应该松散耦合，每个服务都封装完好，对外暴露提供业务能力的 API，可以在不影响外部访问的情况下进行内部修改。
- 服务应该是可测试的。
- 每个服务都要足够小，可以由小团队开发完成。
- 服务的开发团队应该是自治的，即能够以最少的协作或依赖开发和部署自己的服务。

5. 服务拆分的难点

软件设计中没有完美的方案，更多的时候是对现实的妥协。服务拆分也如此，有些时候没办法保证拆分完美，比如可能会遇到以下常见的难点和问题。

- 过多的跨进程通信：服务拆分会导致网络间问题。第一个是跨进程通信导致了网络延迟，在传输的数据量比较大的时候会更加明显。另外，如果业务调用链路比较长，比如要跨好几个服务才能完成一次业务流程，这势必降低应用的可用性。介入的节点越多，出现问题的概率就越大。为了应对这一问题，一方面需要在应用中引入分布式追踪这样的能力，以便在出现问题时可以快速追踪到根源；另一方面，服务治理也应该成为架构中不可或缺的能力，使用服务网格以透明的方式引入治理能力是一个不错的选择，我们在第 4 章中会具体介绍。
- 分布式事务：将单体应用改造成微服务架构所要面对的一个数据层面的痛点就是分布式事务。传统的解决方案是使用两阶段提交这样的机制，但对于并发和流量比较大的 Web 应用来说，这种方案并不合适。互联网业界中比较常用的办法是使用补偿方案，优先考虑应用的性能，保证数据的最终一致性。在第 4 章中，我们会介绍我们团队基于 Saga 理论实现的一个分布式事务解决方案。除此之外，在业务流程上通过一些顺序调整消除分布式事务也是一种思路。
- 上帝类难以被拆分：在面向对象编程领域，上帝类是指具有过多责任的类，应用程序的很多功能都被编写到一个单一的"了解全部"的对象中，这个对象维护了大部分信息并且提供了操作数据的大部分方法。因此这个对象持有过多的数据，承担了过多的责任，它的角色如同上帝一般。其他对象都依赖于上帝类并获得信息。由于被过多引用且持有多种不同领域的数据，拆分上帝类尤其困难。领域驱动设计为拆分上帝类提供了一个比较好的方法，那就是为各自的领域模型实现上帝类的不同版本，这些模型只涵盖自己领域内的数据和职责。

2.3.2 设计 API

服务拆分完成后，下一步就是将系统的操作映射到服务中，即设计 API。如果服务之间需要协助才能完成业务流程，且需要定义协作 API，我们一般称这种 API 为内部 API。设计 API 通常有三个步骤：确定要操作的资源、确定资源的操作方法、定义具体细节，下面我们具体介绍。

1. 确定要操作的资源

资源是业务系统中的某种数据模型。操作资源的 API 通常都是 RESTful API，它是 HTTP/JSON 格式下的事实标准，我们团队对外暴露的 OpenAPI 和前端调用的接口都遵循这种风格。REST 是以资源为核心的一种 API 设计风格，客户端通过统一资源标识符（URI）来访问和操作网络资源，通过一组方法确定对资源的操作方式，比如获取、创建等。

在使用 HTTP 作为传输协议时，资源名称会被映射到网址，方法被映射到 HTTP 的方法名。对于服务间相互调用的内部接口，我们遵循 gRPC 标准格式进行定义。本质上，gRPC API 的定义风格和 REST 风格非常类似，也将资源和方法两部分组合成接口名。很多时候，资源和我们定义的领域模型有一一对应的关系，但在有的情况下，我们可能需要设计拆分或聚合的 API，这要结合具体需求进行分析。

资源是业务实体，必须有一个资源名称作为唯一的标识符，一般由资源自身的 ID 及父资源 ID 等构成。举一个最简单的例子，我们要为用户管理模块定义 API，核心资源就是用户。获取资源的 URI 一般都以复数形式表示，也就是所谓的集合。集合也是一种资源，指一个同类型的资源列表。比如用户集合可以定义为 users。下面的例子描述了如何定义一个获取用户资源的 URI。

`/users/{user_id}`

如果资源中包含子资源，那么子资源名称的表示方法是在父资源后面接子资源。下面的例子定义了获取用户地址的 URI，地址是用户的子资源，一个用户会有多个地址。

`/users/{user-id}/addresses/{address_id}`

2. 确定资源的操作方法

方法是对资源的一种操作。绝大部分资源都具有我们常说的增删改查的方法，这些是标准方法。如果这几个方法不能代表系统的行为，我们还可以自定义方法。

（1）标准方法

标准方法一共有五个，分别是获取（Get）、获取列表（List）、创建（Create）、更新（Update）和删除（Delete）。

- 获取（Get）

获取方法以资源 ID 为入参，返回对应的资源。下面的例子展示了获取订单信息 API 的实现过程。

```
rpc GetOrder(GetOrderRequest) returns (GetOrderResponse) {
  option (google.api.http) = {
    get: "/v1/orders/{order_id}"
  };
}
```

- 获取列表（List）

列表将集合名称作为入参，返回与输入相匹配的资源集合，即查询相同类型的数据列表。获取列表和批量获取不太一样，批量获取要查询的数据不一定属于同一个集合，因此入参要设计为多个资源 ID，返回结果是这些 ID 对应的资源列表。另外需要注意的一点是，列表 API 通常应该实现分页功能，避免返回过大的数据集给服务带来压力。列表的另外一个常用的功能是给返回结果排序。下面是一个列表 API 的 Protobuf 定义过程，对应的 RESTful API 定义在 get 字段中。

```
rpc ListOrders(ListOrdersRequest) returns (ListOrdersResponse) {
  option (google.api.http) = {
    get: "/v1/orders"
  };
}
```

- 创建（Create）

创建方法需要以资源的必要数据作为请求体，以 HTTP POST 方法发送请求，并返回新建的资源。有一种设计是只返回资源 ID 的，但笔者建议返回完整数据，这可以帮助获取入参中没有发送的由后端自动生成的字段数据，避免后续再次查询，API 的语义也更加规范。还需要注意的是，如果请求入参可以包含资源 ID，意味着该资源对应的存储被设计为"可以写入 ID"而不是"自动生成 ID"。另外，如果因为某个具有唯一性的字段重复导致创建失败，比如资源名称已存在，那么 API 的错误信息中应该明确告知。下面的例子展示了创建订单 API 的实现过程，与获取列表不同的是，HTTP 方法为 POST 且具有请求体。

```
rpc CreateOrder(CreateOrderRequest) returns (Order) {
  option (google.api.http) = {
    post: "/v1/orders"
    body: "order"
  };
}
```

- 更新（Update）

更新和创建比较类似，只不过需要在入参中明确定义要修改资源的 ID，返回结果为更新后的资源。更新对应的 HTTP 方法有两种，如果是部分更新，使用 PATCH 方法，如果是完整更新，使用 PUT 方法。笔者不建议完整更新，因为添加新资源字段后会出现不兼容的问题。另外，如果因为资源 ID 不存在而导致更新失败，应明确返回错误。下面的示例展示了更新订单 API 的实现过程，它和创建 API 非常相似。

```
rpc UpdateOrder(UpdateOrderRequest) returns (Order) {
 option (google.api.http) = {
   patch: "/v1/orders"
   body: "order"
 };
}
```

- 删除（Delete）

删除方法以资源 ID 为入参，使用 HTTP 的 DELETE 方法，返回内容一般为空。但如果仅仅是将资源标记为已删除，实际数据还存在，则应返回资源数据。删除应该是一个幂等操作，即多次删除和一次删除没有区别。后续的无效删除最好返回资源未发现的错误，避免重复发送无意义的请求。下面的示例展示了删除订单 API 的实现过程。

```
rpc DeleteOrder(DeleteOrderRequest) returns (google.protobuf.Empty) {
 option (google.api.http) = {
   delete: "/v1/orders/{order_id}"
 };
}
```

表 2-1 描述了标准方法和 HTTP 方法之间的映射关系。

表 2-1

标准方法	HTTP 方法	HTTP 请求体	HTTP 响应体
List	GET	无	资源列表
Get	GET	无	资源
Create	POST	资源	资源
Update	PUT/PATCH	资源	资源
Delete	DELETE	/	/

（2）自定义方法

如果上面介绍的标准方法不能表达你要设计的功能，可以自定义方法。自定义方法可以操作资源或集合，对请求和返回值也没有太多要求。一般情况下资源是确定的，所谓自定义只是定义操作而已，比如 ExecJob 代表执行某个任务。自定义方法一般使用 HTTP 的 POST 方法，因为它最通用，入参信息放在请求体里。查询类型操作可以使用 GET 方法。对 URL 的设计有所不同，一般建议使用"资源:操作"这样的格式，示例如下。

```
https://服务名/v1/资源名:自定义操作
```

不使用斜杠的原因是，这样有可能破坏 REST 的语义，或者与其他 URL 产生冲突，所以建议使用冒号或者 HTTP 支持的字符进行分割。以下代码为自定义的取消订单操作的 API。

```
rpc CancelOrder(CancelOrderRequest) returns (CancelOrderResponse) {
  option (google.api.http) = {
    post: "/order:cancel"    body: "*"
  };
}
```

3. 定义具体细节

API 签名定义好以后，就可以基于业务需求定义具体细节了，包括请求入参、返回资源的数据项及对应的类型。对 Protobuf 来说，请求和响应都会被定义为 message 对象。我们继续使用上面的例子，分别为获取订单和创建订单 API 定义请求消息。需要注意的是，如果后续需要为消息添加字段，原有字段后的编号是不能改变的。因为 gRPC 协议的数据传输格式为二进制，编号代表具体的位置，修改后会导致数据解析错误。新字段使用递增的编号即可。

```
//获取订单的请求消息
message GetOrderRequest{
    int64 order_id = 1;
}
//创建订单的请求消息
message CreateOrderRequest{
    string name = 1;
    int64 product_id = 2;
    int64 count = 3;
    int64 customer_id = 4;
    //...
}
//订单消息
message Order{
    int64 order_id = 1;
    string name = 2;
    int64 product_id = 3;
    int64 count = 4;
    int64 customer_id = 5;
```

```
    //...
}
```

与之对应的，如果接口需要对外暴露为 OpenAPI，则按照 HTTP 的要求定义好入参和返回值即可，请求体和响应体一般使用 JSON 格式数据。

最后再介绍几点设计中的注意事项。首先是命名规则，为了使 API 更易于被理解和使用，命名时一般遵循简单、直观、一致的原则。笔者列举了几点建议供参考。

- 使用正确的英语单词。
- 常见的术语用缩写形式，如 HTTP。
- 保持定义的一致，相同的操作或资源使用相同的名字，避免出现二义性。
- 避免与开发语言中的关键字出现冲突。

在错误处理方面，应该使用不同的响应状态码来标识错误。有一种设计方法是为所有的请求都返回正常的 200 状态码，并在返回值中将 error 字段定义为 true 或 false 来区分请求的成功与失败，这种方法并不可取，除非有特殊的理由一定要这么做。业务错误时需要明确告知调用方是什么错误，即返回业务错误消息。我们的实践经验是，业务错误返回 500 状态码，并在 error-message 字段中说明错误原因。

总之，想要定义出易读、易用的 API 不是一件容易的事，除上面提到的内容外，在 API 文档和注释、版本控制、兼容性等方面都需要注意。笔者建议团队基于自身情况定义出完整的 API 设计规范并严格遵守。

2.4 本章小结

对于微服务这样复杂的分布式系统而言，其设计重要性不言而喻。本章我们选取了应用架构设计、遗留系统改造和业务逻辑设计三个方面作为切入点，介绍了微服务设计的方法和策略。

在架构层面，我们介绍了微服务的几种实现结构，以及如何完成通信层和存储层的技术选型。微服务最常见的实现方式是改造而不是新建，因此在 2.2 节里，我们介绍了如何通过绞杀者模式将单体应用迁移到微服务架构上。最后我们针对开发者在设计微服务应用时最关心的两个问题展开讨论，即拆分服务和设计 API。

设计能力是开发者的内功，需要长期积累和修炼，设计的方法论也博大精深，难以尽数。本章聚焦于几个核心问题展开讨论，为读者提供了一定的设计思路。

第 3 章

服务开发与运维

在软件开发领域,我们常说的"实现"是指将软件设计结果转化为软件产品的过程,它是软件开发过程中非常重要的阶段。近年来,随着微服务和云原生时代的到来,实现阶段面临着全新的挑战。选择什么样的开发流程满足快速迭代的需求?如何管理好团队的代码?如何构建微服务?中台扮演了怎样的角色?本章将围绕服务开发与运维,介绍我们团队的实践经验。

3.1 敏捷开发流程

开发流程(development process),或开发过程,是对软件开发生命周期中各个步骤的定义,涵盖需求分析、软件设计、实现、测试、发布与维护。瀑布模型(Waterfall Model)作为传统软件行业的开发标准,要求上述步骤必须依次被执行,从而严格保证软件的开发质量。

在当今的互联网时代,需求变更频繁,软件迭代频次高,传统的瀑布模型已无法跟上时代发展的脚步,因此敏捷开发(Agile Development)应运而生。2001 年,17 名软件开发领域的重量级人物齐聚美国犹他州,经过数日讨论,发布了《敏捷软件开发宣言》,宣告敏捷运动的到来。

我们一直在实践中探寻更好的软件开发方法,身体力行的同时也帮助他人。由此我们建立了如下价值观:

- 个体和互动高于流程和工具;

- 工作的软件高于详尽的文档;

- 客户合作高于合同谈判;

- 响应变化高于遵循计划。

也就是说，尽管右项有其价值，但我们更重视左项的价值。

敏捷开发流程是一系列符合《敏捷软件开发宣言》的方法的合集。不同的方法其侧重点不同，有的侧重于工作流程，有的侧重于开发实践，有的侧重于需求分析。敏捷开发流程中也包含了一系列的应用于软件开发生命周期的实践，如持续集成、测试驱动设计、结对编程等。云原生时代背景下的微服务架构有着服务组件化、去中心化治理、基础设施自动化、设计演进化等特点，因而更加需要一套高效成熟的敏捷开发流程。为此，本节将对如何实施敏捷开发进行介绍。

3.1.1　从瀑布模型到敏捷开发

瀑布模型和敏捷开发是具有代表性的开发流程。本节将通过对比这两种开发流程，阐述为什么我们选择敏捷软件开发方式。

1. 瀑布模型

瀑布模型是经典的软件开发流程标准，最早应用于制造业、建筑业等传统工业领域，用于实现如客户关系管理系统（Customer Relationship Management，CRM）、企业资源计划系统（Enterprise Resource Planning，ERP）、办公自动化（Office Automation，OA）等。瀑布模型将软件开发生命周期按照先后顺序分为需求分析、系统设计、开发实现、测试与集成、发布与部署、运营与维护六个阶段，并要求各个阶段必须顺序执行，每个阶段必须有明确的产出。另外，每个阶段只能执行一次，且只能发生在上一个阶段被执行之后。瀑布模型是典型的计划驱动流程，要求在项目初期收集尽可能多的需求，并预先制订计划，分配资源。简而言之，瀑布模型有着详细的计划、明确的需求边界与清晰的团队分工。

2. 敏捷开发

敏捷开发旨在帮助团队更快地交付客户的需求。敏捷开发要求软件开发过程是迭代的、渐进的。每个迭代周期通常是 1~4 周。迭代开始阶段会与产品团队确认需求，从而确定迭代目标。迭代结束时需要有一个可用的版本，并向产品团队展示。此外，敏捷开发也会引入代码重构、设计模式、结对编程、测试驱动开发、持续集成等多种实践来提升产品的质量。敏捷开发的流程如图 3-1 所示。

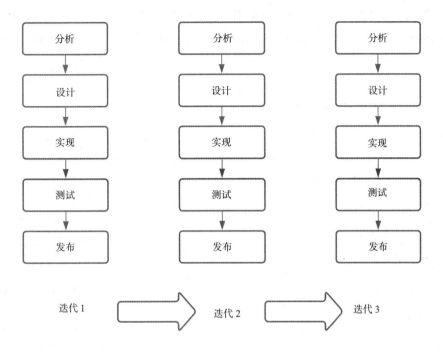

图 3-1

敏捷开发与传统的瀑布模型相比，有着诸多的优点，具体如下。

- 敏捷开发是一种迭代式的开发方式，开发周期短，迭代快，拥抱变化；瀑布模型是一种顺序的开发方式，开发周期固定。
- 敏捷开发的需求收集和分析是迭代式的，与客户的沟通是持续的；瀑布模型的需求分析是一次性的、无反馈的。
- 敏捷开发的测试可以和开发并行甚至先于开发而发生；瀑布模型的测试只能发生在开发完成后。
- 敏捷开发只需要必要的文档；瀑布模型对文档有着严格的要求。

遵循敏捷开发指引（从软件开发到部署再到组织体系）的很多企业取得了实际的效果。但随着企业规模与业务复杂性的不断增长，这些敏捷先驱企业或多或少地面临了单体应用带来的缺乏稳定性、缺乏弹性收缩能力的问题。Amazon、Netflix、SoundCloud 正是在发展到一定规模时遇到了架构上的瓶颈，因而最终拥抱了微服务。微服务也正逐渐成为敏捷进程中构建敏捷架构的重要手段。

微服务架构有着服务组件化、去中心化治理、设计演进化的特点。采用基于 Scrum 的敏捷开发流程，一方面满足了快速迭代的需求，另一方面解决了服务自治带来的团队自治问题，从而能够应对微服务的诸多挑战。

3.1.2 基于 Scrum 的敏捷实践

Scrum 是一个轻量级的敏捷开发框架，它兼顾计划性和灵活性，鼓励团队在处理问题时灵活应变，总结迭代过程中的得与失从而不断改进。Scrum 一词原本是橄榄球运动中的术语，将敏捷开发流程称之为 Scrum，意味着在开发过程中要像打橄榄球一样动作敏捷、富有激情，你争我抢。Scrum 之父 Jeff Sutherland 与 Ken Schwaber 给出了 Scrum 的价值观：

> Scrum 的成功应用取决于人们变得更加精通践行并内化 5 项价值观：承诺、专注、开放、尊重和勇气。

通常，一个 Scrum 团队的成员在 10 人以下，团队以迭代的方式交付项目，每个迭代周期称为 Sprint，一般 2~4 周。

Scrum 团队使用产品待开发清单（Product Backlog）来管理产品需求。待开发清单是一种从客户价值角度定义优先级的需求列表。待开发清单一般以条目化的方式来组织，每一条可以是新功能、对已有功能的改进，也可以是线上的缺陷。高优先级的条目要有详尽的描述。

在每个 Sprint 的开始阶段，团队成员要坐在一起开 Sprint 计划会议（Sprint Planning），针对待开发清单展开讨论，并选择合适的条目进入当前迭代周期，确定 Sprint 待开发清单（Sprint Backlog）与团队的共同目标（Sprint Goal）。

开发过程中要有每日立会（Daily Scrum），即每日站立会议，团队的开发人员需要回顾前一天做了什么并基于 Sprint 目标进行工作调整。每个 Sprint 内要完成开发测试及发布工作。Sprint 结束之前要召开评审会议（Sprint Review）和回顾会议（Sprint Retrospective），用来审视当前 Sprint 内的成果，反思此 Sprint 内的得与失，从而在接下来的迭代周期内进行持续改进。此外，Scrum 的 Scrum（Scrum of Scrum）作为 Scrum 的补充，可以有效解决不同 Scrum 团队之间的合作问题。

上述 Scrum 的流程如图 3-2 所示。

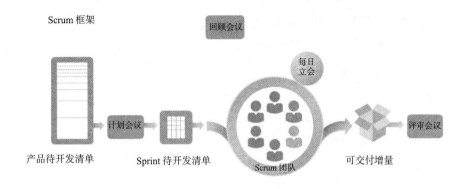

图 3-2

在实际的项目开发中,我们采用了 Atlassian 公司出品的项目与事务跟踪工具 Jira。Jira 作为一个商业平台被广泛用于项目管理、需求收集、敏捷开发、缺陷跟踪等领域。我们使用了 Jira 的 Scrum Board、Scrum Backlog、Sprint 燃尽图等敏捷管理功能。读者可以根据公司的实际情况,选择合适的敏捷管理平台。

此外,我们推荐使用基于 Scrum 的敏捷开发流程,并不意味着要将 Scrum 的理论生搬硬套到微服务开发过程中,而是要将理论与实践相结合,灵活变通进行实践。

传统的瀑布模型无法拥抱变化,也忽视了和用户的沟通,但作为经典的软件开发标准,它并非没有可取之处。例如开发的流程化、设计实现的文档化等瀑布模型所追求的方面,都有助于团队中经验不足的成员成长。另一方面,虽然 Scrum 定义了 Scrum 的角色与 Scrum 的事件,但并没有定义团队成员该如何实践,因此更加具体的实践有助于 Scrum 的实施。

下面我们将对如何实践 Scrum 进行介绍。

1. 什么是 Sprint

Sprint 是指迭代周期,一个 Sprint 一般是 2~4 周,不同 Scrum 团队的 Sprint 时长也不同,但对于同一团队,一个 Sprint 应当是固定时长的。上一个 Sprint 结束后,下一个 Sprint 应当立即开始,以保证迭代的连贯性。Sprint 是 Scrum 的核心,在 Sprint 内,团队成员应当为了同一个 Sprint 目标而努力。在此期间,Sprint 目标不可随意更改,但 Sprint 待开发清单可以进行适当的调整与细化。

为了确保 Sprint 目标顺利完成,我们采用了 Jira 提供的 Sprint 燃尽图来进行进度预测。图 3-3 是 Jira 的 Sprint 燃尽图示例。燃尽图是一种表示剩余工作量的图表,横轴用来表示时间,纵轴用来表示工作量。通过对比理想剩余工作量曲线(①曲线)和实际剩余工作量曲线(②曲线)即可看出

Sprint 的完成情况。如果实际剩余工作量曲线远高于理想剩余工作量曲线，说明 Sprint 内存在任务失败的风险，需要及时调整，反之则表示需求被过高估计了，导致团队提前完成了任务。当然，实际使用时也离不开团队成员基于过往经验所做出的的判断。

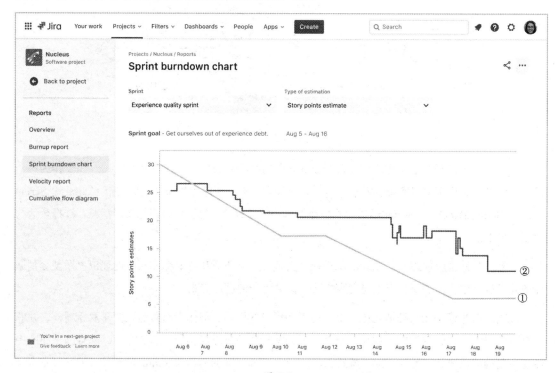

图 3-3

2. 计划会议

Sprint 计划会议要求 Scrum 团队全体人员参加，其目标是制订团队工作计划。与会人员要共同参与讨论，并回答如下三个问题。

问题一：当前 Sprint 的价值是什么？

Sprint 的价值即 Sprint 目标，整个团队应当确立同一个 Sprint 目标，这个目标可以用于告知项目的利益相关方为什么 Sprint 是有价值的。Sprint 目标应当在计划会议中确立。

问题二：当前 Sprint 内要做什么？

Scrum 团队从产品待开发清单中挑选出一些条目，从而确定好当前 Sprint 待开发清单。在此过程中，团队的开发人员可以进一步确认需求，从而细化这些条目。

问题三：如何完成 Sprint 内的工作？

每个团队成员应当承担一定量的待开发清单条目。为此，需要对每个条目进行工作量预估。此外，团队成员还应当对待开发的条目进行进一步拆分，将其转化为一个个开发任务，如前端开发、后端开发、数据库设计等。

"用户故事"与"计划扑克"有助于对待开发清单进行评估。待开发清单中的每一个条目称为用户故事，用户故事要求以用户的视角描述需求，并体现故事的价值。这样待开发清单既描述了产品需求，又重视了用户体验。待开发清单和用户故事可以使用 Jira 进行管理和跟踪。计划扑克则是一种估算用户故事工作量的方法。针对每个用户故事，与会人员从手中的扑克牌中选出自认为合适的数字并同时亮出牌面。数字一般采用斐波那契数列中的数字，即 1、2、3、5、8、13……游戏参加者，特别是亮出数字最大的和最小的人需要解释选择数字的原因。接下来团队成员需重新亮牌，直到大家的评估值比较接近为止。

3. 每日立会

在橄榄球运动中，队员们会在开球前进行列队，其目的是让队员在场上相互熟悉，并产生化学反应。每日立会的作用和橄榄球赛前列队的作用类似，能够让团队成员之间相互了解，从而使 Sprint 透明公开。这样一来，每个团队成员既能了解到 Sprint 的进展，又能了解到相关开发任务的进度，还可以提出自己的问题或帮助团队其他成员解决难题。每日立会一般不应超过 15 分钟，具体内容可以视团队情况而定，但一般分为三类。

- 我昨天做了什么。
- 我今天打算做什么。
- 我遇到了什么难题。

可以从这些问题中看出任务的进展，讨论这些问题也可以帮助团队发现问题，从而在会后解决问题。此外，这种强制分享的方法也可以激励每个团队成员，增强团队凝聚力。

我们没有采用在白板上贴贴纸的形式进行更新，而是借助了 Jira 的 Scrum Board。如图 3-4 所示，TO DO 表示还未开始，IN PROGRESS 表示正在进行，DONE 表示已完成。Scrum Board 可以很直观地反映出团队成员的工作进展。此外，还可以使用 Sprint 燃尽图来跟进整个团队的进展。通过使用成熟的商业敏捷管理平台，团队可以有效管理敏捷开发过程中的每个步骤，也能有效提高诸多 Scrum 事件的完成效率。

图 3-4

4. 日常开发

在每个迭代周期中,团队成员需要完成开发、测试甚至上线部署的工作,从而实现 Sprint 目标。Scrum 引入了每日立会,但并没有定义日常开发实践。我们采用以敏捷开发为主,以瀑布模式为补充的方式开展日常开发工作。

以敏捷开发为主,是指在 Scrum 的基础上引入更多的敏捷实践。采用结对编程的方式可以写出更好的代码。结对编程是指两个开发人员使用一台计算机工作,一人输入代码,另外一人审查输入的代码,两人可以不时地互换角色。结对编程可以提高代码质量,也可以提升开发人员的水平。采用持续集成与自动化单元测试可以保证产品质量。持续集成通过持续频繁地构建与测试来尽早发现错误,让最新的程序代码处在可运行的状态中。读者可以在本书第 9 章查看更多的关于持续集成和持续部署的内容。

以瀑布模式为补充,是指团队不应彻底放弃文档。我们推荐团队成员撰写开发设计文档和测试用例文档。如果开发任务足够轻,团队成员可以直接在 Jira 的用户故事上简单描述开发设计与测试用例;如果开发任务过重,团队成员有义务去撰写详细的文档,并将文档和用户故事进行关联,团队资深成员也有义务对此类文档进行审阅。

5. 评审会议

评审会议旨在展示整个团队在一个 Sprint 内的工作成果。评审会议也应当邀请项目的利益相关方。团队成员可以在会上演示可运行的产出,也应当讨论在这个迭代周期做了什么,从而避免将评审会议变成单纯的展示会议。作为 Sprint 中的倒数第二个事件,评审会议应该成为团队庆祝成功的一种手段。

6. 回顾会议

回顾会议发生在 Sprint 结束之前，是对当前迭代周期的回顾与总结，需要团队全体成员参与讨论。讨论的问题一般分为三类。

- 有哪些是我们做得好的。
- 有哪些是我们做得不好的。
- 有哪些是值得去改进的。

通过对上述问题的讨论，团队应当找到提高质量与效能的办法，并将其应用到未来的 Sprint 当中。使用在白板上贴贴纸的方式进行回顾可以避免团队成员之间相互影响。贴纸应当分为三种颜色，对应上述三类问题，如图 3-5 所示（本书中无法体现颜色区分，各位读者在实际操作中应注意）。团队成员将问题写到贴纸上并分类贴到白板上。最终，团队应当对贴纸上的问题逐条进行讨论，并将讨论结果转化为行动项目（Action Item），从而指导未来的迭代周期。

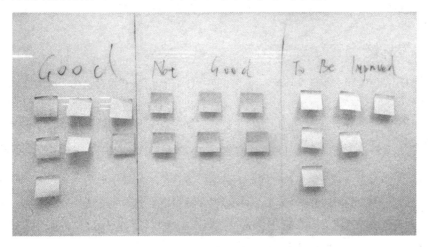

图 3-5

7. Scrum 的 Scrum

Scrum 建议一个团队的人数在 10 人以内，但企业大型项目开发往往需要数十人，因此势必引入多个 Scrum 团队进行合作。Scrum 的 Scrum 正是为了解决多个团队合作的问题而产生的。Scrum 的 Scrum 可不定期举行，每个 Scrum 团队需要选举一名代表参加。代表不一定是 Scrum 负责人或产品负责人，但要对项目中出现的跨团队问题有深入的了解，代表需要回答如下问题。

- 我的团队正在做或者计划做哪些影响其他团队的工作。
- 我的团队需要哪些团队的协助。
- 我的团队的开发进度有没有风险。

Scrum 的 Scrum 是对 Scrum 的一种补充，可以帮助企业更大规模地实施敏捷开发。

基于 Scrum 的敏捷开发实践是一种轻量级的敏捷开发实践，其目的是让传统的软件开发流程转变为快速迭代的敏捷开发流程，同时调动团队成员的积极性，促进团队的迭代式成长。微服务架构作为一种敏捷软件架构，其迭代式的、增量式的演进更加离不开敏捷开发实践。

3.2 搭建运行环境

运行环境，是指软件产品运行所需要的软硬件环境。一个软件产品从开发、测试、部署到交付，往往需要多种运行环境。不同的运行环境适用的场景不同。一般来说，运行环境分为开发环境、测试环境、预发布环境及生产环境。本节将对这四种运行环境进行介绍。

3.2.1 开发环境

微服务的开发环境即本地开发环境。比如在使用 Golang 语言开发时，在本地编译出二进制文件并运行即可。但在实际的项目开发中，一个软件产品往往对应着数个甚至数十个微服务。不同的微服务往往需要不同的外部依赖，在数据源、编程语言等方面也不尽相同。如果开发人员仍要尝试在本地启动这些微服务，那么就需要对每个微服务都有所了解，这会使日常开发工作变得非常痛苦。

我们可以使用容器技术来解决这一问题。使用服务镜像来代替本地搭建能够极大地节省精力，使开发人员只关注少数的微服务即可。Docker 提供了运行多个容器的工具 Docker Compose。开发人员可以将依赖服务的容器定义到 docker-compose.yaml 文件中，并在 yaml 文件所在路径下执行如下命令，自动构建镜像并启动服务的容器。

```
docker-compose up -d  // 后台运行
```

Docker Compose 解决了启动多个服务的问题，但随之而来的是 yaml 文件的维护成本。特别地，如果开发人员需要在多个微服务之间进行切换，那么就需要不停修改 docker-compose.yaml 文件。为此，我们研发了基于 Docker Compose 开发环境的搭建工具 Docker Switch。

Docker Switch 中包含一个 docker-compose.yaml 文件和一个 docker-switch.json.template 文件。

docker-compose.yaml 由若干个服务镜像组成。docker-switch.json.template 是用来生成本地配置的模板文件。

使用时，需要先在本地新建一个配置文件 docker-switch.json。docker-switch.json 由两部分组成，envs 和 switches，前者描述了容器网络、数据库等外部依赖，后者指明了哪些服务需要在 Docker 中运行，哪些服务需要在本地直接运行，示例如下。

```
{
  "envs": {
    "docker_subnet": "172.30.0.0/16",
    "docker_ip": "172.30.0.1",
    "mysql_ip": "host.docker.internal",
    "mysql_port": "3306",
    ...
  },
  "switches": {
    "order": {
      "service": "order",
      "port": "3100",
      "image": "order/order",
      "use": "docker" // 在 Docker 中运行
    },
    ...
  }
}
```

然后，可以调用启动脚本来启动 Docker Switch。启动脚本会读取 docker-switch.json 文件，生成 .env 文件来保存服务运行的基本信息，生成 .stopservices 文件来描述需要停掉的服务，生成 .scaleservices 文件来描述需要水平扩容的服务。启动脚本也中包含了 Docker Compose 启停命令，具体如下。

```
docker-compose stop $(cat .stop_services)
docker-compose up -d $(cat .scale_services)
```

这样，开发人员只需要修改 docker-switch.json 文件，再重新启动 Docker Switch 就可以完成服务在容器环境和本机环境之间的切换了。

3.2.2　测试环境

测试环境，顾名思义，是用来对软件产品进行测试的环境。与开发环境不同，测试环境一般不在本机中搭建，而是在单独的服务器中搭建。因为微服务和容器有着天然的亲和性，所以测试环境应当运行在 Docker 中。测试环境又分为两种，即针对单个微服务的回归测试环境和从前台到后台的端到端测试环境。

1. 回归测试环境

回归测试可以发生在持续集成流程中。读者可以在本书第 9 章查看更多关于持续集和持续部署的内容。我们团队采用基于 Jenkins 的持续集成和持续部署方案。代码到主干分支后的合并会触发 Jenkins 的流水线，从而拉起云平台的计算实例，完成微服务的持续集成。

以 Golang 语言为例，Jenkins 流水线会在云平台计算实例中使用 Git 命令检出远端代码，使用 docker-compose 命令启动此次构建所依赖的服务，使用 go build 命令构建出微服务的二进制文件，运行二进制文件以启动微服务，再使用回归测试框架运行回归测试用例，测试成功后使用 Dockerfile 构建服务镜像并将其推送到私有镜像仓库中。

2. 端到端测试环境

端到端测试与回归测试的目的不同，前者是从前台到后台的功能性测试，后者则是为特定微服务进行的测试，是前者的基础。因此，端到端测试可以不用发生在持续集成或持续部署流程中，定期运行即可。我们团队同样采用了 Jenkins 来搭建端到端测试环境,并使用 Jenkins 的 build periodically 功能来构建定时任务。

Jenkins 流水线会在云平台计算实例中使用 Git 命令检出远端代码，使用 docker-compose 命令启动此次构建所依赖的服务，最后使用端到端的试框架运行端到端测试用例并生成测试报告。

3.2.3 预发布环境

预发布环境是生产环境的镜像环境，是产品质量的最后一道防线，在服务器、配置、数据库等方面要尽可能地和生产环境保持一致。我们团队会在预发布环境中执行不同类型的测试。

- 发布到生产环境前的手动回归测试。
- 数据库变更测试。
- 一些自动化的测试，如性能测试、Post Check、混沌工程。
- 产品团队发起的用户验收测试。
- 客户系统的集成测试。

我们团队使用 Amazon Elastic Kubernetes Service（Amazon EKS）来托管微服务集群。Jenkins 的部署任务可以拉取私有镜像仓库中的服务镜像，进而采取滚动升级（Rolling Update）策略来更新应用。与测试环境的持续部署流程不同，对预发布环境的部署要进行严格的把控。我们要求每一次部署预发布环境都要有记录。

预发布环境中的数据库应当和生产环境中的数据库分开，以防止预发布环境的问题影响生产环境。此外，可以在每次大版本发布之前将生产环境数据库中的数据复制到预发布环境数据库中，从而降低在预发布环境中和客户系统集成测试的成本。

3.2.4 生产环境

生产环境也叫线上环境，是软件产品的客户直接使用的环境。生产环境的部署最敏感，也最严格。在此阶段可以采用金丝雀部署的方式进行最后的测试验证。

与预发布环境类似，我们团队使用了 EKS 来托管生产环境的微服务集群，采用了基于 Jenkins 的持续集成和持续部署。Jenkins 的部署任务要传入预发布环境所使用的镜像版本，并进行滚动部署。我们要求每一次部署生产环境都要有记录，并收集升级的时间与升级过程中遇到的问题。升级后的回归测试也是必须要做的。

3.3 代码管理

近年来，随着软件开发规模的扩大，越来越多的企业将提升研发效能提上日程，代码管理在其中占据了举足轻重的地位。代码是开发人员最重要的产出，如果不能有效地管理代码，势必会影响工作效率。本节将从代码管理相关技术与实践谈起，让你对如何管理代码有一个清晰的认识。

3.3.1 Git 分支管理

代码管理经历了集中式源代码管理到分布式源代码管理的演变过程。集中式的版本控制系统以 Subversion 为代表，版本库集中存放于中央服务器。分布式的版本控制系统以 Git 为代表，版本库存在于每个开发人员的电脑上，因而不再需要中央服务器，提交代码时也不再需要进行网络连接。后者已经成为代码管理的事实标准，可应对团队协同合作可能出现的各类问题。

分支管理是 Git 代码管理的核心。合理的分支管理可以帮助我们高效协同开发。那么，常见的 Git 分支管理策略有哪些呢？又该如何选择呢？

1. Git 工作流

Vincent Driessen 在其 2010 年发表的题为 "A successful Git branching model" 的博文中提出了一

种基于 Git 的分支管理策略，在相当长的一段时间内成了 Git 分支管理的事实标准，我们称该标准为 Git 工作流（Git Flow）。Git 工作流定义了五种分支类型。

- 主干分支（master）：Git 自动创建的分支。代码有且只有一个主干分支，任何正式版本的发布都应基于主干分支。

- 开发分支（develop）：用来存放日常开发代码的稳定版本。开发分支与主干分支都是长期存在的分支。

- 功能分支（feature）：开发人员开发特定功能的分支。功能分支应当从开发分支中拉出，并在开发完成后合并回开发分支。

- 预发布分支（release）：正式版本发布之前用来做预发布的分支，应当与预发布环境配合。每次产品预发布时，应当从开发分支拉出预发布分支用于打包和部署，等到正式发布时，再将预发布分支合并回开发分支与主干分支。与功能分支不同，预发布分支应当有固定的命令规则，一般用 release-* 表示。*表示正式版本的下一个版本号，如 release-3.1.1。

- 补丁分支（hotfix）：从主干分支而非开发分支中拉出的分区。补丁分支用来修复生产环境的缺陷，因而是按需创建的，也没有固定的版本号，正式发布后需要被合并回开发分支和主干分支。合并完成后删除补丁分支。

Git 工作流的工作流程如图 3-6 所示。

我们可以将五种分支分为两类，长期分支和短期分支。其中主干分支和开发分支是长期分支，功能分支、预发布分支和补丁分支是短期分支。开发人员日常使用的分支主要是短期分支。下面我们将介绍三种短期分支的使用方式。

（1）功能分支

首先，使用如下命令创建功能分支。

```
git checkout -b newfeature develop
```

然后，在开发完成后将其向开发分支中合并。

```
git checkout develop
git merge --no-ff newfeature
```

最后，使用如下命令删除功能分支。

```
git branch -d newfeature
```

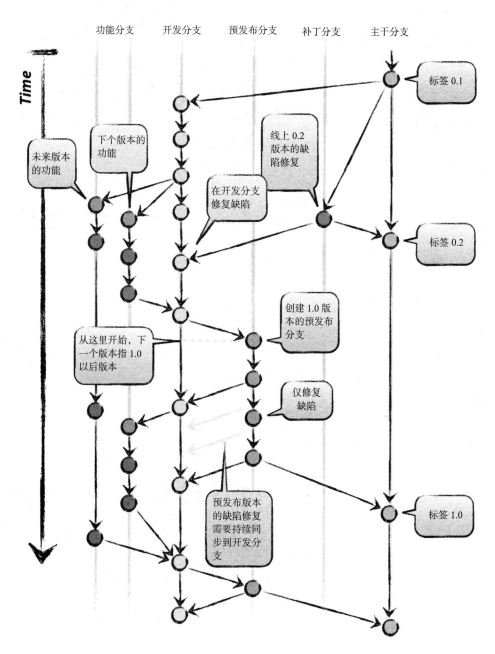

图 3-6

（2）预发布分支

首先，使用如下命令创建预发布分支。

```
git checkout -b release-3.1.1 develop
```

然后，在正式版本发布后，将预发布分支合并回主干分支和开发分支，并打好标签。

```
git checkout master
git merge --no-ff release-3.1.1
git tag -a 3.1.1
git checkout develop
git merge --no-ff release-3.1.1
```

最后，在合并完成后使用如下命令删除预发布分支。

```
git branch -d release-3.1.1
```

（3）补丁分支

首先，使用如下命令创建补丁分支。

```
git checkout -b hotfix-3.1.1.1 master
```

然后，在正式版发布后，将补丁分支合并回主干分支和开发分支，并打好标签。

```
git checkout master
git merge --no-ff hotfix-3.1.1.1
git tag -a 3.1.1.1
git checkout develop
git merge --no-ff hotfix-3.1.1.1
```

最后，在合并完成后使用如下命令删除补丁分支。

```
git branch -d hotfix-3.1.1.1
```

Git 工作流有着诸多优点，例如分支命名语义明确、支持预发布环境、支持多版本的生产环境等。这些优点或多或少影响了后续的各种 Git 分支管理流程。

2. GitHub 工作流

GitHub 工作流（GitHub Flow）作为一种轻量级分支管理策略被广泛使用，它的一些主要特点如下。

- 任何时候主干分支都是可发布的。
- 开发时从主干分支拉出新分支，但不区分功能分支和补丁分支。
- 开发完成后将新分支推到远端。

- 通过向主干分支提出合并请求（Pull Request，以下简称 PR）通知团队其他成员进行评审和讨论。

- PR 被接受后，代码将被合并进主干分支，并触发持续部署。

GitHub 工作流的优势在于足够简单，因此受到开源社区的欢迎。但是很多时候，代码合并进主干分支并不意味着可以立即发布。比如很多企业会有固定的上线窗口，只有在特定的时间可以发布新版本，这会导致线上版本远远落后于主干分支。

此外，GitLab 团队在 2014 提出了 GitLab 工作流（GitLab Flow）。它和 GitHub 工作流最大的不同是加入了环境分支，比如预发布分支和生产分支。

3. 单一工作流

Adam Ruka 在其 2015 年撰写的 *GitFlow considered harmful* 一文中提出了一种新的分支管理策略，即单一工作流（One Flow）。单一工作流可以看作 Git 工作流的替代品，主要区别是，单一工作流不再维护两个长期分支，而使用主干分支来替代 Git 工作流中的开发分支。因此，功能分支和预发布分支都拉取自主干分支，而补丁分支拉取自预发布分支。与 Git 工作流相比，单一工作流的代码更干净，更容易读懂，维护成本更低。此外，阿里巴巴也提出了类似的分支管理策略——Aone 工作流，核心思想同样是将主干分支和开发分支合并成一个分支。

在实际的项目开发中，我们团队同时使用了多种分支管理策略：采用 Git 工作流来发布前台应用，既能满足多环境、多版本的管理需求，又能保证应用的质量；采用单一工作流来发布微服务应用，规避掉 Git 工作流的繁文缛节；采用 GitHub 工作流来管理内部工具。读者可以根据团队的实际情况选择合适的分支管理策略。

3.3.2 使用 Sonar 进行代码检查

笔者曾经听到开发人员这样谈论代码质量："它能用啊！""客户没有抱怨啊！"抑或"有自动化测试啊！"但事实真的如此吗？答案显然是否定的。

代码的质量不应该也不能只依赖于单元测试、回归测试等自动化测试，代码检查也非常重要，它甚至可以帮助我们尽早发现代码的问题，从而提升产品的质量。广义上的代码检查分为机器检查和人工评审。常见的做法是将二者结合。针对前者，我们团队选择了代码检查工具 Sonar，并收获了不错的效果。本节我们就来介绍如何使用 Sonar 进行代码检查。

Sonar 作为一款开源的代码质量管理工具，可以帮助我们持续检查代码质量。它支持 20 多种主流开发语言，开发人员既可以使用内置的规则进行检查，也可以很轻松地对规则进行扩展。

1. 代码质量报告

Sonar 能提供实时的代码质量报告，内容涵盖可靠性、安全性、可维护性、测试覆盖率、重复代码等指标，以及用来衡量代码质量的质量配置（Quality Profile）和质量关口（Quality Gate）。

- 可靠性：Sonar 可以检查出潜在的代码缺陷（Bug），这些缺陷如果不及时修复，会影响软件产品的正常运行。

- 安全性：Sonar 内置了一系列的安全性规则，诸如代码注入、SQL 注入、Cookie 未设置 HttpOnly 标签等，这些规则多由权威机构提出。安全性问题一经发现应当立即修复。

- 可维护性：Sonar 针对各类语言总结了常见的代码异味（code smell）。代码异味往往会暴露出深层次的问题，如果不加以纠正，这些问题可能会在未来导致严重的后果。

- 测试覆盖率：Sonar 可以收集单元测试的代码覆盖率报告。

- 重复代码：重复代码几乎是最常见的代码异味。消除重复代码应当是开发人员重构代码的主要目标之一。

- 质量配置：质量配置是一组规则的集合，我们可以使用 Sonar 默认的规则集合，也可以自定义规则集合。应当根据实际情况设定质量配置，使整个团队遵循同一套标准。

- 质量关口：质量关口定义了代码质量的评判标准。以 Sonar 默认的质量关口为例，只有测试覆盖率大于 80%，重复代码小于 3%，可靠性、安全性、可维护性的评级不低于 A 时，代码质量才被认为是合格的（passed），否则会被标记为不合格（failed）。

图 3-7 展示了一个名为"Android"的应用的代码质量报告。左侧是对代码指标的统计，右侧是应用正在使用的质量配置和质量关口。

2. 持续代码检查

开发人员可以在本地 IDE 中使用静态代码检查插件 SonarLint 进行本地分析。此外，Sonar 也提供了一套持续的代码检查流程，从而将持续集成和代码质量报告有机地结合起来。

开发人员在使用 Git 新建 PR 时，会触发 Jenkins 流水线。我们可以在流水线中增加分析步骤，并使用 Sonar 分析器（Sonar Scanner）进行代码分析，集成方式如下。

```
stage('SonarQube analysis') {
  def scannerHome = tool 'SonarScanner 4.0';
  withSonarQubeEnv {
```

```
  sh "${scannerHome}/bin/sonar-scanner"
 }
}
```

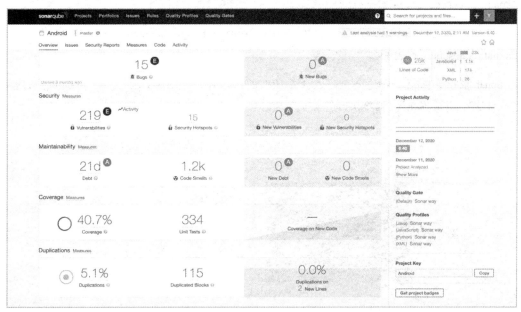

图 3-7

Sonar 分析器会将质量报告发送到 Sonar 服务器，分析参数示例如下。

```
sonar-scanner \
-Dsonar.sources=. \
-Dsonar.host.url=https://sonar.dev.net \
-Dsonar.projectKey=Android
```

其中，sonar.sources 指源代码路径，sonar.host.url 代表服务器的地址，sonar.projectKey 是源代码所在应用在 Sonar 服务器的唯一标识，每个应用应该有自己的 projectKey。

Sonar 服务器会将当前的分析结果和代码主干分支的最新分析结果进行对比，生成基于 PR 的报告。我们既可以在流水线的构建中查看代码质量是否合格，也可以在 Sonar 网页端查看详细的质量报告。图 3-8 是 PR 质量报告示例，由于最新代码中有两处代码异味，不符合质量关口中的零代码异味的要求，因而代码质量被标记为不合格（Failed）。

此外，Sonar 也支持和 Git 集成，并在 PR 中展示检查结果。使用时，需要创建 GitHub App 并使其指向 Sonar 服务器，然后在 Sonar 服务器的全局配置中配置好 GitHub 的地址和 App 的 ID，最后调整分析器的参数。PR 的分析示例如下。

```
sonar-scanner \
 -Dsonar.pullrequest.key=12345 \
 -Dsonar.pullrequest.branch=my_branch \
 -Dsonar.pullrequest.base=master
```

其中，sonar.pullrequest.key 是指 PR 的 ID，sonar.pullrequest.branch 是指 PR 的源分支，sonar.pullrequest.base 代表 PR 指向的分支。

Sonar 服务器生成代码质量报告后，会将结果回写到 PR 中。图 3-9 是上述结果在 PR 中的展示情况。代码合并应当在代码被标记为合格后发生。

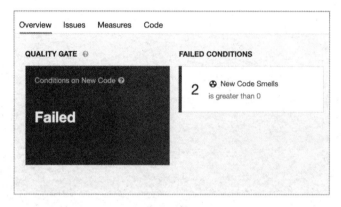

图 3-8

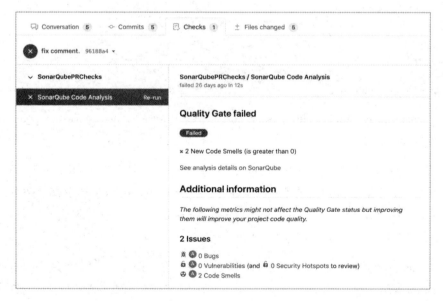

图 3-9

每个团队都有一套自己的代码规范指南，或自己的代码质量标准。通过使用 Sonar 进行持续检查，我们可以将指南与标准流程化，从而规范成员的代码开发习惯，提高代码质量。

3.3.3 代码评审

代码评审（Code Review）一般指人工评审。进行代码评审既可以尽早发现代码中的缺陷、统一编码风格，又可以提高团队成员的工程能力，督促大家分享设计理念与实现方式。

1. 代码评审的参与人员

代码评审的参与人员分为代码提交人员和代码评审人员两类，二者的职责也不尽相同。

代码提交人员应当遵循以下行为原则。

- 避免提交大 PR，过大的 PR，比如超过 1000 行的，既可能引入更多的缺陷，又会影响评审效率。
- 写清楚 PR 的标题和描述，指明 PR 在做什么，以及为什么这么做。
- 尽量完成 PR 的开发，否则要在 PR 的标题加上 WIP 以表示正在开发中。
- 保证代码的质量。
- 确保 PR 职责单一，降低代码评审的成本。

代码评审人员应当遵循以下行为原则。

- 及时审查新提交的或更新过的 PR。
- 少一些抱怨，要明白从来就没有完美的代码。
- 给予尊重和耐心。针对代码，而不是代码提交人员。
- 提供代码改进建议。
- 意识到，如非必要，代码的重构可以发生在未来的迭代中。
- 避免一次性审查过多的代码。
- 保持合适的评审速度，比如每小时审查不少于 500 行代码。

2. 代码评审的形式

代码评审一般分为线上代码评审和线下代码评审两种。线上代码评审是一种异步的代码评审方式。代码提交人员将 PR 提交给代码评审人员后，可以开始下一个任务。而代码评审人员可以按照自己的时间表进行评审。与之相对的，线下代码评审是指开发人员在会议室中向团队解释提交的代码。线下代码评审有利于减少代码提交人员和代码评审人员的沟通次数，也有助于团队理解代码评审的目标和意义。我们可以采用线上和线下相结合的方式进行代码评审。

3. 代码评审中应关注什么

代码评审过程中通常要关注以下问题。

- 代码应该有好的设计思路。

- 代码要满足功能性需求。如果是前端的改动，需要有 UI 截图。

- 代码的实现不应过于复杂，要避免过度设计。简单易读的代码能够降低维护成本。

- 代码应该有测试用例。测试用例也应当有好的设计思路。

- 代码应该有好的命名规则。

- 代码应该有文档和注释。文档如 godoc，用来解释代码是用来做什么的。注释则侧重于解释为什么这么做。

- 代码应该遵循团队的代码风格指南。

3.3.4　代码提交与合并

通常，一个 PR 中包含一次或多次提交（commit）。每次提交应当体现一处很小的改动，并对这处改动有清晰的描述。我们可以使用 Git 命令提交代码。

```
git commit -m "my commit message"    //描述提交的内容
```

提交的描述非常重要。它有助于团队其他成员了解代码的含义。我们甚至会在代码提交几年后通过搜索代码提交记录来回忆为什么这么实现。没有准确的描述，这一切将无从谈起。

一个 PR 开发完成后，团队就可以准备提交了。提交时，要将本地功能分支推送到远端，然后新建 PR，按需求指向开发分支或预发布分支。PR 提交时，可以设置一个或多个代码评审人员。一般来说，代码评审完成后就可以考虑合并了。合并时，应当确保以下几点。

- 只有 PR 上的所有评审人员都同意时，代码才可以被合并。

- 每次 PR 的改动会触发持续集成，比如单元测试、Sonar 代码检查，只有这些全部通过时代码才可以被合并。

- PR 合并由代码评审人员中的一人执行。任何人不可以合并自己的代码。

图 3-10 是 PR 合并的示例。可见，该 PR 共获得了两个代码评审人员的批准，通过了 7 个检查，可以被合并到目标分支。

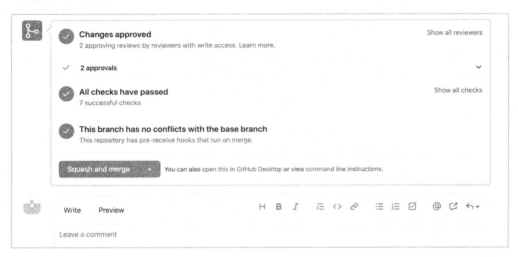

图 3-10

此外，应当使用项目管理工具来追踪 PR 的生命周期。我们团队使用 Jira 来追踪 PR。每个 PR，甚至每个提交都要有 Jira 任务号（ticket number），这样 PR 从新建到关闭，以及 PR 每次更新都会被记录。团队成员可以通过任务号来找到对应的代码改动，也可以从某一行代码追溯到对应的任务号来了解代码的含义。

3.4 低代码开发平台

随着微服务架构的兴起，服务的构建方式再一次向前演进。如何快捷地搭建服务框架成了全新的挑战。为此，我们团队选择了低代码开发平台。本节我们就来探讨低代码开发平台有什么样的特点，以及如何利用它实现服务的快速构建。

3.4.1 低代码与开发平台

低代码（Low-code）是一种全新的开发范式，开发人员仅需要少量代码甚至零代码就可以快速地完成服务的搭建。低代码开发平台（Low-Code Development Platform，LCDP）是基于低代码和可视化搭建的开发平台。分析公司 Forrester Research 在 2014 年 6 月首次给出了它的定义：

低代码开发平台旨在通过很少的代码降低服务在全生命周期的开发成本，从而实现业务的快速交付。

从定义中不难看出，低代码开发平台是一种提效降本的重要工具。为此，低代码开发平台应当具备以下三种能力。

- 可视化编程

  我们可以将低代码开发平台理解成一种 IDE。用户可以从它的组件库里以可视化甚至拖曳的方式，像搭积木一样完成服务的创建。和传统的 IDE，如 Visual Studio 的 MFC 所支持的可视化能力相比，低代码开发平台支持端到端的可视化编程。

- 全生命周期管理

  低代码开发平台支持对服务全生命周期的管理。通过平台，我们不仅可以轻松地设计并开发服务，也能够一键部署服务，还能够满足服务的可观察性需求。平台对服务生命周期的管理也会带来聚合效应，使平台成为服务的百科全书。

- 可扩展性

  可扩展性主要体现在对服务模板的支持上。平台通过构建不同的模板来帮助用户构建不同的服务。服务模板既可以是基于不同语言的服务代码框架，也可以是由不同云服务组合而成的服务框架。

3.4.2 低代码开发平台实践

在云原生架构中，低代码开发平台同样不可或缺。它能够帮助我们快速搭建一个服务，使我们可以将更多的精力投放在业务创新上，从而极大缩短业务迭代周期。我们团队构建了低代码开发平台，内部代号为 Bingo。Bingo 提供了一套可视化界面，支持服务模板管理和服务全生命周期管理。

1. 服务模板管理

我们针对每一种类型的服务提供了一种模板，比如异步任务模板、定时任务模板、微服务模板、Serverless 模板等。事实上，每个模板定义了一种具体使用场景的最佳实践。团队成员使用 Bingo 创建新服务时，根据业务场景选择合适的模板即可。团队成员也可以按需添加新的模板。

每个模板都有一个展示页面，页面信息包括贡献者、名称、模板代码的 Git 仓库、详细的使用场景介绍、关键字标签等。比如图 3-11 是一个结合 AWS 负载均衡（Application Load Balancer，ALB）

和 AWS Lambda 构建 API 的模板，模板的 Repo URL 包含了模板代码所在的 Git URL。团队成员可以单击"模板反馈"按钮来针对某个模板提出反馈意见。

图 3-11

模板代码是模板的核心内容。模板代码由说明书、hello world、Makefile 文件、配置文件、部署描述文件、流水线文件等组成。图 3-12 是 ALB + Lambda 的模板代码的目录结构。

图 3-12

- 说明书即 README.md，包含模板的名称和使用说明。

- hello world 是一段可执行的代码,例如一个返回 hello world 的 API,团队成员可以基于此进行二次开发,实现自己的业务逻辑代码,示例如下。

```go
func GetHelloWorld(ctx context.Context, req *model.Request) (interface{}, error) {
    InitConfig()

    log.Println("Hello World!")
    log.Printf("Request path: %v", req.Path)

// 从 Lambda 环境变量中获取参数
    DomainServiceUrl := os.Getenv("DomainService")

    message := fmt.Sprintf("Message: Hello, Bingo! Domain service url is [%s] (Time: %s)",DomainServiceUrl, time.Now().UTC().String())
    return message, nil
}

// 根据环境变量初始化 Viper 配置对象
func InitConfig() {
    v := viper.New()
    v.AutomaticEnv()
    config.Set(&config.Config{Viper: *v})
}
```

- Makefile 文件定义了单元测试、测试覆盖率、打包等命令。这些命令是约定俗成的,会整合到持续集成的流水线中。

- 配置文件是给开发环境、预发布环境、生产环境等环境使用的配置变量。

- 部署描述文件是我们团队自定义的 yaml 文件,用来描述云原生服务的部署内容。在服务实际部署时,yaml 文件会被转成基础设施自动化编排工具 Terraform 可以识别的 tf 文件。部署描述文件的示例如下。

```yaml
# bingo-alb-template 配置
application: bingo-alb-template

common:
  tags:
    Project: Bingo
    App: ALBTemplate

functions:
  - name: HelloWorld  # required!
    handler: hello # required! binary name
    runtime: go1.x # optional, default go1.x
```

```
    description: API of bingo hello # optional
    timeout: 10 #optional, default 6s
    environment:
      - hello_env

events:
  alb:
  - priority: 1
    conditions:
      path: # path is array to support multiple path
        - /bingo/hello
      method: # method is array to support multiple http METHOD
        - GET
    functions:
      - name: HelloWorld
        weight: 100
```

- 流水线文件是用来生成持续集成和持续部署流水线的模板文件。

2. 全生命周期管理

Bingo 平台支持服务的全生命周期管理。全生命周期如图 3-13 所示，是指从设计到开发，再到集成、部署、运维的过程，在每个环节中，平台均提供相应的支持。

图 3-13

在设计阶段，平台通过服务模板提供服务设计最佳实践。团队成员可以选择合适的模板，而不用从零开始设计服务。

在开发阶段，平台支持快速搭建服务模板。创建新的服务需要选择模板并填写服务名称、描述、Git 仓库名称、Git 组织名称、持续集成流水线及各类标签，如图 3-14 所示。其中，Git 仓库、Git 组织用来指定服务代码的位置。

在 Bingo UI 上填好服务信息后，单击右下角的"CREATE"按钮即可自动创建服务模板，流程如下。

（1）验证服务的 Git 组织是否存在，如果不存在则退出。

（2）验证服务的 Git 仓库是否存在，如果存在则退出，否则创建服务的 Git 仓库。

（3）赋予当前用户 Git 仓库的开发权限。

图 3-14

（4）根据服务模板的名称找到对应模板的 Git 仓库，然后克隆到平台服务端。

（5）根据用户需求，对模板代码进行编辑，如将模板名称替换为服务名称、按需增加或减少公共组件库等。

（6）将远端（remote）代码位置从模板的 Git 仓库修改成服务的 Git 仓库。

（7）使用 Git 命令提交代码，并推送到远端，从而完成框架代码的生成。

（8）在平台服务端清理临时文件，并将数据写入平台的数据库。

（9）开发人员基于 Git 仓库中的框架代码进行后续的业务开发。

Bingo 平台也对持续集成、持续部署进行了支持。开发人员提交新的代码会触发持续集成的流水线。流水线包含单元测试、回归测试及测试覆盖率报告。流水线也会将服务代码打包成两个 tar 包用于部署。两个 tar 包分别包含了程序的二进制文件和部署描述文件。开发人员完成开发后，可以在平台上完成一键部署。以 Serverless 服务的部署为例，一键部署会触发持续部署流水线，首先将部署描述文件转换成 Terraform 可以识别的 tf 文件，然后将服务的二进制文件上传到 AWS S3，最后使用

Terraform 完成服务部署。

Bingo 平台还对服务的运维进行了支持。Bingo 平台和我们团队使用的基于 ELK 的日志解决方案，以及基于 Jaeger 的分布式追踪系统进行了一键对接，屏蔽了烦琐的配置细节。

3.5 服务管理与运维平台

随着应用内服务的数量逐渐增多，服务的管理和运维也遇到了不小的挑战。为了以一个统一的、可视化的方式解决这一问题，我们构建了一个服务管理与运维平台。

3.5.1 平台要解决的问题

我们经常会面临以下问题。

- 应用出错时，如何进行简单的调试，快速定位问题？
- 分布式系统容易引入数据不一致的问题，如何对这样的数据进行监控？
- 在基于异步消息的业务中，业务没能正常完成，是生产者没有将消息发出来，还是消费者没有接收到消息？
- 为什么数据库中已经更新的数据迟迟没有生效，缓存数据何时过期？
- 有哪些后台任务正在执行，执行的排期如何，执行失败的原因是什么？

过往的经验告诉我们，很难找到一个通用的方案解决上述业务问题，甚至有的时候只能依靠在生产环境中进行监控与调试来应对。但在微服务架构的演进过程中，我们发现服务虽然不同，但它们却有着相似的开发实践，甚至相同的基础组件，这使得我们可以通过统一的方式对服务进行维护。因此，我们团队决定从零开始搭建一个服务管理与运维平台，解决业务治理的痛点问题。

3.5.2 平台架构

在设计服务管理与运维平台时，我们主要有以下几个方面的考量。

- 平台要和团队业务进行深度绑定。
- 当有新需求出现时，可以快速横向扩展。
- 避免与团队的监控平台、运维中心等已有产品发生重合。

基于上述需求，我们团队构建了服务管理与运维平台，内部项目代号为 Falcon。Falcon 由四部分组成。

- Falcon 前端提供所有的 Web 资源和逻辑。前端的开发和部署独立于后端，实现前后端分离解耦，前端采用生态成熟的 React。
- Falcon 后端即平台的后端服务器，负责平台的业务逻辑。后端需要与集群中的微服务和公共组件进行交互。技术栈采用 Node.js，并采用 JSON 格式的数据接口。
- 引入 MySQL 中的数据，例如登录用户的信息、采集到的业务数据等。
- 引入 Redis 实现定时任务等功能。

我们将 Falcon 前端、Falcon 后端、Redis、数据库分别打包，以 Kubernetes Pod 的形式部署，使其与其他服务处于同一集群，如图 3-15 所示。

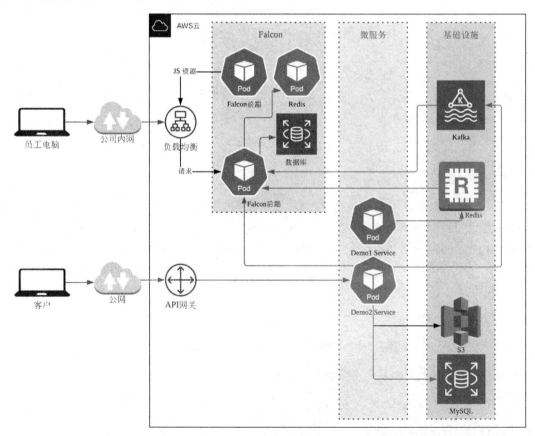

图 3-15

请求会先经过负载均衡器被转发到服务网格 Ingress Gateway，最后发送到 Falcon 对应的 Pod。Falcon 与集群的交互主要通过 Falcon 后端完成，比如监听 Kafka 传递的消息、读取集群 Redis 中的数据、调用微服务接口等。

3.5.3 平台功能模块

Falcon 平台包含若干个功能模块：用户管理模块、数据监控模块、后台任务模块、异步消息模块、业务缓存模块、线上调试模块和使用记录模块。Falcon 导航首页如图 3-16 所示，其中部分功能模块仍在探索和开发中。

图 3-16

1. 用户管理模块

公司员工使用轻量级目录访问协议（Light Directory Access Portocol，LDAP）进行统一登录认证，因此 Falcon 后端也集成了 LDAP 对登录用户进行认证。在用户首次登录时，Falcon 会将该用户信息同步存储在数据库中，以便之后配置权限。用户权限是按照模块进行管理的，不同模块间的权限相互独立。

2. 数据监控模块

数据监控模块旨在监控异常的业务数据。从单体应用迁移到微服务架构后，很多数据的增删改由一个数据库事务变成了涉及多个微服务甚至多个数据库的分布式事务。Falcon 提供了对脏数据进行监控和报警的入口，用户可以通过提供一段 SQL 语句，或者一个接口调用，来监控特定的数据。

Falcon 后端在启动完成后，会从数据库加载监控配置，并初始化一个定时任务将其加入队列，定时执行 SQL 或调用接口，将执行结果写回数据库。同时，Falcon 后端会比较执行结果与用户预先设置的参数，一旦发现脏数据，就会触发报警并通知订阅者。Falcon 提供了邮件和 Slack 两种通知方式。用户可以实时更改监控设置，Falcon 后端会将用户的更改持久化，并实时更新任务队列。

3. 后台任务模块

大部分系统都会有与自身业务相关的后台任务，我们的系统也不例外。我们团队的后台任务框架支持创建、执行、重试、销毁后台任务，但不支持可视化任务管理。针对这一痛点，我们在 Falcon 中增加了后台任务可视化模块。用户可以看到哪些任务正在执行，哪些任务在队列中排队，哪些任务失败了，哪些任务重试过，定时任务安排在了什么时间等。此外，管理页面也将失败任务的参数、错误内容等详细信息展示出来，并提供手动重试功能。

4. 异步消息模块

随着集群规模越来越庞大，业务越来越复杂，异步消息机制也被越来越广泛地应用。我们团队使用了 Kafka 来实现异步消息处理。以往我们只能通过查询日志的方式来获知消息的发送情况，非常不友好。在异步消息模块中，我们通过新建消费者来监听消息，实现了 Kafka 业务消息的可视化。

5. 业务缓存模块

为了提升应用的处理能力和响应能力，减小业务层对数据库的压力，我们引入了缓存层，将常用的、不易变的数据放到缓存中。和后台任务模块、异步消息模块处理的问题类似，缓存中存了什么，有效期是多久，何时进行了更新，这些我们往往无从得知。一个典型的场景是，数据库中的数据更新了，我们却不知道数据是何时生效的，从而导致在定位问题时判断出错。在业务缓存模块中，我们将缓存数据进行可视化展示，并提供搜索功能。用户可以很清楚地看到有哪些数据被缓存、数据量是多少、数据到期时间等。

6. 线上调试模块

应用往往需要依赖于第三方的服务，而在生产环境中，这些第三方服务发生问题时，我们很难快速定位问题。比如应用响应慢时，我们很难确定是操作数据库慢，还是下游服务响应慢。不同的服务可以根据不同的业务情况实现不同的调试接口，提供调试信息。线上调试模块集成了这些调试接口。用户可以在平台手动触发接口，从而查看整个链路的执行情况。线上调试模块能够帮助工程师快速定位错误原因，节省处理时间。

7. 使用记录模块

使用记录模块记录了平台上发生的更新操作，便于更好地进行追踪。考虑到平台本身没有特别的复杂业务，同时更新不会特别频繁，因此我们保存的是使用记录的全量内容，而非变量内容，即当某个对象发生变化时，我们会将原始对象的快照进行全量备份。通过这一功能，我们能很清楚地看到某一时刻对象的状态，也能很容易地看出哪些字段发生了变化。

3.6 服务中台化

近两年来，中台成了国内技术圈中的热点话题，相关的文章也成了各个技术社区和媒体争相报道的内容。毫不夸张地说，任何一个和技术相关的讨论群组，早晚都会聊到中台。但人们对中台的理解却又不尽相同。如果说中台是一个解决方案，那么它用来解决什么问题呢？微服务系统的中台又是如何构建的呢？本节将尝试解答上述问题，并介绍我们团队对中台的思考与实践。

3.6.1 什么是中台

2015 年年底，阿里巴巴集团全面启动中台战略，构建全新的"大中台，小前台"组织机制和业务机制。中台的概念由此横空出世，并很快成为软件行业的一颗耀眼明星，以至于到处都在喊中台，到处是中台。笔者甚至听闻有些企业为了启动中台战略，直接将技术后台改名为业务中台。的确，很多企业在"前台+后台"的架构上已经做了很多年的努力，但这并不代表后台等同于中台。为此，让我们先来给"前台+后台"下一个定义。

- 前台即企业向终端用户（客户）交付时所使用的系统，是企业与客户进行交互的平台，例如用户直接访问的网站、App 等都可以算作前台。
- 后台即管理企业核心信息资源（数据）的后端系统、计算平台、基础设施。后台不会和终端用户直接交互，不具备（也不应该具备）业务属性。

稳定、可靠是后台所追求的目标。而前台因为要和客户交互，需要快速响应客户频繁的需求变化。因此，前后台之间在目标诉求、响应速度等方面具有不可调和的矛盾。它们就像一大一小两个齿轮，因为齿比密度的不同，难以平滑协调运转。

中台的诞生，打破了传统的"前台+后台"架构模式。如图 3-17 所示，中台就像前台和后台之间的变速齿轮，能将前台和后台的转动速率进行匹配，从而找到稳定与灵活之间的动态平衡。我们有理由相信，中台才是为前台而生的。那么，该如何理解中台呢？

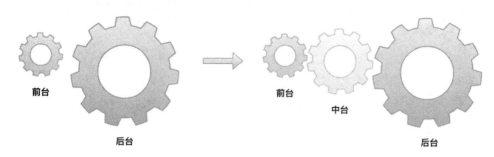

图 3-17

一千个读者眼中有一千个哈姆雷特，不同人对中台的解读也不同。

- 有的人认为中台就是业务平台，像电商公司的库存、物流、订单、支付等公共业务系统，都可以被称为业务中台。类似地，微服务业务系统也可以被称为业务中台。
- 有的人认为中台就是数据平台，像数据收集、数据处理、数据分析等平台，都可以被称为数据中台。
- 有的人认为中台就是技术平台，像微服务开发框架、PaaS 平台等，都可以被称为技术中台。
- 有的人认为中台就是组织架构平台，中台的建设离不开共享职能团队。
- 有的人认为中台就是平台自然演进的产物。当企业的业务发展速度超过平台的服务能力负荷后，需要将具有共性的业务抽象出来并沉淀，以便快速支持新业务开发。

在笔者看来，上述解读各有各的道理。事实上，我们也没有必要给中台一个统一的定义，更重要的是理解中台的本质。

我们可以用三个关键词来描述中台：共享、融合、创新。所谓共享，是指中台应当将企业具有共性的业务抽象出来，提供复用，并站在企业的视角去审视业务全貌。所谓融合，是指中台应当做到将前台和后台无缝衔接，消除前台、后台的矛盾。所谓创新，是指中台要对前台服务进行规模化创新。中台的形式不重要，通过构建中台来为企业赋能才重要。

我们团队在迁移到微服务架构的过程中，逐渐意识到具有共性的业务应该被抽象出来。特别地，我们发现，这些共性业务可以有效地帮助我们搭建新的产品线。搭建中台也就成了水到渠成的事情。接下来，笔者将结合团队实践，介绍中台的构建之路。

3.6.2 中台的构建之路

任何系统的构建过程都不是一蹴而就的，中台更是如此。团队经过一年多的开发，通过不断打磨、试错、重构，构建出了适合于自身业务的中台架构。开发过程可以分为三个阶段，如图 3-18 所示。

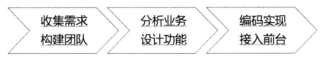

图 3-18

1. 收集需求，构建团队

几年前我们将业务系统从单体结构迁移到微服务架构时，是通过自底向上的方式实现的，基于业务能力进行服务拆分。这种方式最大的优势是，能够快速完成构建和开发过程，尽早完成迁移。但其劣势也很明显：没有统一的规划和设计，整个系统缺乏通用的框架和服务治理能力。为了解决这一问题，我们提出了"业务服务架构和实践"（Business Service Architecture and Practice，BSAP）项目，旨在改进和优化现有的微服务架构，为各个业务线提供可复用的服务治理能力，同时提供一整套公共库和中间件，以提高微服务的开发效率。中台便孵化于此。

和阿里巴巴这种先确立中台战略，再统一开发的方式不同，项目初期我们并没有想要刻意构建一个中台。我们的初衷很简单，就是想将相似的业务逻辑以组件或类库的方式抽象出来，以便达到复用的目的。随着具有业务共性的中间件和类库越来越多，我们意识到，我们所构建的这些组件的集合从本质上来讲正是所谓的业务中台。

从投资结构的角度来讲，我们的中台团队是通过"众筹模式"组建起来的，参与项目的都是各个业务线的核心开发人员，他们描述自己业务的需求和痛点，并提出解决方案，这些内容将在 BSAP 会议上进行分析、讨论，如果认为是有价值的议题就会正式进入开发阶段。而开发团队就是需求的提出者，他们对痛点有深刻的理解，不必担心需求和实现脱钩。

每个项目团队都是自愿组成的，利用业余时间完成开发任务。相比"投资模式"来说，众筹模式不需要特别抽调开发人员独立成组，在人力资源成本、管理成本和开发意愿等方面都有较大优势。中台团队组织架构如图 3-19 所示。

中台团队是一个共享服务团队，与前台（业务开发方）是服务与被服务的关系。一个庞大的中台因其长期性和复杂性，很难在短期内满足前台的业务需求，中台团队也很可能因为要服务于多个前台业务而出现内部资源竞争的问题。而我们的中台是以类似拼图的方式逐渐积累而成的，现做现用，能快速响应前台业务方需求。这种"小快灵"的精英特种部队机动灵活，打一枪换一个地方（做完一个中台项目再做别的项目），具有先天的优势，且构建成本极低，是最适合中小型企业的中台团队。

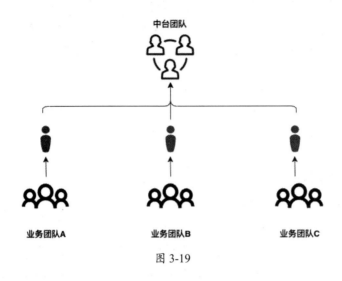

图 3-19

2. 分析业务，设计功能

明确需求之后，就可以进入设计阶段了。和其他软件开发流程一样，设计是不可或缺的阶段，作为需求和实现之间的桥梁，它将业务建模转变为技术方案，并保证实施的正确性。

对于中台来说，设计阶段又有其特殊的地方：通过对各个领域的业务进行分析，寻找出可以抽象出来的共性能力。因为中台要服务的是多个前台业务线，必须要对整体业务进行分析并找到通用的部分才能实现复用这一核心目标。如果仅仅是从单一业务出发，只满足当前需求，就等于只为当前的微服务实现了它独有的业务逻辑而已。为避免出现这种情况，在议题分析阶段，我们会通过头脑风暴的方式进行思维碰撞，当某一个人在描述自己的需求时，具有相同或相似痛点的人也会产生共鸣，并提出自己的补充观点，最终整合出一个既满足通用需求，又满足特性需求的技术解决方案。

需要指出的是，所谓的共性能力包括业务数据、业务功能及通用技术能力。举例来说，广告位（Placement）就是一个被各个业务线都使用的业务数据，同时它又具有一定的变体，在广告预测业务中，它具有额外的预测属性，在合作方业务中它又具有中间商相关属性。它们都共享广告位的基本数据，同时又具有自己的特殊字段。对于这样的情况，我们会将对核心数据模型的操作抽象出来作为模板方法，各业务在此基础上进行个性化定制。

对通用技术能力的抽象也有很多例子。比如为了更方便地开发一个新的微服务，我们设计了一套轻量级的服务通信层框架，新服务只需要实现应用初始化接口（AppInitializer），并在配置文件中定义好对应的端口号，就可以实现一个同时支持 HTTP 和 gRPC 协议的 Web 服务器，并且可以在 ServerOption 中添加中台里实现的各种拦截器，完成追踪、请求日志、API 权限控制等一系列服务治理功能。而新服务的开发者只需要在标准的 Protobuf 文件中定义自己的业务接口并实现即可。

总体来说，设计阶段的主要工作就是对识别的痛点进行根因分析，再基于多个业务线进行领域设计，讨论业务的重合度并抽象出共性业务，引入中台架构并确立相应的解决方案，流程如图 3-20 所示。

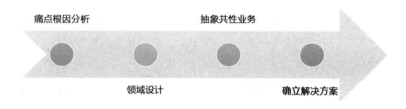

图 3-20

3. 编码实现，接入前台

在实现阶段，我们采用精益创业中的最小价值化产品（Minimum Viable Product，MVP）策略。MVP 策略是指，开发团队通过提供最小化可行性产品，获得用户反馈，并在其基础上持续快速迭代，最终让产品达到一个稳定完善的形态。

MVP 策略对初创型团队非常有效，可以通过试错快速验证团队目标，从而定位出产品的核心价值属性。在中台的构建过程中，我们每一个众筹小分队就是一个典型的初创团队，先通过一个最简化的实现方案解决现有痛点，再逐步完善、扩展，以满足不同业务线的需求。

在开发流程上，我们要求每个任务都有 Jira Ticket 追踪。在每周的例会上，各个团队会对开发任务进行进度更新，在设计、开发、提交代码等阶段召开专项评审会议，尽最大可能保证整个实现流程的可靠性和可控性，顺利完成任务，如图 3-21 所示。

图 3-21

我们的中台用户是各个业务线的微服务开发人员，而这些开发人员对中台能力的需求，来源于客户对产品的需求。因此，业务需求驱动了中台用户（开发者）的需求，而用户需求又驱动了中台的能力需求。在这一需求链中，业务线的开发者同时扮演了甲方和乙方，他们作为种子用户，将自己的开发成果接入各自负责的业务微服务中。而该服务就自然而然地成了中台功能的试点（Pilot），用于试错和验证产品性能。该组件的可靠性和稳定性得到肯定后，它便就会被推广到其他业务线进行接入。

一般会有两种中台接入方式：自助式接入和一站全包式接入。

- 自助式接入：顾名思义，接入方自己完成与中台组件的整合工作，当然，中台开发者会全程提供文档、示例、培训等一系列技术支持。
- 一站全包式接入：由中台开发者帮助接入方完成整合工作，包括且不限于提供编码、配置等服务。这种方式一般用于组件升级的时候，代码的变更很少且风险可控，接入方的代码持有者只需要对修改进行评审。

除此之外，为了在公司内更大范围地共享成果，我们还专门构建了一个网站，提供了业务中台各个组件的设计文档和用户手册，以便其他兄弟团队也能以自助方式接入中台，从而在公司范围内达到降本提效、技术共享的目的。经过一年多的努力，我们的中台项目已日趋完整，其架构设计如图 3-22 所示。

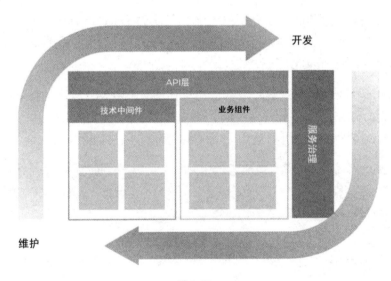

图 3-22

中台的出现改变了业务的开发方式和交付形态，加速了产品的迭代和进化周期。我们有理由相信，中台并不是昙花一现的产物，它终将成为辅助微服务架构落地的重要手段，让我们拭目以待！

3.7 本章小结

开发的质量决定了软件产品的成败。本章我们对微服务的开发和运维展开了探讨。3.1 节描述了基于 Scrum 的敏捷开发的流程。3.2 节对不同的软件运行环境进行了介绍。3.3 节涵盖代码管理方面的实践。3.4 节和 3.5 节介绍了团队自研的低代码开发平台和服务管理与运维平台,读者会对如何构建和维护微服务有一个清晰的认识。最后,3.6 节对微服务系统中台的构建进行了剖析。

第 4 章

微服务流量管理

对于单体应用来说,一般只有流入应用和流出应用的流量。而微服务架构引入了跨进程的网络通信,流量也成了服务之间交互的产物。在由若干服务组成的错综复杂的网络拓扑结构中,每次调用请求都会产生流量,复杂度远高于单体应用。如果没有完善的策略和手段去管理这些流量,整个应用的行为和状态将不可控。对流量进行管理可以让我们深入了解系统状态,并实现通信相关的服务治理功能,例如服务发现、动态路由、流量转移等。

服务网格是云原生时代下进行流量管理的首选方案。通过声明式配置,应用就能具有控制流量的能力,并且该配置对应用透明。也就是说,微服务应用无须因为引入服务网格而做任何代码层面的修改。在过去的两年里,我们团队通过 Istio 服务网格实现了应用流量管理。本章将基于这些实践,为读者详细介绍如何使用 Istio 为微服务应用提供流量管理能力。

4.1 云原生时代的流量管理

应用流量管理和现实生活中的交通流量管理有很多类似的地方。进行交通流量管理时会设置红绿灯来控制交叉路口的车辆通行,增加车道提升通行能力,增设立交桥进行分流,设置警示标志和路障引导车辆绕行,还会通过安装摄像头、测速等手段进行监控,并分析实时交通流量信息。在应用程序的流量管理中也能找到很多与之类似的场景。比如将请求路由到指定的目标地址(相当于路标),采用负载均衡策略,设置熔断、限流等策略,设置黑/白名单来控制访问,通过流量指标分析用户行为和系统状态,这些都属于流量管理的手段。

4.1.1 流量类型

在介绍云原生流量管理方案之前，我们先来了解一下流量的两个类型：南北流量和东西流量。举个例子，假设用户通过浏览器访问 UI 页面，这时候浏览器会发送一个请求给后端服务 A；后端服务 A 想要完成用户的业务操作，就需要调用另外一个后端服务 B，在整个调用过程完成后再将结果返回给用户。在这个例子中，从用户浏览器发送到后端服务 A 的请求就是南北流量，而后端服务 A 调用后端服务 B 的请求就是东西流量，如图 4-1 所示。

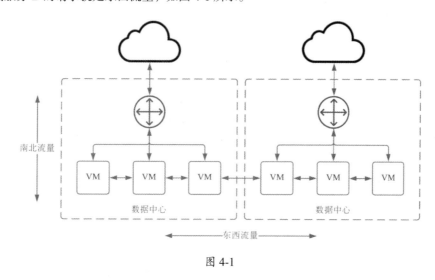

图 4-1

关于图 4-1 中的内容，我们可以这样理解。

- 南北流量：从客户端到服务端的流量，即 client-to-server 流量。对于传统的数据中心而言，它是从外部进入的，或离开数据中心的流量；对于微服务而言，它是从应用外部流入应用内部的，或从应用内部流到应用外部的流量。

- 东西流量：可以认为是 server-to-server 的流量。对于传统的数据中心而言，它代表数据中心内不同服务器之间的流量，或者不同数据中心之间的流量。对于微服务而言，它代表应用中服务与服务之间的流量。

之所以使用方位来描述流量，主要是因为在绘制网络拓扑结构图时，进入系统的网络组件都画在顶部（北），应用端都画在底部（南），服务器，或者应用内服务之间的调用关系水平绘制（东、西）。在微服务架构中，东西流量是远大于南北流量的。因为同一个用户请求很可能是由多个不同的服务协作完成的，即一个南北流量可能会产生多个东西流量。因此，微服务应用中的东西流量管理就成了重中之重，服务网格这种管理东西流量的云原生方案便应运而生。

4.1.2 服务网格

如前所述，服务间的流量管理是微服务应用必须要具备的能力，如何实现这一能力是自微服务架构诞生以来业界不断探索的方向之一。举个例子，假设我们要实现微服务应用的灰度发布，没有服务网格，也不能借助任何现成的第三方类库，那么一个比较直接的实现方式就是在服务间添加一个代理（比如 Nginx），通过修改配置中流量转发的权重来切分流量。

```
upstream svc {
    server svc1.example.com weight=5;
    server svc2.example.com weight=95;
}
```

这种方式将我们对流量的管理需求和基础设施绑定在了一起。对于包含多个服务的应用，每个服务前都需要添加一个代理，每个服务的流量配置都需要手动维护，难度可想而知。

服务网格很好地解决了这些问题，它通过云原生的方式（声明式配置）让你轻松地对流量进行灵活管理，并且无须引入依赖库，对应用透明。那到底什么是服务网格呢？服务网格可以用来做什么呢？下面我们具体介绍。

1. 服务网格的定义

业界一般认为服务网格（Service Mesh）这一术语是由 Buoyant 公司的 CEO William Morgan 首先提出的。2017 年 4 月，他写了一篇名为 "What's a service mesh? And why do I need one?" 的博文，和他们开发的服务网格产品 Linkerd 一同发布。在文中，服务网格是这样被定义的：

> 服务网格是一个处理服务与服务间通信的基础设施。它的职责是在组成云原生应用的复杂的服务拓扑结构下进行可靠的请求传输。在实践中，它是一组和应用服务部署在一起的轻量级的网络代理，对应用透明。

这段定义中有 4 个关键点，通过它们就能准确理解什么是服务网格。

- 本质：一种服务间通信的基础设施。
- 功能：请求传输。
- 产品形态：一组网络代理。
- 特点：对应用透明。

服务网格将服务通信及相关的管理功能从业务程序中分离到基础设施层。在云原生应用中，面对数百个甚至更多的服务，单个请求调用的服务链路可能会非常长，单独进行网络通信处理非常有必要，否则你将很难对整个应用的通信情况进行管理、监控和追踪。而这正是服务网格的意义所在。

2. 服务网格能做什么

作为微服务架构中负责网络通信的基础设施，服务网格能处理网络通信中的绝大多数问题。简单来说，服务网格通过在每个业务服务前增加一个服务代理（边车代理），再让这个服务代理劫持流量并转发到业务服务来实现流量管理。服务代理既然能持有流量，就能根据需要对流量进行各种处理，比如根据请求头将请求分发到不同的服务版本。这有点像我们所熟知的拦截器、过滤器。通常认为服务网格具有四大功能。

- 流量管理：这是服务网格最核心的功能，也是本章要介绍的重点。比如动态路由，可以通过配置路由规则来动态确定要请求的服务。请求需要被路由到生产环境还是预发布环境，测试版本还是运行版本，仅针对登录用户还是全部用户？所有这些路由规则都可以以声明式方式进行配置。
- 策略：为应用添加一些请求控制策略，比如黑/白名单、限流等。
- 安全：既然持有了流量，自然可以针对流量做一系列的认证和授权操作，比如为流量添加双向 TLS 等。
- 可观察性：请求中必然包含很多可用信息，这些信息可以通过服务网格被收集并上报到对应的后端处理系统（如 Prometheus），然后以各种可视化的方式被展示出来，以便开发者可以全面监控和观察应用的运行状态。

3. 服务网格的优势

服务网格最大的优势就是对应用透明。所有流量管理相关功能都由边车代理实现，绝大部分情况下，应用代码是不需要做任何修改的。同时，边车代理又是一个单独的进程（通常以容器的方式部署在业务服务旁，和应用的容器共享同一个网络环境），不需要引入依赖包。另外，边车代理通过自动劫持流量来转发请求，业务服务中也不需要添加任何配置。因此，相对于公共库等传统的方案来说，对应用无感就是最大的优势。也正因为透明性，服务网格适用于更加通用和广泛的场景。

- 与应用解耦：非功能性需求都由边车代理实现，不需要在业务逻辑中添加控制逻辑。
- 云原生模式：服务网格具有云原生技术的典型特性，通过声明式配置来使用，对应用无侵入性且方便维护。
- 多语言支持：作为独立运行的透明代理，不受技术栈的约束，支持多语言的异构微服务应用。

- 多协议支持：可以支持多种协议。

另外，边车代理一般都可以通过 API 扩展其自身能力，加上 WebAssembly 技术的加持，服务网格的功能可以被很方便地扩展。随着 SMI、UDPA 标准的逐渐成熟，灵活替换控制平面和数据平面也将成为可能。

4.2 服务发现

在第 2 章中，我们介绍了服务发现的基本概念和两种模式，了解了服务发现对于微服务架构的不可或缺性。本节我们将聚焦于应用上云之后如何选择合理的服务发现机制来完成服务间通信进行内容讲解。

4.2.1 传统服务发现上云后的问题

传统服务发现方案中一般都有一个注册中心，我们以 Spring Cloud 框架的 Erueka 为例，Eureka 包含服务端和客户端两部分，服务端是一个注册中心，提供服务的注册和发现能力；客户端在服务提供者一侧，将自己的地址信息注册到 Eureka 服务端，并周期性地发送心跳来更新信息。服务消费者依靠客户端也能从服务端获取注册信息并将其缓存到本地，通过周期性地刷新来更新服务状态。三者的关系如图 4-2 所示。

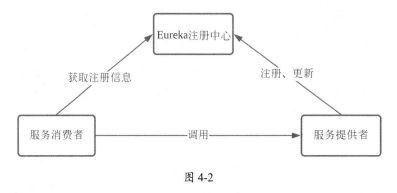

图 4-2

Eureka 的信息同步是通过心跳方式完成的。客户端默认每隔 30s 发送一次心跳，通过心跳来汇报客户端服务的状态。默认情况下，如果 Eureka 服务端在 90s 内没有收到客户端的续约，该客户端实例将从注册表中被删除。可以知道，Erueka 状态同步是通过心跳这种异步方式完成的，且具有一定的时间间隔。在 CAP 原理中，Eureka 优先满足的是 AP 条件，即可用性优先。

现在假设我们要将应用迁移到云上，并且部署在 Kubernetes 集群中。同时，Erueka 也会部署在集群中，应用的服务发现依然使用 Erueka。这个时候就可能会出现这样的问题：以前基于物理机或虚拟机部署的实例都是相对比较稳定的，而 Kubernetes 里的最小调度单元 Pod 通常都会频繁变化，比如部署资源更新、自动伸缩，或者节点出现故障后迁移等，这就导致 Pod 的信息要频繁更新到注册中心，比如删除旧 Pod 时要删除注册信息，创建新 Pod 后要再次注册。这种频繁的变化加上异步信息同步，会导致服务消费者获取到的服务地址是不正确的，从而导致访问失败，如图 4-3 所示。

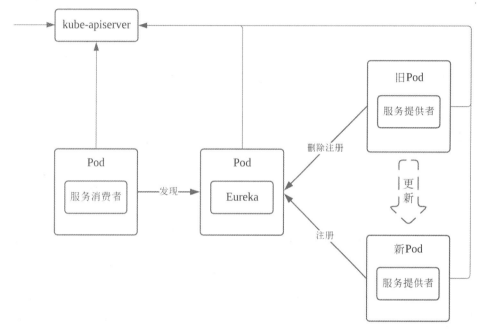

图 4-3

云原生应用的一个典型特性就是总处在变化过程中，它需要通过变化来调整自己，以满足用户的期望态。这种特性使得它与传统的服务发现机制格格不入，就好像两个不同转速的齿轮，很难一起协同工作。

4.2.2 Kubernetes 的服务发现机制

Kubernetes 的服务发现机制主要是通过 Service 对象、DNS 及 kube-proxy 实现的，本节我们来看看它的工作原理。

1. Service 对象

Kubernetes 通过 Service 对象解决了我们在 4.2.1 节中提到的问题。Service 对象实际上是 Kubernetes 为 Pod 分配的固定访问入口，可以认为其是一组 Pod 的抽象。Kubernetes 会为 Service 对象分配固定的 IP 地址，调用者可以直接通过 IP 地址或 Service 对象名称去访问服务，而不用关心具体的 Pod。我们可以认为，Service 对象由两部分组成。

- 前端：名称、IP 地址、端口等稳定不变的部分。
- 后端：对应的 Pod 集合。

调用方是通过前端访问服务的，这部分在 Service 对象的整个生命周期中都不会改变，而后端可能会频繁变化，如图 4-4 所示。

图 4-4

通过 Service 对象这个访问入口，调用方就完全不需要关心 Pod 的变化情况了，只需要和稳定的 Service 对象打交道就行，服务发现延迟或不一致的问题便自然而然地解决了。与 Service 对象相关的控制器会不断扫描与其匹配的 Pod，更新 Service 对象与 Pod 的关系。

2. 服务注册

和 Erueka 一样，Kubernetes 也需要一个服务注册中心，它使用 DNS 作为服务注册表。每个集群都会运行一个 DNS 服务，比如目前默认的 DNS 是 CoreDNS，可以在 kube-system 命名空间中找到它。

```
$ kubectl get po -n kube-system
NAME                          READY   STATUS    RESTARTS   AGE
coredns-f9fd979d6-hsbsv       1/1     Running   3          9d
coredns-f9fd979d6-kzj76       1/1     Running   3          9d
```

每个 Service 对象都会在这个 DNS 里注册，注册过程大致如下。

- 向 kube-apiserver 提交一个新的 Service 对象定义。
- 创建 Service 对象，并为其分配一个 ClusterIP，保存对象数据到 etcd 中。

- DNS 服务会监听 kube-apiserver，一旦发现有新的 Service 对象就创建一个从 Service 对象名称映射到 ClusterIP 的域名记录。这样服务就不需要主动注册了，依靠 DNS 的控制器就能完成注册。

注册工作完成后，别忘了 Service 对象后面还包含一个 Pod 列表，要保证这个列表总是处于最新的状态。Service 对象中有一个 Label Selector 字段，和在选择器中定义的标签相匹配的 Pod 就会被纳入当前 Service 对象的 Pod 列表。在 Kubernetes 中，Pod 列表会对应一个名为 EndPoint 的对象，职责是保存一个和 Service 标签选择器相匹配的 Pod 列表。例如，下面有一个名为 reviews 的 Service 对象，它的 Endpoint 里有三个 IP 地址，分别对应三个 Pod。

```
NAME      ENDPOINTS                                          AGE
reviews   10.1.0.69:9080,10.1.0.72:9080,10.1.0.73:9080       9d
```

Service 对象的 selector 控制器会持续扫描和 Service 对象里的标签相匹配的 Pod，然后更新到 Endpoint 对象里。

3. 服务发现

要使用 DNS 服务发现机制，就要保证每个 Pod 都知道集群的 DNS 服务地址。因此 Pod 中容器的 /etc/resolv.conf 文件都被配置为使用集群的 DNS 进行解析。例如在上面的 reviews 服务容器中，DNS 配置恰恰是集群中 CoreDNS 服务的地址。

```
# reviews 服务容器中的 DNS 配置文件
user@reviews-v1-545db77b95-v44zz:/$ cat /etc/resolv.conf
nameserver 10.96.0.10
search default.svc.cluster.local svc.cluster.local cluster.local
# 集群中 CoreDNS 服务的信息
$ kubectl get svc -n kube-system
NAME                TYPE        CLUSTER-IP    EXTERNAL-IP   PORT(S)                  AGE
service/kube-dns    ClusterIP   10.96.0.10    <none>        53/UDP,53/TCP,9153/TCP   9d
```

接下来就是一个典型的 DNS 查询过程了。调用者向 DNS 服务发起域名（比如 reviews 服务名称）查询，如果本地没有缓存，则查询会被提交到 DNS 服务，并返回对应的 ClusterIP。ClusterIP 只是 Service 对象的 IP 地址，并不是具体提供服务的 Pod 的 IP 地址，因此请求还需要通过 ClusterIP 访问对应的 Pod。Kubernetes 的每个节点上都有一个名为 kube-proxy 的服务，它会通过 Service 对象和 Pod 的对应关系创建 iptables 或者 IPVS 路由规则，节点会基于这些规则将请求转发到具体的 Pod 上。至于具体细节属于容器通信的范畴，这里不再赘述。

服务网格的服务发现一般也是借助上面介绍的 Kubernetes 平台完成的。不同的是，因为边车代理的引入，流量会先被代理劫持，这一般是通过修改 iptables 路由规则实现的。服务网格的控制平面也会监听集群内 Service 对象的变化情况，从而获得最新的服务地址。在负载均衡层面上，服务网格通常是基于 Service 对象而不是基于 Pod 的，即给 Service 对象前面加上一层负载均衡。也正因为如此，它才能实现基于服务层面的流量管理。

在 Kubernetes、服务网格这些云原生技术的加持下，服务通信管理有了很大的变化，变得更智能、更透明了。下一节我们会详细介绍如何使用 Istio 实现流量管理。

4.3　使用 Istio 服务网格进行流量管理

使用服务网格进行流量管理可能是云原生环境下最合适的选择。经过五年的发展，服务网格产品日趋成熟，Istio 就是其中最受追捧的一个。CNCF 在 2020 年做过市场调研，调研显示，目前有近 30%的组织正在使用服务网格，其中，Istio 的占有率超过 40%。我们团队开发的核心业务系统目前已经部署在云上 Kubernetes 集群中，并使用 Istio 作为流量管理方案。本节将基于团队落地实践讲解如何使用 Istio 进行动态路由和流量管理。

4.3.1　核心自定义资源

Istio 是一个由 Google、IBM、Lyft 联合开发的服务网格产品，其官方定义如下：

> Istio 是一个完全开源的服务网格，作为透明的一层接入现有的分布式应用中。它也是一个平台，可以与任何日志、遥测和策略系统集成。Istio 多样化的特性能够让你高效地运行微服务架构，并为你提供保护、连接和监控微服务的统一方法。

Istio 是一个典型的服务网格产品，它主要的能力体现在流量管理、安全和可观察性方面。Istio 的流量管理功能主要靠 Envoy 边车代理实现。流量都是先被代理劫持并转发给业务服务的。本书并不是一本专门介绍服务网格的著作，因此相关的实现细节不再赘述。我们主要关心的是如何通过 Istio 来实现流量管理。本节重点介绍和流量管理相关的几个核心自定义资源（CRD）。

Istio 的流量管理能力主要体现在以下三个方面。

- 动态路由和流量转移：基本路由设置，按比例流量切分等。
- 弹性能力：超时、重试、熔断、限流。
- 流量调试：故障注入、流量镜像。

Istio 中的流量管理自定义资源主要有以下几种，如表 4-1 所示。

表 4-1

自定义资源	说　　明
虚拟服务（VirtualService）	定义路由规则，控制请求被转发到哪个目标地址
目标规则（DestinationRule）	配置请求的策略
服务入口（ServiceEntry）	将外部服务注册到网格内部并管理访问它的流量
网关（Gateway）	在网格的边界设置负载均衡和流量转移
边车（Sidecar）	控制边车代理对流量的劫持行为
工作负载入口（WorkloadEntry）	将虚拟机等工作负载注册到服务网格

1. VirtualService

如果我们将 Kubernetes 里的 Service 对象看作 Pod 的访问入口，那么 VirtualService 就是 Service 对象的抽象访问入口，即将请求指引到对应的 Service 对象。其实 VirtualService 本质上就是一些路由规则，请求可以依据这些规则被分发到对应的服务。下面我们通过几个简单的例子来说明它的使用场景。

（1）统一访问入口（请求分发）

下面的配置实现了根据 URL 将请求分发到不同服务的功能，和 Gateway 资源配合，适用于统一请求入口的场景。

```yaml
apiVersion: networking.istio.io/v1alpha3
kind: VirtualService
metadata:
  name: vs
spec:
  hosts:
   - *.example.com
  http:
  - match:
    - uri:
        prefix: /order
    route:
    - destination:
        host: order.namespace.svc.cluster.local
```

当用户请求的目标地址是 example.com 时，如果 URL 前缀中有 order，那么请求会被发送到 order 服务。hosts 关键字是请求的目标地址，可以是域名、服务名或 IP 地址等。Istio 提供的匹配条件也非常丰富，除了上面演示的路径，还可以根据头信息、方法、端口等属性进行匹配。

（2）按比例流量切分

另一个常见的应用场景是将流量切分到不同的服务（版本）中去，比如我们通常所说的灰度发布，在 VirtualService 里只要通过子集标签就能轻松实现。你可以定义不同类型的标签（比如版本号、平台、来源），流量就可以以不同的维度被灵活分发。流量的分发权重是通过 weight 关键字来设置的，我们来看一个示例。

```
apiVersion: networking.istio.io/v1alpha3
kind: VirtualService
metadata:
  name: vs-canary
spec:
  hosts:
  - order.ns.svc.cluster.local
  http:
  - route:
    - destination:
        host: order.ns.svc.cluster.local
        subset: v2
      weight: 10
    - destination:
        host: order.ns.svc.cluster.local
        subset: v1
      weight: 90
```

这段配置实现了一个简单的灰度发布功能。order 服务有两个版本，分别是 v1 和 v2。10%的请求会被发送到 v2 版本，其他 90%的请求会被发送给 v1 版本。版本是通过 subset 关键字定义的。subset 其实就是特定版本的标签，它和标签的映射关系定义在另一个自定义资源 DestinationRule 中。一般情况下，VirtualService 如果引用了 subset，就必须在 DestinationRule 里对其定义，否则代理将找不到要发送的服务版本。

（3）超时、重试

VirtualService 里提供了 timeout 和 retries 两个关键字，可以很方便地实现超时与重试功能。比如下面的例子，我们为 order 服务设置了一个 2s 的超时策略，如果服务超过 2s 没有响应，将直接返回 timeout 错误，避免下游服务一直等待。

```
apiVersion: networking.istio.io/v1alpha3
kind: VirtualService
metadata:
  name: vs-timeout
spec:
  hosts:
```

```
    - order
  http:
  - route:
    - destination:
        host: order
      timeout: 2s
```

还可以通过 retries 关键字设置重试。下面的示例表示，如果 order 服务没有在 2s（通过 perTryTimeout 设定）内返回，将触发重试，并且最多重试 3 次。

```
apiVersion: networking.istio.io/v1alpha3
kind: VirtualService
metadata:
  name: vs-retry
spec:
  hosts:
    - order
  http:
  - route:
    - destination:
        host: order
    retries:
      attempts: 3
      perTryTimeout: 2s
```

（4）故障注入

混沌工程是目前业界比较关注的一个领域，通过模拟实验可以验证在故障发生时应用的应对情况。Istio 里提供了简单的故障注入功能，也是通过 VirtualService 进行配置的，使用 fault 关键字可以进行设置。Istio 支持两种故障注入。

- 延迟故障：使用 delay 关键字配置，给服务增加一个响应延迟。

- 中止故障：使用 abort 关键字设置，中止服务响应，模拟服务直接返回错误状态码的情况，比如返回 500 错误状态码。

在下面的例子中，我们注入了一个延迟故障，使得 order 服务的响应会出现 5s 的延迟。

```
apiVersion: networking.istio.io/v1alpha3
kind: VirtualService
metadata:
  name: vs-delay
spec:
  hosts:
  - order
  http:
```

```
    - fault:
        delay:
          fixedDelay: 5s
      route:
      - destination:
          host: order
```

（5）流量镜像

简单来说，流量镜像就是将流量复制一份并实时将其发送到镜像服务。这个功能在调试线上问题的时候特别有用。一般情况下，我们很难在开发环境甚至预发布环境中模拟线上的情况，除了部署环境不一致，用户使用方式和测试环境的不同也使得数据环境不一致，因此很多问题在开发测试过程中难以被发现，而在生产环境中调试又比较困难，比如线上的日志级别都设定得比较高，以避免产生大量的调试日志而浪费资源。这个时候流量镜像就发挥作用了。我们可以部署一个和生产环境一模一样的服务，只将日志级别设定为调试。当用户访问时，请求会被复制一份发送到镜像服务，我们就能在镜像服务的日志里查看调试信息以查找问题。

在 Istio 里实现流量镜像非常简单，在 VirtualService 里通过 mirror 字段就可以设置。下面的示例为 order 服务添加了镜像功能，采样率（mirrorPercent）是 100%，即所有发送给 v1 版本的请求都会被复制一份并发送给镜像服务 v2。当然，这两个版本的子集还是需要在 DestinationRule 里定义的。

```
apiVersion: networking.istio.io/v1alpha3
kind: VirtualService
metadata:
  name: vs-mirror
spec:
  hosts:
    - order
  http:
  - route:
    - destination:
        host: order
        subset: v1
      weight: 100
    mirror:
      host: order
      subset: v2
    mirrorPercent: 100
```

VirtualService 是 Istio 最核心的自定义资源，它提供了灵活而强大的流量管理配置能力。从本质上来讲，VirtualService 就是一个路由规则的载体，告知请求应该去向哪个目标地址。

2. DestinationRule

DestinationRule 是另外一个重要的自定义资源，一般和 VirtualService 配合使用。简单来说，VirtualService 决定了请求去到哪个目标地址，而 DestinationRule 决定了请求到了这个目标地址后该如何被处理，它的主要功能有三个。

- 子集定义：通过定义子集将请求按不同的维度进行划分，配合 VirtualService 使用。
- 流量策略定义：定义请求到了目标地址后的处理方式，比如负载均衡、连接池大小等。
- 熔断：通过错误探测设置熔断效果。

（1）子集定义

下面的示例展示了一个子集的定义过程，它和上面的 VIrtualService 按版本路由的示例是配合使用的。VirtualService 的 destination 字段里添加的 subset 要在这里定义好，同时在 Pod 里设置对应的 version 标签，这样一来，请求就能被分发到对应的目标 Pod 里了。

```
apiVersion: networking.istio.io/v1alpha3
kind: DestinationRule
metadata:
  name: dr-order
spec:
  host: order
  subsets:
  - name: v1
    labels:
      version: v1
  - name: v2
    labels:
      version: v2
```

（2）流量策略定义

DestinationRule 还负责定义流量策略，比如负载均衡的方式、连接池等。下面的示例展示了流量策略的定义过程，负载均衡使用了随机模式，TCP 连接池的大小为 100，超时时间是 2s。

```
apiVersion: networking.istio.io/v1alpha3
kind: DestinationRule
metadata:
  name: dr-policy
spec:
  host: order.ns.svc.cluster.local
  trafficPolicy:
    loadBalancer:
```

```
    simple: RANDOM
      connectionPool:
tcp:
  maxConnections: 100
  connectTimeout: 2s
```

（3）熔断

熔断（circuit breaker）这个词在很多地方都有使用，比如股票的熔断是指交易所暂停某只股票的交易。在服务治理层面上，熔断是指在某个服务出现故障后对其设置断流操作，等过一段时间再尝试连接。如果服务恢复就关闭熔断器，让请求恢复访问上游服务；否则就继续维持熔断器打开状态。

熔断也是一种服务的降级处理方式，它比超时和重试更智能一些，可以自动探测服务的可用性并让服务从断流恢复到正常状态。与超时、重试不同的是，它是通过设置 DestinationRule 中的 outlierDetection 字段实现的，而不是在 VirtualService 中实现的。下面的示例展示了一个基本的熔断器配置过程。

```
apiVersion: networking.istio.io/v1alpha3
kind: DestinationRule
metadata:
  name: dr-cb
spec:
  host: order.svc.cluster.local
  trafficPolicy:
    outlierDetection:
      consecutive5xxErrors: 5
      interval: 5m
      baseEjectionTime: 15m
```

配置 consecutive5xxErrors 字段，表示连续出现 5 次 5xx 错误就会触发熔断。baseEjectionTime 用于配置出现错误的实例被逐出负载均衡池的时间，此处为 15 分钟。interval 其实就是熔断器模式里的超时时钟，这里表示每过 5 分钟熔断器就会变成半开状态，并重新尝试访问上游服务。Istio 里的熔断机制没有 Hystrix 中的那么完善，没法定义熔断后的处理逻辑。另外，要注意在错误的判断上多做测试，以免"误杀"状态码是 5xx 但希望正常返回的请求。

3. ServiceEntry

ServiceEntry 提供了一种访问外部服务流量的管理方式。它相当于一个外部服务在服务网格内的抽象代理，通过它能够在服务注册表中注册外部服务，其他服务网格内的服务就能像访问内部服务一样访问它。

默认情况下，Istio 内的服务是可以直接访问外部服务的，那为什么还需要定义 ServiceEntry 呢？原因很简单，虽然内部的请求可以直接出去，但却不能使用 Istio 提供的能力，简单来说，你没办法对这些访问外部服务的流量进行管理。通过 ServiceEntry，我们可以将访问外部服务的流量也纳入 Istio 的管控中。

下面的示例为 ext.example.com 这个外部服务定义了一个 ServiceEntry。如果要对这些流量进行控制，只需要定义对应的 VirtualService 和 DestinationRule 即可。

```
apiVersion: networking.istio.io/v1alpha3
kind: ServiceEntry
metadata:
  name: se
spec:
  hosts:
  - ext.example.com
  ports:
  - number: 80
    name: http
    protocol: HTTP
  location: MESH_EXTERNAL
  resolution: DNS
```

4. Gateway

外部请求想要访问服务网格内的服务，或者服务网格内的流量想通过统一的出口出去，就需要用到 Gateway 这个资源，即网关。Istio 里提供了两种类型的网关，一种是 Ingress 入口网关，另一种是 Egress 出口网关，分别对应上面的两种应用场景。你可以将 Gateway 简单理解为接收传入或传出请求时在网格边缘运行的一个负载均衡器。需要注意的是，Istio 里的 Gateway 只用来定义一个网关的基本信息，比如公开的端口、要使用的协议类型等，具体的路由规则还是要定义到 VirtualService 中，通过 gateways 字段进行匹配。这种设计和 Kubernetes 中的 Ingress 有所不同，它能分离网关的定义和路由信息，做到松散耦合。

Gateway 最常见的使用场景就是作为外界流量的统一访问入口，然后将请求分发到应用的不同服务中。下面的示例定义了一个入口网关，监听访问 example.com 的 80 端口，然后根据 URL 前缀将请求指向后端不同的服务。

```
apiVersion: networking.istio.io/v1alpha3
kind: Gateway
metadata:
  name: gw-ingress
spec:
```

```
    selector:
      istio: ingressgateway
    servers:
    - port:
        number: 80
        name: http
        protocol: HTTP
      hosts:
      - *.example.com
---
apiVersion: networking.istio.io/v1alpha3
kind: VirtualService
metadata:
  name: vs
spec:
  gateways:
    - gw-ingress
  hosts:
    - example.com
  http:
  - match:
    - uri:
        prefix: /order
    route:
    - destination:
        host: order.namespace.svc.cluster.local
```

Gateway 中的 selector 字段定义了一个网关的选择器，在这个示例中，我们使用的是 Istio 自带的 ingressgateway，它本质上是 Kubernetes 中的 LoadBalaner 类型的 Service 对象，通过 Envoy 完成相应的功能。你也可以使用自己实现的网关。需要注意的是，如果一个 VirtualService 同时被网关和服务复用，那么在 gateways 字段里要同时填写网关名称和"mesh"。

5. Sidecar

Sidecar 是一个控制服务网格内边车代理行为的自定义资源，这也是它叫 Sidecar 的原因。默认情况下，Istio 里的 Envoy 代理可以监听所有端口上的流量，并将流量转发到服务网格内的任意服务中。配置 Sidecar 资源可以改变这一默认行为，具体如下。

- 修改边车代理监听的端口和协议集合。

- 限制边车代理可以访问的服务。

Sidecar 可以帮助微调边车代理的行为，或者对不同的代理使用不同的策略。比如，以下示例中的配置是让 default 命名空间下的边车代理只监听 9080 端口的入流量。

```
apiVersion: networking.istio.io/v1alpha3
kind: Sidecar
metadata:
  name: sidecar-test
  namespace: default
spec:
  ingress:
  - port:
      number: 9080
      protocol: HTTP
      name: http
```

6. WorkloadEntry

Istio 在 1.6 版本中引入了 WorkloadEntry 对象，它可以将非 Kubernetes 工作负载纳入服务网格的管理中。WorkloadEntry 需要和 ServiceEntry 配合使用。WorkloadEntry 定义工作负载的 IP 地址信息，并为该负载上的应用添加一个 app 标签；ServiceEntry 在自己的选择器里填写相同的标签，实现与 WorkloadEntry 的协同工作。

下面的代码展示了如何对 IP 地址为 2.2.2.2 的虚拟机创建一个 WorkloadEntry 对象，并指定应用的标签为 vmapp。

```
apiVersion: networking.istio.io/v1alpha3
kind: WorkloadEntry
metadata:
  name: vmapp
spec:
  serviceAccount: vmapp
  address: 2.2.2.2
  labels:
    app: vmapp
    instance-id: vm1
```

与之对应的 ServiceEntry 配置代码如下，它在 workloadSelector 字段里定义了要关联的应用标签是 vmapp。

```
apiVersion: networking.istio.io/v1alpha3
kind: ServiceEntry
metadata:
  name: vmapp
spec:
  hosts:
  - vmapp.example.com
```

```
location: MESH_INTERNAL
ports:
- number: 80
  name: http
  protocol: HTTP
  targetPort: 8080
resolution: DNS
workloadSelector:
  labels:
    app: vmapp
```

以上就是 Istio 中和流量管理相关的几个自定义资源。可以看出，通过这几个资源对象，我们可以很方便地管理服务网格内、服务网格外、服务网格边界、服务网格整体的流量，如图 4-5 所示。

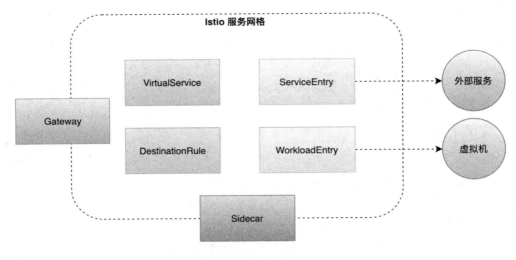

图 4-5

4.3.2 基于 Istio 的流量管理实践

我们开发的核心业务系统是一个在线视频广告投放平台。从 2017 年开始，团队将原来基于 Ruby 的单体应用改造成了基于 Golang 的微服务应用。随后的几年，系统逐渐完成了容器化、上云、引入服务网格和微服务计算等技术改造，最终转变成了一个典型的云原生应用。目前的应用中包括近百个微服务，超过 2000 个 gRPC 接口，每天要处理上亿个请求。随着服务的增多，治理和流量管理的需求越来越强烈，服务网格成为首选的解决方案。

1. 引入服务网格作为流量管理基础设施

引入服务网格进行流量管理主要有以下几点原因。

- **缺少流量管理和服务治理能力**：在进行微服务改造时，我们会借助典型的"绞杀"方式，即快速构建一个服务，然后将相应的业务流量导过来，以增量方式让新系统逐渐替代旧系统，最终完成整个流量的迁移。这种方式最大的好处是，可以快速上线微服务并提供业务功能，适用于想要快速完成技术栈更新的团队。但这个方案的缺点也很明显，它是一种自底向上的构建方法，缺少统一的、通用的微服务架构或通用中间层，各个服务都优先实现业务逻辑，再逐渐抽取共性能力形成架构。因此，应用缺少完善的服务治理能力，每个服务会根据自己的需求选择不同的设计方案去实现非功能性需求。这在一定程度上造成了代码的重复和人力资源的浪费。随着服务越来越多，这种不一致给维护也带来了诸多困难。在这种情况下，引入服务网格成了解决这一问题的首选项。

- **缺少全链路追踪和服务监控能力**：我们系统最大的特点就是业务非常复杂，服务之间通信频繁，很多业务链路需要多个服务参与才能完成。这就导致出现问题时调试变得十分困难。我相信很多开发者都遇到过类似的场景，比如，某个用户在使用系统时出现了问题，服务 A 的开发者调试后发现是调用服务 B 的时候出错了，而服务 B 的开发者调查后发现是调用服务 C 的时候有问题，链路越长，这样的问题就越难溯源。如果没有一个完善的链路追踪系统，而只通过日志排查问题，效率会非常低。另外，我们对服务也没有多方面的监控手段，现有的监控指标等内容还只基于原来的单体应用，我们急需构建一整套监控手段来观察服务在各方面的状态。服务网格在可观察性方面提供的整合能力恰恰给我们提供了便利。

- **技术栈单一，没有历史包袱**：我们的微服务应用并不是一个异构系统（目前也逐渐引入了无服务器计算等技术），也不像业内很多公司已经使用了 Spring Cloud 这样的微服务框架，因此不需要考虑从框架迁移到服务网格的成本。另外，我们也没有额外的存量服务，不需要考虑服务注册和服务发现的整合问题。应用中的服务全部被容器化并部署在 Kubernetes 集群中，这使得引入服务网格变得水到渠成。

基于以上几点原因，我们选择了使用服务网格来完善系统架构，满足现有对服务治理和流量管理的需求。关于是否需要使用服务网格，我们的建议是，从需求出发，评估它是否能解决你的痛点问题，同时还要考虑接入成本。如果你的系统中已经有比较成熟的服务治理方案，或者没有太多痛点问题，就没必要进行技术栈更新，新技术不仅有成本，还很可能引入新的问题。

2. 流量应用场景

应用主要会产生以下三种流量。

- **外部流量**：其实就是来自公司外部的请求，从公网经过网关等设备进入应用，如图 4-6 中的 example.com。应用对外暴露两种外部流量，一种是网页端的请求，客户通过 Web 页面使用我们的应用，然后发送请求到后端微服务。另一种就是对外的开放 API，也称为 OpenAPI，这是一系列 RESTful API。客户可以在自己的系统里直接调用 API 来使用系统提供的功能。

- **应用内部流量**：即微服务应用内部服务之间的流量，如图 4-6 中的 app.svc.cluster.local。一般来说，这是微服务应用最大的流量来源，因为服务之间的交互要远多于服务与外界的交互。管理服务之间的通信也是服务网格最核心的职责。显然，内部流量的复杂度会随着服务数量的增加而增加，因为服务交互的网络拓扑形态变得更复杂了。通常也是因为系统缺乏对这部分流量的管理，才需要考虑引入服务网格。

- **跨系统流量**：这种流量来自公司内部其他系统对微服务应用的调用，比如图 4-6 中的 cross-team.example.com。数据团队有一个数据服务系统，需要调用业务团队的微服务应用，这种请求对于微服务应用来说是外部请求，而对于整个公司或组织来说又只产生内部流量，只不过跨系统而已。

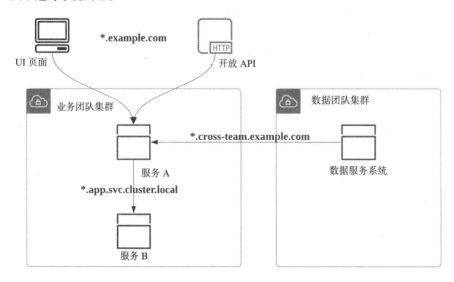

图 4-6

以上三种流量本质上可以归纳为东西流量和南北流量，一般情况下，每个应用中都会有类似的请求场景,产生对应的流量。

3. Istio 的部署和网络拓扑结构

了解了请求来源后,我们再来看看应用的网络拓扑结构。图 4-7 展示了一个相对完整的请求链路和主要的网络设备。以外部流量为例,用户调用系统的 OpenAPI,请求先经过 AWS 的 API 网关,在这里执行鉴权相关操作,然后被转发到应用所在的 Kubernetes 集群(AWS EKS 集群)。在应用的边界存在一个 Istio 入口网关,它是一个业务网关,负责根据 URL 前缀将请求转发到对应的业务服务中。

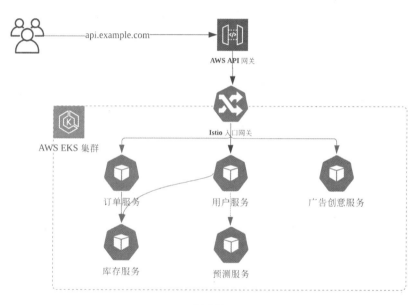

图 4-7

再来看看 Istio 的部署结构,如图 4-8 所示。

默认情况下,Istio 会被安装到 Kubernetes 集群的 istio-system 命名空间下,这里面最核心的是 Istiod 服务,即我们通常所说的控制平面。为避免单点问题,我们启动了 6 个 Istiod 实例做负载均衡。

另一个重要的组件就是上面提到的 Istio 入口网关(ingress gateway),它本质上是 Kubernetes 中类型为 LoadBalancer 的 Service 对象。为了能分别管理外部流量和公司内部的跨系统流量,我们部署了两个不同的入口网关。如果需要使用可观察性相关功能,也可以部署对应的组件,比如 Istio 自带的网格监控工具 Kiali。其他的指标收集、日志收集等功能直接使用已有的服务实现,进行配置对接即可。

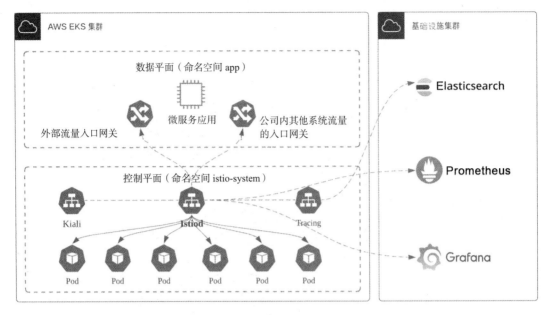

图 4-8

相比控制平面来说，数据平面的组成就简单多了，它包括了组成应用的微服务集合，以及对应的 Sidecar 代理。Sidecar 是不需要手动添加到 Deployment 配置中的，只需要给应用所在的命名空间添加 istio-injection=enabled 标签就可以在 Pod 启动时自动注入 Sidecar 代理。到这里为止，一个服务网格就算基本搭建完成了，应用已经具备了服务网格所提供的特性，剩下的就是根据需求以声明式方式来使用这些功能并实现流量管理。

4. 路由配置示例

服务网格搭建好后，接下来就是利用它进行流量管理。首先要解决的问题是如何通过服务网格进行路由，即在服务网格的加持下将请求转发到正确的地址，这也是最基本的使用场景。我们会用上面所说的外部流量和内部流量两个场景来展示如何进行路由配置。

（1）外部流量配置

对于外部流量，一般需要创建两个 Istio 对象：入口网关和虚拟服务。入口网关用来定义请求流量的入口，以及监听的协议、端口等信息，而它对应的虚拟服务用来实现具体的路由规则。

还是以上面提到的内容为例，用户发送一个 URL 为 api.example.com/orders/1 的请求来获取订单编号为 1 的数据。显然这个 API 是由订单服务提供的。为了让请求能够找到订单服务，我们先定义一个入口网关对象 outside-gateway，它负责监听*.example.com 域名的 HTTP 请求，具体定义如下。

```yaml
apiVersion: networking.istio.io/v1alpha3
kind: Gateway
metadata:
  name: outside-gateway
spec:
  selector:
    istio: ingressgateway
  servers:
  - port:
      number: 80
      name: http
      protocol: HTTP
    hosts:
    - "*.example.com"
```

定义好入口网关后，可以通过 kubectl apply 命令创建入口网关对象，然后就可以在集群中看到已经生成的对象了。

```
$ k get gateway
NAME                AGE
outside-gateway     6s
```

前面我们介绍过，入口网关只提供对访问入口的定义，具体的路由规则需要通过虚拟服务来实现。接下来我们定义一个和网关对应的虚拟服务。

```yaml
apiVersion: networking.istio.io/v1alpha3
kind: VirtualService
metadata:
  name: vs-for-outside-gateway
spec:
  hosts:
  - "*.example.com"
  gateways:
  - outside-gateway
  http:
  - match:
    - uri:
        prefix: /orders
    route:
    - destination:
        host: orders.app.svc.cluster.local
        port:
          number: 9080
...
```

虚拟服务是通过 gateways 字段和网关对象绑定的，将其设置为对应的网关名称即可。hosts 字段表示，域名是*.example.com 的请求路由都由它负责。接下来我们用 match 字段做一个简单的匹配规则，即 URL 中有 orders 字样的请求，它们的目标地址是 destination 字段中的 host 地址，即具体的订单服务名称。也就是说，匹配了这个规则的请求会被转发到订单服务的 9080 端口。到这里，一个来自外部的请求就可以通过入口网关被路由到集群内部的微服务中了。上面的代码只是服务配置部分的代码，原则上微服务应用只要有对外暴露的 API，就都需要在这个虚拟服务中定义路由规则，当然，也可以划分多个配置单独处理每个服务。

（2）服务间通信（内部流量）配置

相对而言，服务间通信的配置要简单一些，不需要入口网关的参与，只创建虚拟服务对象即可。如果没有流量管理需求甚至不需要创建虚拟服务，请求会基于 Kubernetes 的服务发现机制进行转发。如果有流量策略需求，可以再添加一个匹配的目标规则（DestinationRule）。下面的代码是一个最基本的路由配置示例，虚拟服务 vs-order 没有做任何流量管理，只单纯地将请求指向订单服务的 9080 端口。

```
apiVersion: networking.istio.io/v1alpha3
kind: VirtualService
metadata:
  name: vs-order
spec:
  hosts:
  - orders
  http:
    route:
    - destination:
        host: orders
        port:
          number: 9080
```

如果仅用 Istio 来实现这种基本的路由，就有点大材小用了。在真实的应用场景中，我们肯定会用到更高级的特性。例如下面的示例，我们通过定义虚拟服务和目标规则对象实现了一个按类型分发请求的功能。头信息中有 version=v2 的请求会被转发到服务的 v2 版本。服务的版本以子集信息形式被定义在目标规则中，集群中将部署两个版本的服务并添加对应的标签信息。

```
apiVersion: networking.istio.io/v1beta1
kind: VirtualService
...
spec:
  hosts:
  - orders
  http:
```

```
    - match:
      - headers:
          version:
            exact: v2
      route:
      - destination:
          host: orders
          subset: v2
    - route:
      - destination:
          host: orders
          subset: v1
---
apiVersion: networking.istio.io/v1alpha3
kind: DestinationRule
metadata:
  name: orders
spec:
  host: orders
  subsets:
  - name: v1
    labels:
      version: v1
  - name: v2
    labels:
      version: v2
```

上面是一个典型的请求分发示例，稍做修改就能扩展出很多功能，比如通过添加 weight 字段实现按比例分发流量，即所谓的灰度发布。

可以看到，Istio 的流量管理完全是以云原生的方式实现的，通过声明式配置来定义控制逻辑，完全不需要在应用层面做任何修改。这些配置可以根据需要合并到部署服务的 Helm Chart 里统一管理。需要注意的是，Istio 官方建议不同的服务应该管理自己的配置，这样可以避免路由定义出现冲突。不过现实中服务网格一般都是由专门的运维或基础设施团队维护的，由他们统一管理也是合理的，毕竟不是每个业务开发团队都熟悉服务网格技术。配置一旦出错会导致请求路由异常，所以我们的经验是，配置的维护要根据团队的自身情况来决定。

上面介绍了路由配置，关于超时、熔断等服务治理相关内容，我们会在 4.4 节介绍。另外，在可观察性方面我们也积累了一些经验，在日志、指标和追踪方面都有应用，这部分内容会在本书的第 7 章详细介绍。

4.3.3 常见落地问题与调试

故障排查是无论使用哪种技术都可能面对的问题。对于服务网格来说，Sidecar 代理的引入使得请求的转发次数增加，调试难度也相应增加了。本节会基于我们的落地经验来介绍如何调试服务网格并解决使用过程中出现的问题。

1. 常见问题总结

笔者总结了几个在服务网格使用过程中容易遇到的问题，具体如下。

（1）对应用有要求和限制

尽管 Isito 这样的服务网格对应用是透明的，但不代表在使用时没有任何限制。如果应用是部署在 Kubernetes 集群上的，需要注意 Istio 对 Pod 的设置有一些要求。笔者列举了容易出现问题的几项。

- Pod 必须属于某个 Kubernetes Service 对象。这一点很容易理解，因为请求转发是基于 Service 对象的，而不是基于 Pod 的。另外，如果一个 Pod 属于多个 Service 对象，则不同协议的服务不能使用相同的端口号。这也很容易理解，Sidecar 代理没有办法将指向同一个端口的请求发送给不同的服务。

- Pod 必须添加 app 和 version 标签。Istio 官方建议应该显式配置这两个标签，app 标签（应用标签）用于添加分布式追踪中的上下文信息，version 标签（版本标签）用于区别服务的不同版本。这也很容易理解，像蓝绿部署、灰度发布这样的功能都需要基于版本进行流量切分。

- 端口命名规则。在 Istio 1.5 之前，Service 对象的端口名必须以协议名作为前缀。这是因为 Istio 想要管理 7 层流量就必须知道协议，然后根据协议实现不同的流量管理功能。而 Kubernetes 的资源定义中是不包含 7 层协议信息的，所以需要用户显式声明。不过这个问题在之后的版本中已经解决了，Istio 已经可以自动探测 HTTP 和 HTTP/2 两种协议。另外，在 Kubernetes 1.18 以上版本中，也可以在 Service 对象中添加 appProtocol: <protocol>字段以实现协议声明。

- 非 TCP 的协议无法被代理。Istio 支持任何基于 TCP 的协议，如 HTTP、HTTPS、gRPC 及纯 TCP。但是非 TCP 的协议，比如 UDP 请求就无法被代理。当然请求还是能正常运行的，只是不被 Sidecar 拦截而已。

除了对 Pod 的这些要求，还有一些其他限制，比如不能占用 Istio 默认的端口，这些端口大部分都是以 150XX 开头的，需要注意。

(2) 503 错误

使用服务网格后出现 503 错误是一个很常见的问题,想找到根本原因也比较困难。这是因为,原本服务 A 访问服务 B 的直连请求因使用 Sidecar 代理会增加两次转发,找到请求出现问题的断点有一定难度。一般的排查思路是,通过 Envoy 代理的日志信息进行分析。Envoy 日志中有一个重要的字段 RESPONSE_FLAGS,当请求异常时,这个字段就会显示相应的错误标识。对于 503 错误来说,主要有以下几种标识。

- UH:上游集群中没有健康的主机节点。
- UF:上游服务连接失败。
- UO:上游服务熔断。
- LH:本地服务健康检查失败。
- LR:本地连接重置。
- UR:上游远端连接重置。
- UC:上游连接关闭。

比如下面这个例子,日志中的错误标识是 UH,这代表上游集群中没有健康的主机节点。调查后发现是因为订单服务部署出现了问题导致启动失败,即服务端点列表中没有可用的 Pod。

```
[2021-05-11T08:39:19.265Z] "GET /orders/1 HTTP/1.1" 503 - "UH" 0 178 5 5 "-" ...
```

一般情况下我们可以通过错误标识了解大致的出错原因。如果还不能找到问题的根源,可以通过日志里的上下游五元组信息来进一步分析。图 4-9 展示了五元组模型。

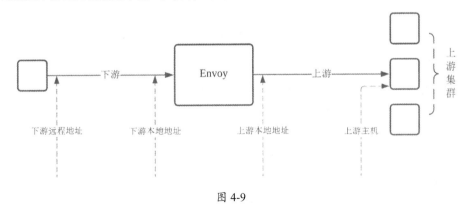

图 4-9

这五个字段(下游远程地址、下游本地地址、上游本地地址、上游主机、上游集群)在 Envoy

日志中是非常重要信息，可以作为我们判断请求断点的依据。

（3）路由未配置导致404错误

如果请求出现了404错误，并且在日志的错误标识中出现了NR，则代表是路由配置有问题。首先要检查是不是虚拟服务和对应目标规则的配置有问题。还有一种可能就是遇到了配置下发顺序问题。比如我们在虚拟服务中定义了请求要路由到v1版本，该版本的子集定义在对应的目标规则对象中。如果通过 kubectl apply 同时创建这两个对象就有可能出现问题。原因是Istio在下发配置的时候只保证最终一致性，在这个过程中很可能先下发了虚拟服务的配置，而它依赖的目标规则还没有生效，这就会导致在一段时间内请求报错，如图4-10所示。

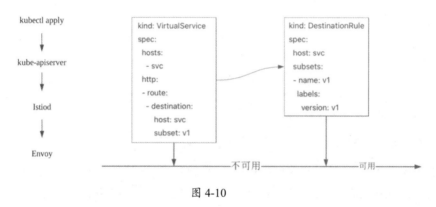

图 4-10

不过这个问题是可以自愈的，等配置都生效后就恢复正常了。要避免此类问题也很简单，就是让依赖项先完成创建，具体如下。

- 创建时：先创建目标规则，再创建引用子集的虚拟服务。

- 删除时：先删除对子集有引用的虚拟服务，再删除目标规则。

（4）超时嵌套问题

Istio提供了超时、重试这样的弹性机制，并且对应用是透明的。也就是说，应用程序不知道Sidecar代理是否在使用这样的弹性功能。一般情况下，这并不会有什么问题，但是如果在应用程序中也添加了超时这样的特性，就需要注意，设置不当可能会发生冲突，即出现超时嵌套的问题。例如，你在应用程序内设置了一个超时，它对其他服务的API调用的超时时间为2s。引入服务网格后，在虚拟服务中又增加了一个3s的超时并设置了重试。一旦请求响应超过2s，应用程序中的超时机制就开始工作了，这会导致虚拟服务里的配置失去效果。虽然Istio提供了几种故障恢复的特性，但原则上应用程序还是需要处理故障或错误的，并采取适当的降级操作。例如，当负载均衡池中的所有实例都失败时，Sidecar 代理会返回一个"HTTP 503"错误。应用程序需要实现能处理这一错误的回退逻辑，比如返回一个友好的错误信息，或者转到其他页面等。

实际开发中遇到的问题远比列举的多得多，除了平时要注意总结经验，通过日志及监控进行分析时还要借助调试工具完成故障排查，下面具体介绍。

2. 调试工具与方法

Istio 提供了功能丰富的命令行工具，可以分别对控制平面和数据平面进行调试。

（1）istioctl 命令行工具

Istio 在最近的几个版本中一直在对命令行工具 istioctl 做改进，以提供更有用的功能。下载 Istio 的安装包后可以在 bin 目录中找到它，不需要安装就可以使用，目前（基于 1.9.2 版本）的命令行有以下功能，我们挑几个比较重要的介绍。

```
Istio configuration command line utility for service operators to
debug and diagnose their Istio mesh.

Usage:
  istioctl [command]

Available Commands:
  analyze         Analyze Istio configuration and print validation messages
  authz           (authz is experimental. Use `istioctl experimental authz`)
  bug-report      Cluster information and log capture support tool.
  dashboard       Access to Istio web UIs
  experimental    Experimental commands that may be modified or deprecated
  help            Help about any command
  install         Applies an Istio manifest, installing or reconfiguring Istio on a cluster.
  kube-inject     Inject Envoy sidecar into Kubernetes pod resources
  manifest        Commands related to Istio manifests
  operator        Commands related to Istio operator controller.
  profile         Commands related to Istio configuration profiles
  proxy-config    Retrieve information about proxy configuration from Envoy [kube only]
  proxy-status    Retrieves the synchronization status of each Envoy in the mesh [kube only]
  upgrade         Upgrade Istio control plane in-place
  validate        Validate Istio policy and rules files
  verify-install  Verifies Istio Installation Status
  version         Prints out build version information
```

a. istioctl proxy-status：这条命令是用来检查 Sidecar 代理配置的同步状态的。用户编写的配置需要通过 Istiod 下发给代理，这需要一个过程，特别是集群比较大的时候。通过这条命令就可以查看配置是否已经同步给了 Envoy 代理。若出现下面的输出结果就表示配置已经同步给了所有的代理。

如果出现了 NO SENT 或 STALE 关键字就说明下发出现了问题。

```
$ bin/istioctl proxy-status
NAME                                           CDS       LDS       EDS       RDS
details-v1-79f774bdb9-wvrj2.default            SYNCED    SYNCED    SYNCED    SYNCED
productpage-v1-6b746f74dc-6wfbs.default        SYNCED    SYNCED    SYNCED    SYNCED
reviews-v1-545db77b95-v44zz.default            SYNCED    SYNCED    SYNCED    SYNCED
...
```

另外，也可以直接在命令后面加上具体的 Pod 名称，验证它的 Sidecar 代理的配置是否和 Istiod 是一致的。

```
$ bin/istioctl ps productpage-v1-6b746f74dc-6wfbs.default
Clusters Match
--- Istiod Listeners
+++ Envoy Listeners
...
Routes Match (RDS last loaded at Tue, 11 May 2021 16:39:29 CST)
```

b. istioctl proxy-config：配置不同步的问题其实很少发生，大部分问题还是因为配置出错。通过 proxy-config 可以查看配置的详细内容，通过子命令可以分别查看集群、端点、路由、监听器等信息。下面的输出展示了 Pod 的路由配置情况，使用 JSON 格式输出信息能将信息展示得更全面。

```
$ bin/istioctl proxy-config route productpage-v1-6b746f74dc-6wfbs.default
NAME        DOMAINS                              MATCH           VIRTUAL SERVICE
80          httpbin.org                          /*
80          istio-ingressgateway.istio-system    /*
80          tracing.istio-system                 /*
8000        httpbin                              /*
9080        details                              /*
9080        productpage                          /*
...
```

c. istioctl verify-install：该命令能验证 Istio 的安装状态，确保 Istio 运行正常，推荐在安装完成后执行该命令。

```
$ bin/istioctl verify-install
1 Istio control planes detected, checking --revision "default" only
...
✔ CustomResourceDefinition: destinationrules.networking.istio.io.istio-system checked successfully
✔ CustomResourceDefinition: envoyfilters.networking.istio.io.istio-system checked successfully
✔ CustomResourceDefinition: gateways.networking.istio.io.istio-system checked successfully
✔ CustomResourceDefinition: serviceentries.networking.istio.io.istio-system checked successfully
```

```
✔ CustomResourceDefinition: sidecars.networking.istio.io.istio-system checked successfully
✔ CustomResourceDefinition: virtualservices.networking.istio.io.istio-system checked
successfully
...
```

d. bin/istioctl analyze：这条命令也很有用，可以帮助分析服务网格中有什么配置问题。比如下面的分析结果指明当前 Pod 中的 Sidecar 代理版本和注入配置里的不一致，同时提示可能是因为升级了控制平面的原因。

```
$ bin/istioctl analyze
Warning [IST0105] (Pod details-v1-79f774bdb9-wvrj2.default) The image of the Istio proxy
running on the pod does not match the image defined in the injection configuration (pod image:
docker.io/istio/proxyv2:1.9.2; injection configuration image:
docker.io/istio/proxyv2:1.8.1). This often happens after upgrading the Istio control-plane
and can be fixed by redeploying the pod.
```

（2）控制平面自检页面 ControlZ

Isito 提供了一系列的仪表板页面，用来以可视化的方式查询服务网格的运行情况。我们可以通过命令行工具中的 dashboard 参数打开对应的仪表板。

```
$ bin/istioctl d
Access to Istio web UIs

Usage:
  istioctl dashboard [flags]
  istioctl dashboard [command]

Aliases:
  dashboard, dash, d

Available Commands:
  controlz    Open ControlZ web UI
  envoy       Open Envoy admin web UI
  grafana     Open Grafana web UI
  jaeger      Open Jaeger web UI
  kiali       Open Kiali web UI
  prometheus  Open Prometheus web UI
  zipkin      Open Zipkin web UI
```

从输出结果中可以看到，大部分仪表板都和可观察性工具有关，如 Prometheus、Grafana 等，这些通用的工具我们略过不表，这里只介绍和调试有关的 ControlZ 自检页面。

ControlZ 页面本质上是 Isito 控制平面的信息汇总页面，通过命令 bin/istioctl d controlz <istiod pod name>.istio-system 可以打开它，如图 4-11 所示。首页中显示了 Process Name（进程名称）、Heap Size

（当前堆大小）、Num Garbage Collections（GC 次数）、Current Time（当前时间）、Hostname（Host 名）及 IP Address（IP 地址）等信息，并且是实时刷新的，通过这些信息可以对 Istio 的运行状态有一些基本了解。其中比较有用的是在 Logging Scopes 选项中修改组件日志的输出级别。

图 4-11

（3）调试 Envoy 代理

上文提到，ControlZ 是控制平面的自检页面，Isito 同样也提供了 Envoy 管理页面作为数据平面的信息检查工具。该页面中显示了目前 Envoy 可用的管理 API 接口，有超链接的是 GET 请求，可以直接查看返回结果，其他的接口都需要通过发送 POST 请求才能执行。通过命令 bin/istioctl d envoy <pod name>.<namespace> 可以打开 Envoy 管理页面，如图 4-12 所示。

Command	Description
certs	print certs on machine
clusters	upstream cluster status
config_dump	dump current Envoy configs (experimental)
contention	dump current Envoy mutex contention stats (if enabled)
cpuprofiler	enable/disable the CPU profiler
drain_listeners	drain listeners
healthcheck/fail	cause the server to fail health checks
healthcheck/ok	cause the server to pass health checks
heapprofiler	enable/disable the heap profiler
help	print out list of admin commands
hot_restart_version	print the hot restart compatibility version
init_dump	dump current Envoy init manager information (experimental)
listeners	print listener info
logging	query/change logging levels
memory	print current allocation/heap usage
quitquitquit	exit the server
ready	print server state, return 200 if LIVE, otherwise return 503
reopen_logs	reopen access logs

图 4-12

首先，最常用的依然是 logging 选项。生产环境的日志级别一般都设置得比较高，如果要查看 Sidecar 的请求信息就需要修改日志级别。比如通过下面的命令来设置 Envoy 的输出日志，然后进入 Envoy 对应的容器就能查看与请求相关的详细调试日志。

```
$ curl -X POST http://$URL:15000/logging?level=debugactive loggers:  admin: debug   aws: debug
assert: debug  backtrace: debug  ...
$ k logs -f productpage-v1-6b746f74dc-6wfbs -c istio-proxy[2021-05-11T08:38:41.625Z] "GET
/productpage HTTP/1.1" 200 - "-" 0 4183 28 28 "192.168.65.3" "Mozilla/5.0 (Macintosh; Intel
Mac OS X 10_15_7) AppleWebKit/537.36 (KHTML, like Gecko) Chrome/89.0.4389.128 Safari/537.36"
"a149684d-48ba-9b1c-8e32-91a329fcb60b" "localhost" "127.0.0.1:9080" inbound|9080||
127.0.0.1:34380 10.1.0.70:9080 192.168.65.3:0
outbound_.9080_._.productpage.default.svc.cluster.local default...
```

通过 proxy-config 命令可以查看 Envoy 的配置信息，在管理页面中同样能够找到对应的接口。比如我们可以直接点击 config_dump 来查看完整的配置，也可以通过 clusters 和 listeners 选项查看对应的配置。

另外，我们还能发现两个和性能有关的接口：cpuprofiler 和 heapprofiler。当出现性能问题后，可以通过这两个接口打开对 CPU 和内存的监控开关，例如执行以下命令，然后对应的 prof 文件就会生成在默认的目录下。有了这个文件后就可以借助 pprof 等性能分析工具查看 CPU 的具体使用情况。

```
$ curl -X POST http://localhost:15000/cpuprofiler\?enable\=yOK
```

本节基于笔者的实践总结了一些相对常见的故障和调试方法，Istio 官方文档中有专门的运维相关资料，列举了更加全面的故障检查相关实践，如果读者在使用服务网格的过程中遇到了棘手的问题，不妨先去官方文档中查找答案。

4.4 使用 Istio 提升应用的容错能力

容错能力即容忍错误的能力，通常也称作弹性（Resilience），指一个系统在出现故障时的应对能力。比如能不能扛得住大流量，能不能保证一致性，能不能在出错后恢复过来。一根钢架很容易被压弯，而一条皮筋变形了也能恢复，就是因为皮筋具有弹性。对应用程序来说也是一样的，Istio 不仅可以帮助我们管理流量，还提供了几个故障恢复的特性，可以在运行时动态配置。这些特性确保了服务网格可以容忍一定的故障，并防止故障扩散。本节将介绍如何通过 Istio 来实现熔断、超时与重试。

4.4.1 熔断器

如果一个服务提供者在出现异常时没有响应，而服务调用者在毫不知情的情况下依然发送大量的请求，则很可能耗尽网络资源，从而拖垮服务调用者本身并导致级联故障。熔断就是为了防止这种灾难而被设计出来的，其原理也很简单：熔断器会监视服务提供者的状态，一旦发现出现异常且错误发生的次数达到了设定的阈值，就会触发熔断，新进来的请求会被直接阻断并返回错误，等过一段时间服务恢复正常后再继续放行，具体流程如图 4-13 所示。

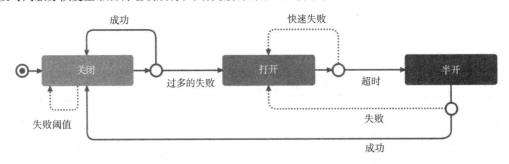

图 4-13

熔断和超时有一点类似，都是发生故障后触发快速失败的策略，熔断的优点是还会提供自动恢复的机制。其他领域的熔断也是如此，比如股市熔断后还会重新开市，航班熔断只是暂时禁飞，电闸熔断还会被重新接通。设计熔断器首先要关注熔断的三个状态。

- 关闭状态：熔断不生效，请求可以正常发送给服务提供者。
- 打开状态：发现服务异常，熔断器打开，阻断请求的访问。
- 半开状态：放一些请求过去，看看服务是否已恢复。

除了状态，还需要实现两个指标。

- 错误阈值：熔断触发的条件，比如调用服务连续出错的次数。
- 超时时钟：从打开状态转为半开状态的间隔时间。

Istio 里提供了熔断的功能，我们只需为需要熔断的服务添加声明式配置就可以实现熔断。在 4.3 节中我们简单提到了熔断需要在 DestinationRule 的 TrafficPolicy 里进行设置，这个对象中和熔断相关配置项有两个：ConnectionPoolSettings，即上游服务的连接池设置，可以应用于 TCP 和 HTTP 服务；OutlierDetection，即异常探测，用来跟踪上游服务中每个实例（在 Kubernetes 中是 Pod）的状态，适用于 HTTP 和 TCP 服务。对于 HTTP 服务来说，连续返回 5xx 错误的实例将从负载均衡池中被逐出一段时间。对于 TCP 服务，连接超时或连接失败将被认为是错误。OutlierDetection 的具体的配置项如表 4-2 所示。

表 4-2

字段	描述
consecutiveGatewayErrors	连续出现网关错误的次数。HTTP 的状态返回码是 502、503 或 504 时被定义为网关错误。TCP 的连接超时和连接错误/失败事件也被定义为网关错误。默认情况下（或设置为 0 时）表示禁用
consecutive5xxErrors	连续出现 5xx 错误的次数。TCP 连接超时、连接错误/失败和请求失败事件都被认为是 5xx 错误。默认值为 5，也可以设置为 0，表示禁用。该字段可以单独使用，也可以和上面的网关错误字段一起使用。由于网关错误也包含在 5xx 错误中，因此，如果前者的数值大于后者，则以后者为准。这两个错误字段实际上就是熔断器里的错误阈值
interval	再次对 Pod 健康状况进行分析与首次分析的时间间隔，格式为 1 h/m/s/ms，默认是 10s。该字段实际上是熔断器里的超时时钟，用来判断什么时候切换到半开状态
baseEjectionTime	实例被逐出负载均衡池的最短时间，该时间等于最短逐出时间和被逐出次数的乘积。这其实是一种指数退避策略，可以自动增加不健康实例被逐出的时间周期。格式为 1 h/m/s/ms，默认是 30s
maxEjectionPercent	最大逐出的百分比，默认是 10%。这个字段可以保障实例不被全部逐出负载均衡池
minHealthPercent	最小健康实例百分比。当负载均衡池中的健康实例百分比低于此值时，将不再进行离群探测。代理将在池中所有实例间进行负载均衡。和上一个字段类似，设置该字段也能避免服务中没有可用的实例。默认值是 0

ConnectionPoolSettings 是连接池管理的配置项，分为 TCPSettings 和 HTTPSettings 两种。

TCP 设置主要包括最大连接数（maxConnections）、连接超时时间（connectTimeout）、长连接（tcpKeepalive）等，HTTP 设置主要包括每个连接的最大请求数（maxRequestsPerConnection）、请求最大数（http2MaxRequests）、请求的最大等待数（http1MaxPendingRequests）等。需要注意的是，连接池的设置会对熔断的触发产生影响，比如将连接数设置为一个很小的值，熔断的错误阈值就很容易被触发。在使用时需要充分了解配置产生的后果。

我们用一个具体的示例来演示如何使用 Istio 的熔断器。以下是 DestinationRule 中熔断部分的配置代码。

```yaml
apiVersion: networking.istio.io/v1alpha3
kind: DestinationRule
metadata:
  name: dr-order
spec:
  host: order
  trafficPolicy:
    connectionPool:
      tcp:
        maxConnections: 1
      http:
        http1MaxPendingRequests: 5
        maxRequestsPerConnection: 5
    outlierDetection:
      consecutive5xxErrors: 10
      interval: 30s
      baseEjectionTime: 3m
      maxEjectionPercent: 100
```

这段配置代码中设置的错误阈值是 10，即连续出现 10 次 5xx 错误就会触发熔断。为了让熔断很容易发生，我们故意设置了一个很小的连接池，生产环境要根据自身情况酌情修改。配置更新并生效后，就可以用一些压测工具来测试熔断的执行情况了。这里我们使用官方推荐的压测工具 fortio，输入如下命令。

```
$ fortio load -c 5 -qps 0 -n 100 http://order:9080/1
```

输出结果如下。从输出中可以看到，在使用 5 个并发的时候出现了大量的 503 错误。

```
Starting at max qps with 5 thread(s) [gomax 6] for exactly 100 calls (20 per thread + 0)
20:32:30 W http_client.go:679> Parsed non ok code 503 (HTTP/1.1 503)
20:32:30 W http_client.go:679> Parsed non ok code 503 (HTTP/1.1 503)
20:32:30 W http_client.go:679> Parsed non ok code 503 (HTTP/1.1 503)
...
Code 200 : 11 (4.7 %)
Code 503 : 19 (95.3 %)
Response Header Sizes : count 100 avg 230.07 +/- 0.2551 min 230 max 231 sum 23007
Response Body/Total Sizes : count 100 avg 852.07 +/- 0.2551 min 852 max 853 sum 85207
All done 100 calls (plus 0 warmup) 5.988 ms avg, 331.7 qps
```

在 Envoy 代理中，熔断的指标是 upstream_rq_pending_overflow，我们可以进入代理所在的容器，通过 pilot-agent 命令找到这个指标，判断这些 503 错误是不是熔断导致的，命令如下。

```
$ kubectl exec "$FORTIO_POD" -c istio-proxy -- pilot-agent request GET stats | grep order | grep pending
```

输出结果如下。

```
cluster.outbound|9080||order.app.svc.cluster.local.upstream_rq_pending_overflow: 95
cluster.outbound|9080||order.app.svc.cluster.local.upstream_rq_pending_total: 100
```

从输出中可以看到，有 upstream_rq_pending_overflow 的值是 95，和 503 错误的数量相符。

熔断器有助于减少在可能失败的操作中被占用的资源，以避免调用端等待超时。但是，Istio 的熔断器与 Hystrix 相比并不完善，不能像后者那样在熔断发生后定义一个降级操作。因此在使用的时候需要考虑在熔断发生后应该做什么，或自己实现对应的回退逻辑。

4.4.2 超时和重试

本节我们将介绍如何设置超时和重试机制，以及使用时有哪些注意事项。

1. 超时

原则上对任何远程调用都应该设置超时机制，特别是跨多个进程的调用（即使这些进程位于同一个宿主机）。超时的实现并不难，难的是超时时间设置为多少才合适。过长的超时会降低其有效性，可能导致等待服务响应延迟，而且客户端资源在等待期间也会被消耗。而过短的超时又会导致不必要的失败，如果重试了太多次，会增加后端负载。笔者的经验是以服务的延迟指标作为参考值。首先需要统计出服务的延迟数据，可以通过请求日志分析出相应的结果；然后选择一个可接受的超时比例，比如 1%，相应地，我们所设置的超时时间应该是 P99 的延迟时间。当然这种方式也不是适用于所有情况的，比如不适合网络出现严重延迟的情况，或者基础设施服务出现问题的情况。还有一种情况是延迟的差距很小，比如 P99 和 P50 很接近，此时需要适当增加时间。

在 4.3 节中我们提到了 Istio 的超时设置非常简单，只需在虚拟服务中配置一个 timeout 字段即可。该字段的单位是秒（s），可以使用小数，比如设置成 0.5s。还需要注意超时只支持 HTTPRoute 配置项。默认情况下超时是关闭的，即如果要为某个服务添加超时特性，需要手动配置。下面的示例展示了为订单服务设置 2s 超时的过程。

```
apiVersion: networking.istio.io/v1alpha3
kind: VirtualService
metadata:
  name: vs-timeout
spec:
  hosts:
    - order
  http:
  - route:
```

```
    - destination:
        host: order
  timeout: 2s
```

然后我们可以通过 curl 命令来调用订单服务，从输出的日志可以看到，请求是由 Envoy 代理劫持的，并且延迟确实是 2s 左右。

```
$ k exec -it demo-557747455f-jhhwt -c demo -- curl -i order:9080/1
HTTP/1.1 200 OK
content-type: text/html; charset=utf-8
content-length: 1683
server: envoy
date: Tue, 18 May 2021 04:04:23 GMT
x-envoy-upstream-service-time: 2069 (ms)
```

也可以通过 pilot-agent 命令来查看超时的指标，如下。

```
$ kubectl exec "$ORDER_POD" -c istio-proxy -- pilot-agent request GET stats | grep timeout
cluster.order.upstream_cx_connect_timeout: 0
cluster.order.upstream_rq_per_try_timeout: 0
cluster.order.upstream_rq_timeout: 1
...
```

2. 重试

重试是在遇到网络抖动或随机错误时提高系统可用性的一种方法，但依然需要小心使用。客户端重试意味着它将花费更多的服务器时间来获得更高的成功率。在故障偶发的情况下这并不是问题，因为重试请求的总数很小。但如果故障是由过载引起的，重试反而会增加负载，导致情况进一步恶化。基于笔者的经验，重试在设计和使用上需要注意以下几点。

- 设置重试次数：重试背后的意义是，我们认为故障是暂时的，可以很快恢复，这样重试才有意义。因此，设置一个重试上限很有必要，可以避免产生不必要的负载。

- 回退策略：回退是降低重试负面作用的首选方案。客户端不会立刻重试，而是会在两次尝试之间等待一段时间。最常见的策略是指数回退，或者称为指数级退避，即每次尝试后的等待时间按指数级延长，比如第一次重试是 1s 后，第二次是 10s 后，以此类推。指数回退可能会导致回退时间过长，所以一般都要和重试次数配合使用。

- 幂等限制：只有 API 具有幂等性时，重试才是安全的。这样才能保证无论重试多少次都不会出现意想不到的结果。HTTP GET 这样的只读 API 通常都是幂等的，增删改这类 API 就不一定了。所以在使用重试之前一定要了解 API 是否具有幂等性。

- 小心多层级重试：分布式系统中一个业务的调用链路很可能比较复杂。如果每层调用都设置了重试策略，则在故障发生时可能导致重试机制根本无法正常工作。比如某个业务操作会级联调用 5 个不同的服务，假设每一层都要重试 3 次，那么到了第二层就会重试 9 次，第三层会重试 27 次，以此类推。因此合理的方案是在一个调用链中设置针对单个节点的重试。

- 负载：重试必然会导致负载的增加，因为请求数增加了。熔断是解决这一问题的主要办法，即通过快速失败将发送给服务提供者的请求完全阻断。
- 确定重试情况：需要确定哪些错误需要重试，哪些不需要；哪些 API 很重要，需要重试以提高可用性，哪些 API 即使出现问题也不会有太大影响。并不是所有的失败场景都需要重试，设置重试也需要合理权衡。

在 Istio 中可通过虚拟服务中的 HTTPRetry 配置项来实现重试，具体的字段如表 4-3 所示。

表 4-3

字段	描述
attempts	期望重试次数，默认间隔是 25ms。但实际的重试次数和 perTryTimeout 及超时的设置值有关。例如，服务设置了超时的值是 5s，重试次数设置为 3 次，每次的超时时间为 2s。那么如果服务在 5s 内没有响应，则还没有执行第 3 次重试时，5s 的超时设置就会生效，直接返回失败
perTryTimeout	每次重试的超时时间，单位是 1h/1m/1s/1ms，默认值和超时值一致
retryOn	重试发生的条件，多个条件通过逗号分开。针对 HTTP 的一些常见选项有 5xx、gateway-error、reset、connect-failure，与 gRPC 相关的有 cancelled、deadline-exceeded、unavailable 等
retryRemoteLocalities	这是一个布尔值，用于指定重试是否应指向其他位置。该字段通常和 Envoy 的超时插件配合使用

下面的示例展示了为订单服务设置一个重试机制的过程，在系统出现 5xx 等错误的时候触发。可以查看服务的日志以确定重试是否生效。同样地，也可以通过查看重试的指标 upstream_rq_retry 来确定重试次数。

```
apiVersion: networking.istio.io/v1alpha3
kind: VirtualService
metadata:
  name: vs-retry
spec:
  hosts:
    - order
  http:
```

```
    - route:
      - destination:
          host: order
      retries:
        attempts: 3
        perTryTimeout: 2s
        retryOn: 5xx,gateway-error,reset
```

尽管在使用上有一些限制，但重试仍然是一种重要的提高系统可用性的弹性机制。需要记住的一点是，重试是客户端根据自身情况做出的判断，也是让服务端花费更多资源来处理请求的一种方法。如果客户端无节制地使用重试机制，则很可能造成更多问题，因此需要谨慎使用。

4.5 本章小结

本章我们主要介绍了如何通过 Istio 提供的能力来管理微服务应用的流量。在 4.1 节，我们介绍了流量的两种类型：南北流量和东西流量，它们分别代表了外界进入应用的流量和应用内部服务之间的流量。同时，我们提出以服务网格作为云原生时代下首选的流量管理解决方案。4.2 节分析了迁移到云上之后服务发现机制的变化。最后的两节详细介绍了 Istio 服务网格的核心自定义资源，以及如何使用它实现路由、熔断、超时重试等流量管理机制。

从架构演变的情况来看，服务网格这种透明的、以声明式配置方式实现流量管理的方案已经成为架构中重要的基础设施。在构建云原生应用的过程中，笔者建议将它作为首要的技术选型方案并考查其适用性。

第 5 章
分布式事务

随着软件系统从单体时代迈向微服务和云原生时代,以及数据库选型呈现去中心化、异构化的趋势,之前构建在单体应用和单个传统关系数据库上的 ACID 事务,在分布式系统和多元化的数据库上能否实现相同的功能呢?在实践中会面临哪些问题,又有哪些注意事项呢?本章将围绕分布式事务这一技术方向向各位读者介绍我们的最佳实践。

5.1 分布式事务的挑战

本节将从架构和业务变化的角度入手,介绍分布式事务的背景及相关概念,包括 ACID、CAP、BASE 等。

5.1.1 从事务到分布式事务

在软件系统业务和架构不断变化的过程中,难免出现业务模型和数据存储模型无法对齐的情况。这是事务出现的前提。单体应用时代得到广泛研究和普遍应用的是传统的 ACID 事务,而分布式事务则是在微服务背景下日益突出的一个工程学问题。

1. 业务变化

软件系统为了实现一定的业务功能,会将现实世界中的人、事、物进行抽象表示,将其映射为软件系统中的模型。借用系统论的思路,一个通用的业务模型可以按照以下步骤来构建。

- 定义系统中存在哪些实体,实体上有哪些属性。比如对于一个交易系统而言,买家、卖家、订单、交易商品都是实体,而对于订单这个实体,其可能会具有交易时间、成交价格等属性。

- 定义实体之间的各种拓扑关系，例如从属、嵌套、多对多。比如买家和卖家之间是多对多关系，交易商品和订单之间是从属关系。
- 定义实体和属性的动态关系，即系统流程。为了记录和追踪系统的变化，让系统的行为变得易于理解和复盘，通常会将流程抽象为一组实体上几个关键属性的变化，这些变化又可以细分为状态（关键属性的取值，通常是有限和离散的值）、转移（哪些状态可以变为哪些状态），以及条件（满足何种约束才能实现状态的转移）。比如系统中一笔交易从下单到确认收货就是一个流程，由订单这个实体的状态变化来驱动，而订单的状态转移需要满足一些条件，比如库存充足。

前两步可以用系统的"实体-关系图"来表征，它能表示系统在任何一个时间节点的所有可能状态。第三步可以用系统的流程图和"状态-转移图"来表征，它表示系统随着时间推移（或事件发生顺序）的变化规律。

需要特别指出的是，在设计系统的"状态-转移图"时，通常要求不同状态之间是"互斥完备"（mutually-exclusive, collectively-inclusive）的，也就是说，系统在任何时间点都处于某种既定的状态下，而且不能同时处于两种状态下。只有这样，"状态-转移图"才能完整而正确地表征系统的所有可能状态和变化规律。

但是正如前面章节中所说的，软件设计中唯一的不变量就是变化，而业务模型通常是最容易产生变化的部分。和业务建模的步骤对应，业务模型的变化通常体现在以下方面。

- 系统中的实体、属性种类增减，比如买家实体细分为个人和商户，订单实体上增加了结算方式和收货地址等属性。
- 实体拓扑关系改变，比如订单可以拆分为子订单、打包订单。
- 流程变更，比如下单之前需要增加锁定库存的步骤。

此外，即使系统中的实体和关系不变，某类实体和关系的数量也可能发生变化，比如可交易商品的数量突然增加到原来的 100 倍，或者每日新增订单的数量突然增加到原来的 10 倍。

2. 架构变化

软件系统的商业价值虽然体现在能实现某些功能上，但实现这些功能的前提是先满足与具体业务无关的一些基本需求，比如稳定性、可扩展性、并行开发效率、能耗效用比等。伴随着数据体量和功能复杂度的上升，支撑研发的技术架构和工程方法论也在不断演化和革新。

软件系统遵循计算机学先驱冯·诺伊曼提出的计算-存储架构，其中大部分的组件都是无状态或易失状态的计算单元，只有少量的组件负责将数据"落盘"。负责存储这些组件的就是数据库，而其他读写数据的计算组件可以看作数据库的客户端。数据存储模型的设计，基本等价于数据库的设计，其内容包括数据存储结构、索引结构、读写控制等。

在传统的单体应用时代，软件系统通常使用单一的关系数据库（RDBMS）：一个软件系统对应一个数据库，一种实体对应一张表，实体上的属性对应表中的字段，通常为了确保业务模型数据的一致性，还会尽量减少冗余的存储表和字段，形成了所谓的数据库设计范式。

而在微服务的背景下，整个软件系统不再受限于使用单一数据库，为了满足多样化索引和查询数据的需求，每个服务甚至可以选择使用若干专精于某些领域的特殊数据库，例如以 Apache Solr 和 Elasticsearch 为代表的搜索引擎（Search Engine），又如以 Amazon DynamoDB 和 MongoDB 为代表的、能够分布式存取海量数据的 NoSQL 数据库。

3. 事务

综上所述，软件系统面临着两个方向的变化：一方面，业务变化驱动业务模型不断迭代，势必在某种程度上导致数据存储模型的变化，也就是数据库表、字段、索引和约束的增减，以及业务模型到存储模型的映射关系的改变；另一方面，非功能性的需求持续推动着技术架构和工程方法论的演进，使得数据库的选型变得更加多元化和去中心化。

为了适应这两方面的变化，在服务边界不断调整的过程中，业务模型的状态和存储模型的状态产生了分歧，不能一一对应的情况似乎难以避免。例如，买家付款之后，需要完成商品库存扣减、买卖双方账户余额增减、修改订单状态为已支付等一系列变更，也就是业务模型要从待支付状态转移到已付款状态，库存表、订单表乃至更多相关表上的多个字段的值都需要改动。再如，为了提高用户从浏览到购买的转化率，可将之前多步骤的下单过程改为一步创建，相当于业务模型的状态数量缩减合并，因此数据存储模型必须进行相应的调整。

软件系统为了保证业务模型上状态的互斥完备性，势必要求存储模型的状态也是互斥完备的：从数据库的角度讲，数据库中某些表上的某些字段必须同时变化；而从数据库客户端的视角来看，对数据库进行一组写入操作，要么都生效，要么都不生效。这种约束其实就是事务（Transaction）。

5.1.2 ACID：传统意义上的事务约束

在传统关系数据库中，一批数据操作同时成功、同时失败的约束被称为事务，它包含四方面的内容，英文缩写为 ACID。

- A（Atomicity，原子性）：在一组数据操作中，如果其中某步操作失败，之前的操作也要回滚，不允许出现部分成功部分失败的情况。

- C（Consistency，一致性）：数据操作符合某种业务约束。这个概念来源于财务对账领域，拓展到数据库设计上的含义比较模糊，众说纷纭。甚至有资料说 C 是为了凑成 ACID 这个缩写而添加的。

- I（Isolation，隔离性）：并发的数据操作间要有一定的隔离性。隔离性是分等级的，最差的情况是并发操作之间毫无隔离、互相干扰；最好的情况是并发操作等效于一系列串行操作。隔离性等级越高，数据库需要的资源越多，存取数据的性能（如吞吐量、延迟）越差。

- D（Durability，持久性）：到达数据库的请求不会"轻易"丢失。通常数据库设计文档会对"轻易"一词做具体的定义，比如在磁盘坏道、机器停电重启等条件下不会丢数据。

5.1.3 CAP：分布式系统的挑战

随着软件系统的拓扑结构从单体应用时代迈进微服务时代，以及数据库数量和种类的增长，分布式系统，特别是分布式数据库，相比于单体应用和传统关系数据库而言，在满足传统 ACID 标准的事务性需求上，面临着更大的挑战。

所谓的 CAP 三选二定理是说，任何一个分布式系统不能同时满足以下三个特性。

- C（Consistency，一致性）：分布式系统的任何节点对同一个 key 的读写请求的结果完全一致，也称线性一致性。

- A（Availability，可用性）：每次请求都能得到及时和正常的响应，但不保证数据是最新的。

- P（Partition tolerance，分区容错性）：分布式系统在节点之间无法连通时不能保持正常运转。

在 CAP 这三个特性中，分区容错性通常是无法规避的既定事实：如果系统中不存在网络分隔，或者不要求系统在出现网络分隔的时候还能正常工作，那么完全没有必要采用分布式架构，集中式架构更简单高效。在接受 P 的前提下，设计者只能在 C 和 A 之间进行取舍。

很少有分布式系统坚持 C 而放弃 A，即选择强一致、低可用。在这类系统中，写入数据的请求只有在提交并且同步到全部数据库节点之后才会返回响应，任何一个节点出现故障或网络分隔，服务整体都将不可用，直到节点故障恢复且网络接通，服务才能恢复。服务的可用率取决于故障发生的频度和恢复时间。通常涉及财务金融领域的系统会做出这种选择，甚至不采用分布式架构。

经过综合考虑，大部分系统都选择 A 而降低对 C 的要求，目标是高可用，最终一致。在这类系统中，写入数据的请求只要在部分数据库节点上成功提交即可返回响应，不需要等待数据同步到所有节点。这样做的好处是使服务的可用率大大提高，任何时候只要少数节点存活，系统就处于可用状态，坏处是在写入数据请求完成之后的一段时间内（长度未知且没有上限），读取同一条数据的结果都有一定概率是错误的。这种数据约束称为 BASE。

5.1.4　BASE：高可用的代价

BASE 是分布式系统中一种比 ACID 更弱的事务性约束，这几个字母分别代表 **B**asically **A**vailable（基本可用）、**S**oft state（"软"状态）、**E**ventually consistent（最终一致），意义如下。

- 基本可用：通过使用分布式数据库，尽可能使读写操作处于可以使用的状态，但是不保证数据的一致性。例如写操作可能没有被持久化，或者读操作可能不会返回最新写入的值。
- "软"状态：某条数据在写入之后一段时间内的状态是未知的，在最终收敛之前，系统只有一定概率会返回最新写入的值。
- 最终一致：在系统功能正常的前提下，等待足够长的时间之后，某条数据在系统中的状态能够收敛达成一致，之后对其进行的所有读操作的返回值都将为最新写入的值。

BASE 是对分布式系统设计中选择高可用而放宽数据一致性的决策的详细表述，它讨论了一个数据系统在写入一条数据之后发生的状态变化：数据在多个分片上的状态从一致到不一致再到一致，读取操作返回的数值从稳定返回正确的旧值，到不稳定返回新旧两个值，再到稳定返回新值。

需要注意的是，BASE 主要讨论的是一条数据的读写操作在一个数据系统中的行为，实际应用中经常出现另一种情况，即一条数据被存储在多个数据系统中。

5.1.5　写顺序

分布式系统如果采用分布式甚至异构的数据存储方案，就有可能出现一种情况：同一条数据在不同服务上并发写入时，有可能会因为写入顺序不同而导致写入的数据不一致。例如有 A、B、C 三个服务，分别使用了不同的数据库，现在有两个请求，请求 1 和请求 2，并发修改同一个数据项 X，X 的不同字段分别由 A、B、C 进行处理。由于随机网络延迟，X 最终落在三个服务/数据库中的值不一致，在 A 中为 2，在 B 和 C 中为 1，如图 5-1 所示。

这种多数据库写入数据顺序不一致的问题并不一定违反 BASE 或 ACID 约束，但是从业务模型的角度看，系统也处于非预期状态。

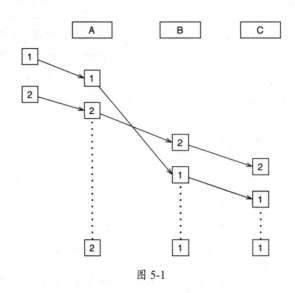

图 5-1

5.2 分布式事务框架的方案选型

在了解了分布式事务背景和相关概念的基础上，本节将探讨分布式事务框架的方案选型。首先介绍学术界和产业界的一些相关实践，接下来会介绍笔者团队自研的一套分布式事务方案，包括其设计目标、技术决策、系统架构和业务流程等。

5.2.1 现有研究与实践

分布式事务作为技术上的难题和业务上的刚需，在学术界和产业界都引发了不少的研究和讨论，列举如下，不一而足。

1. XA 标准和二阶段提交协议

XA 标准是英文 eXtended Architecture（扩展后的架构，此处要扩展的架构其实就是 ACID 事务）的缩写，它由国际开放标准组织（The Open Group）牵头制定，目的是尝试提供一套分布式事务处理标准。XA 标准描述了全局的事务管理器与局部的资源管理器之间的接口。通过这套接口，应用可以在同一事务中跨越多个服务访问多个资源（如数据库、应用服务器、消息队列等）。XA 标准使用二阶段提交（Two-phase Commit，简写作 2PC）协议来保证所有资源同时提交或回滚任何特定的事务。

二阶段提交协议中引入了协调者的角色，它负责统一掌控各个数据存储节点（参与者）的操作结果。在第一阶段，参与者并发进行数据操作，将结果是否成功通知给协调者；在第二阶段，协调者根据所有参与者的反馈，决定是确认提交还是中止操作，并且将这个决定告知所有参与者。

使用 XA 标准和二阶段提交协议实现分布式事务的优点如下。

- 强一致性：实现了数据在多个数据库上的 ACID 约束。
- 业务侵入性小：完全依赖各个数据库本身的支持实现分布式事务，不需要改动业务逻辑。

使用 XA 标准实现分布式事务的缺点也很明显，具体如下。

- 数据库选型限制：在数据库选型时引入了支持 XA 标准这个限制。
- 低可用性和网络容错性：协调者或者任意一个参与者都是能引起故障的单点（Single point of failure），任何组件之间都不能出现网络分隔。
- 低性能：支持 XA 标准的数据库在设计上有大量的阻塞和资源占位，数据体量和吞吐量扩展性差。

XA 标准在设计上是一个强一致性、低可用性的方案，无法容忍网络分隔，它虽然符合 ACID 事务的约束，但是在产业界的实践中颇受限制，通常用于传统金融行业。

2. Saga

Saga 原意是长篇神话故事。它实现分布式事务的思路是借助一种驱动流程机制，按顺序执行每个数据操作步骤，一旦出现失败，就倒序执行之前各步骤对应的"补偿"操作。这要求每个步骤涉及的服务提供与正向操作接口对应的补偿操作接口。

使用 Saga 实现分布式事务的优点如下。

- 灵活：通过对一些基础服务进行组合/编排来完成各种业务需求。
- 数据库兼容性高：对每个服务使用何种数据库技术没有任何要求，服务甚至可以不使用数据库。

使用 Saga 实现分布式事务的缺点如下。

- 要求实现数据补偿操作，增加了开发和维护的成本。
- 不符合 ACID 事务性：没有涉及隔离性（I）和持久性（D）。

Saga 有两种实现方式：Orchestration（交响乐）和 Choreography（齐舞）。

Saga Orchestration 引入了类似 XA 标准中的协调者的角色，可驱动整个流程。如图 5-2 所示，订单服务发起分布式事务，编排者负责驱动分布式事务流程，支付服务和库存服务负责提供数据操作的正向接口和补偿接口。

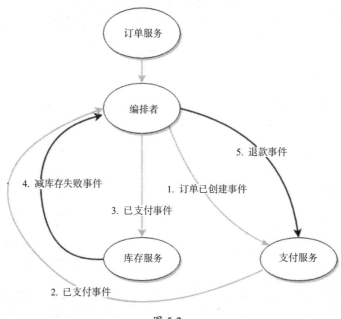

图 5-2

而 Saga Choreography 则将流程分拆到每个步骤涉及的服务中，由每个服务自行调用后序或前序服务。如图 5-3 所示，订单服务直接调用支付服务来发起分布式事务，后者再调用库存服务，直到完成所有步骤。一旦某步骤失败，服务之间就会反向调用。

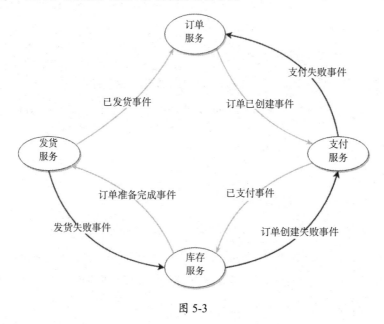

图 5-3

3. ACID 事务链

ACID 事务链可以看作 Saga Choreography 的强化版，它要求参与分布式事务的所有服务都使用支持传统 ACID 事务的数据库，在每个服务内部，都将数据操作和同步调用相邻服务的操作打包到一个 ACID 事务中，通过 ACID 事务的链式调用实现分布式事务。

使用 ACID 事务链实现分布式事务的优点如下。

- 符合 ACID 事务性：每个步骤都是传统的 ACID 事务，整体也符合 ACID 事务性。
- 不需要提供数据补偿操作，直接由支持 ACID 事务的数据库进行回滚操作。

使用 ACID 事务链实现分布式事务的缺点如下。

- 数据库选型限制：在服务的数据库选型上引入了支持传统 ACID 事务这个限制。
- 服务耦合过多：服务之间的依赖是链式拓扑结构，不方便调整步骤顺序，随着使用分布式事务的各种业务流程的增加，很容易产生服务之间的循环依赖，给部署造成困难。

5.2.2 分布式事务框架的设计目标

FreeWheel 核心业务系统开发团队在调研了以上各种业界实践之后，考虑通过自研一套分布式事务方案，达成以下各项设计目标。

- 事务性提交：即实现 ACID 中的 Atomicity。根据需要，业务可以定义一组数据操作，即分布式事务，这组操作无论发生在哪个服务和数据库中，要么同时成功，要么同时失败。事务中只要任何一个操作出现失败，之前的操作就需要回滚。
- 系统整体高可用：当部分服务的部分节点出现故障时，系统整体仍然可用。通过支持服务快速扩容和缩容，实现系统整体高吞吐，尽可能缩短数据达到一致性的延迟时间。框架本身消耗的资源少，引入的额外延迟短。
- 数据最终一致性：并发操作同一条数据的请求到达各个服务和数据库的次序保持一致，不出现写顺序不一致的现象。
- 支持服务独立演化和部署：除了支持使用 RPC 和给定协议进行通信，不对服务的实现方式做过多要求和假设。
- 支持服务使用异构的数据存储技术：使用不同的数据存储技术（关系数据库、NoSQL、搜索引擎等）是 FreeWheel 核心业务系统中各个服务的现状和努力方向。

- 架构侵入性低，易于采用：不改动或少改动现有系统的代码和部署，尽量只通过新增代码及服务部署来搭建分布式事务的运行环境并实现具体业务流程。框架和业务的分工明确，框架代码维持 100%测试覆盖率，业务代码 100%可测试，测试成本低。保持系统的可预测性，尽可能为快速故障定位和恢复提供便利。

- 支持同步和异步流程：提供一种机制，将 UI/API 和后端入口服务之间的同步交互流程，与可能出现的后端服务之间的异步流程衔接起来。

- 支持事务步骤依赖：事务里面某个步骤的数据操作是否执行、如何执行，取决于前面步骤的操作结果。

5.2.3 选择 Saga

我们首先排除了 XA 标准，因为它无法满足系统的高可用性和高扩展性。其次排除了 ACID 事务链，因为它不兼容业务现有的数据库选型，而我们未来还会引入更多不支持 ACID 事务的数据库技术。

我们最终决定采用 Saga 来实现高可用、低延迟、最终一致的分布式事务框架，主要原因是其设计思想非常契合于目前团队的 SOA/微服务/Serverless 实践，即通过对一些基础服务进行组合/编排来实现各种业务需求。

在对比了 Saga 的两个实现方式之后，我们选择了 Orchestration 而不是 Choreography，原因如下。

- 服务解耦：Orchestration 天然地将事务本身的驱动逻辑和众多基础服务解耦，而 Choreography 在不引入队列的前提下，容易出现服务间循环依赖的问题。

- 服务分层：Orchestration 天然地将服务分成了组合/编排器和基础服务两个调用层级，有利于业务逻辑的扩展和重用。

- 数据解耦：对于某个步骤依赖前序多个步骤结果的业务场景，Choreography 需要利用前序所有服务透传其他服务的数据，而 Orchestration 不需要。

采用 Saga Orchestration 势必要克服它的两个缺点，即要求提供数据补偿操作，以及没有实现 ACID 中的隔离性和持久性这两个约束。

1. 实现数据补偿操作

数据操作可分为 Insert（新建）、Delete（删除）和 Update（更新）三种，而 Update 又可细分为 Full update（Replace，整体更新）和 Partial update（Patch，部分更新）两种，它们对应的补偿操作分别如下。

- Insert：补偿操作是 Delete，参数为数据的 ID，要求在 Insert 操作之后记录下数据 ID。
- Delete：补偿操作是 Insert，参数为完整的数据，要求在 Delete 操作前记录下当前的完整数据。
- Full update：补偿操作也是一个 Full update，参数为完整的数据，要求在原 Full update 操作前记录下当前的完整数据。
- Partial update：补偿操作可能是 Partial update 或者 Full update，参数为改动前的部分数据或完整数据，要求在原 Partial update 操作前记录下当前的部分或完整数据。

2. 实现 ACID 中的隔离性和持久性约束

隔离性关注的是控制并发的问题，即如何处理对同一条数据（同一个 key）的并发操作。MySQL 作为成熟的关系数据库之一，引入了多版本并发控制（MVCC）机制。遗憾的是，并非所有的数据库都支持这一特性，特别是近年来的 NoSQL 数据存储方案，大多不支持 MVCC。

在不引入多版本的前提下，控制并发的主要思路是去除并发，化并为串，其中主要有两类实现方法：抢占锁或使用队列。考虑到等待锁而产生的性能损耗及多锁顺序不一致有可能导致互锁问题，我们优先考虑使用队列来去除并发。

持久性指成功提交到系统的事务不能中途丢失，即实现数据持久化。需要考虑的故障包括数据存储节点的故障和数据处理节点的故障。

综上所述，为了符合 ACID 的约束，需要增加一个队列+持久化的技术方案来补足 Saga 的两个短板。结合 FreeWheel 核心业务系统现有的基础设施图谱，我们优先考虑引入 Apache Kafka（以下简称 Kafka）。

5.2.4 引入 Kafka

Kafka 是一个功能丰富的"队列+持久化"解决方案，针对分布式事务的设计目标，我们看中的是它的自身能力。

- 消息保序：引入队列来化"并"为"串"，解决并发写入数据的隔离性问题。
- 消息送达保证：支持"至少一次"（at least once）的消息送达保证，具有冗余备份和故障恢复能力，有助于解决 ACID 的持久性问题。
- 性能优秀：各种资料表明，Kafka 本身的效率和可靠性都是行业的标杆，如果使用得当，它至少不会成为系统的性能瓶颈。

另一方面，Kafka 作为一个强大的队列解决方案，它的众多特性给分布式事务的设计和实现带来了新的挑战。

例如，引入队列之前，从客户点击"浏览器"按钮到数据落盘，再到返回响应数据，主流程上的节点都是同步交互的；而引入队列之后，位于队列两端的生产者和消费者被隔开，整个过程从同步转换到异步，再回到同步。如图 5-4 所示，实线箭头为 RPC 请求，虚线箭头为 RPC 响应，数据按照序号标注的顺序从客户被发起，先后经过 A、B、C 三个服务。

可以看出，引入队列之前，所有步骤是同步顺序执行的；引入队列之后，步骤 1 和步骤 2 之间是同步的，步骤 2 和步骤 3 之间是异步的，接下来的步骤 3 至步骤 7 又是同步的。

虽然通过化同步为异步的方式，系统整体的吞吐量和资源利用率可以得到进一步提升，但是为了维持同步的前端数据流程，需要增加同步流程和异步流程的衔接。

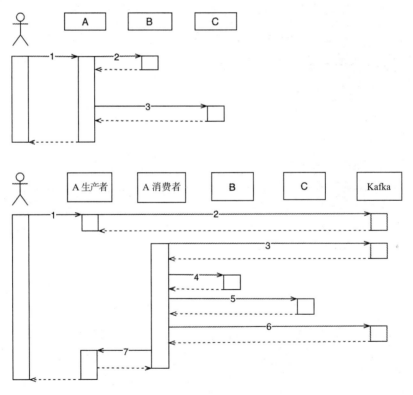

图 5-4

1. 同步异步转换机制设计

同步转异步比较简单，通过 Golang 的 Goroutine 或 Java 等语言的线程机制将消息异步发送到 Kafka 即可实现，在此不做赘述。

异步转同步有一些复杂，需要建立一种消费者所在节点和生产者所在节点进行点对点通信的机制。一种做法是引入另一条 Kafka 队列，消费者处理完一条消息后，将结果封装成另一条消息并发到队列上，同时生产者所在的进程启动一个消费者，监听并处理包含结果的消息。

我们采取的是另一种方案：生产者将回调地址打包到消息里，消费者处理完成后将处理结果发送到回调地址。这样做之所以可行，是因为在我们现有的部署方案中，生产者和消费者所在节点的网络是互通的。

2. 队列消息协议设计

一条分布式事务的队列消息里至少包含两部分信息：元数据（Metadata）和内容（Content），如图 5-5 所示。

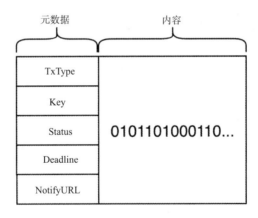

图 5-5

- 元数据：由分布式事务框架读取和写入，使用 JSON 格式，字段格式固定，业务代码只能读取，不能写入。元数据中最重要的字段是分布式事务消息的类型（以下简称 TxType）。生产者通过强类型来指定消息的 TxType；消费者进程中的分布式事务框架会根据 TxType 进行事件分流（Event Sourcing），调用对应业务逻辑进行消费。
- 内容：由业务代码读取和写入，格式随意，框架不做解析，只要长度不超过 Kafka topic 的限制即可（默认 1MB）。

5.2.5 系统架构

基于 Saga Orchestration 和 Kafka 的分布式事务系统架构如图 5-6 所示。

其中 A 服务是编排组织器，它负责驱动 Saga Orchestration 的流程，B、C、D 服务是三个使用了独立且异构的数据库的基础服务。

由于使用了 Saga Orchestration 而非 Choreography，因此只有 A 服务能感知分布式事务的存在，对 Kafka 和 Saga 中间件产生依赖，基础服务 B、C、D 只需多实现几个补偿接口供 A 服务调用即可，没有产生对 Kafka 和 Saga 的依赖。

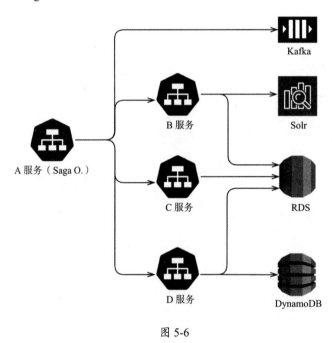

图 5-6

5.2.6 业务流程

A 服务从接到用户请求，触发分布式事务，分步骤调用各个基础服务，到最终返回响应，流程如图 5-7 所示。

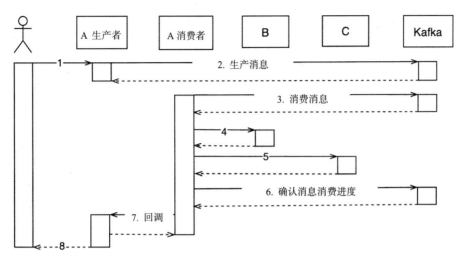

图 5-7

- 1~2：A 服务的某个节点在接到用户请求后，首先担当生产者的角色，将用户请求和回调地址包装成生产消息发送给 Kafka，然后处理该用户请求的处理单元阻塞等待问题。

- 3~5：同一个 A 服务的某个节点的消费者从 Kafka 接到消费消息，开始驱动 Saga Orchestration 的流程，按照业务定义的顺序和逻辑依次调用 B 服务和 C 服务的接口。

- 6~7：Saga 流程结束后，消费者向 Kafka 发送消息消费进度确认操作（也就是更新消息消费进度），然后将结果（成功还是失败，做了哪些改动）通过 RPC 回调地址发送给生产者。

- 8：生产者从回调地址接收到数据后，找到对应的用户请求处理单元，解除阻塞，最后将结果封装成用户响应。

5.3 基于 Saga 和 Kafka 的分布式事务落地实践

明确了分布式事务系统的设计方案后，本节将介绍在测试和上线运行过程中遇到的一些问题和解决方案。

5.3.1 Kafka 并行消费模型的改进

Kafka 上的消息数据被分成 topic（主题）和 partition（分区）两个层级，由 topic、partition 和 offset（偏移量）来唯一标识一条消息。

partition 是负责保证消息顺序的。Kafka 还支持一条消息被不同"业务"多次消费（称为多播或扇出），为了区分不同"业务"，这里引入了消费者组的概念，一个消费者组在一个 partition 上共享一个消费进度（consumer group offset）。为保证消息送达顺序，一个 partition 上的数据，在同一时间、同一消费者组内，最多由一个消费者获得。

上述要求给 Kafka 的使用者造成了一些实际问题。

- 高估 partition 导致资源浪费：为了不丢消息，给定 topic 上的 partition 数量只能增加，不能减少。这要求在某个 topic 上线之前要预估其生产能力和消费能力，然后按照生产能力的上限和消费能力的下限，敲定一个 partition 数量的上限来部署。上线后如果发现 topic 上的生产能力高于消费能力，则要先扩充 partition，再提升消费能力（最直接的途径是增加消费者数量）。相反，如果发现 topic 上的生产能力低于消费能力（可能是消息的生产速率低于预期或者波动明显，也可能是单个消费者的消费能力通过优化得到了提升），由于 partition 数量无法回缩，就会造成 Kafka 资源浪费。现实情况是，partition 数量经常被高估，kafka topic 的处理能力经常被浪费。也正因如此，业务开发工程师才会设计 topic 和 partition 的各种复用机制。

- partition 不足以区分哪些消息需要串行消费，哪些可以并行：Kafka 的默认消息分区策略是计算 Key 字段的 hash 值，然后根据 hash 值将消息分配到对应的 partition。但是某个消费者组对一个 partition 上的消息，有可能并不需要全部串行消费。比如某个服务认为消息 A、B 和 C 虽然都被划分到了 partition 0，但是只有 A 和 C 之间存在顺序关系（比如更新的是同一条数据），B 可以与 A、C 并行消费。如果能有一种机制，允许根据业务定义哪些消息需要串行消费，剩下的消息可以并行消费，就能在不改变 partition 数量的基础上提升消费并行度和处理能力，降低代码对 partition 数量的依赖程度。

针对以上两个问题，分布式事务对 Kafka 的消费部分进行了一些改进：在不违背 ACID 事务性的前提下，在一个消费者进程内，根据一个子分区 ID（以下简称 id）和 TxType 对 partition（分区）进行再次分区，同一个子分区内的消息串行消费，不同子分区的消息并行消费，如图 5-8 所示。

- 消息 id 默认复用 Kafka 消息的 Key 字段的值，支持产品工程师自定义消息 id，但是其区分度不能小于消息的 topic 和 partition 的区分度之和。

- 消费者进程接到消息后，分布式事务框架会先解析消息的元数据，得到消息的 TxType 和 id。

- 消息会根据 TxType 和 id 被再次分区，由框架自动分配并发送到一个内存队列（先进先出）和处理单元，交给业务代码进行实际消费。

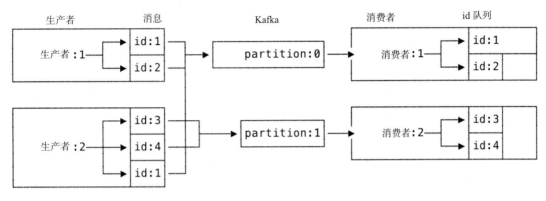

图 5-8

- 不同 TxType 和 id 的消息会被分配到不同的内存队列和处理单元，处理单元之间互不阻塞，并行（或并发）执行，并行（并发）度可以调整。

- 由于 partition 被再次划分，定义在消费组和 partition 上的消费进度需要进行聚合处理，确保在 Kafka 发送 ack 的时候，给定偏移量之前的消息都已处理完毕。

- 可以配置内存队列和处理单元的最大长度及最大并行度，并且在空闲一段时间后进行资源回收，避免内存堆积。

5.3.2 部署细节

为了方便开发、测试及提升资源利用率，分布式框架在部署方面做出了以下设计决策。

- 以代码库方式发布：不引入独立的服务，将 Saga 和 Kafka 相关的逻辑抽取成公共代码库按版本发布，随着位于组合编排器层的服务一起部署和升级。

- 生产者和消费者共存于同一个进程：对于需要发起和管理分布式事务的服务，其每个节点上都会启动一个生产者和一个消费者，借助现有的集群部署工具（Amazon EKS），我们要保证该服务的所有节点都可以互相连通，并且可以连接 Kafka。这种部署方式允许我们从消费者节点直接回调生产者节点，无须引入额外的消息总线或其他数据共享机制。后续可以根据需要，将生产者和消费者部署在不同的服务上，只要它们的节点之间可以相互连通即可。

- 支持 Kafka 和 Go channel 两种队列模式：使用 Kafka 队列模式时，系统符合 ACID 事务性，而使用 Go channel 队列模式只能保证 ACID 中的 A，不能保证 I 和 D。开发和单元测试阶段可以使用 Go channel 模式，集成测试和线上部署时一般使用 Kafka 模式。线上 Kafka 服务整体不可用时,发起分布式事务的服务可降级为 Go channel 服务。

- 共享 Kafka topic 和 partition:多个服务或流程可以共享 Kafka 的 topic 和 partition,使用消费者组来区分消费进度,使用 TxType 实现事件分流。

5.3.3 系统可用性分析

如果想保持分布式系统的高可用性,则要求参与其中的每个服务都足够健壮。下面对分布式事务中的各种服务进行分类探讨,描述当部分服务节点出现故障时系统的可用性如何。

- 生产者故障:生产者随某个组织/编排器服务进行部署,节点冗余。假如生产者所在服务的部分节点出现故障,那么对于该节点上发出队列消息、尚未收到回调的所有事务,客户将看到请求失败或超时提示,重试导流到正常节点后可以成功提交。

- 消费者故障:消费者和生产者一样,随同组织/编排器服务部署,节点冗余。假如消费者所在的部分节点故障,对于该节点上接到的队列消息、尚未发送回调的所有事务,客户将看到请求超时提示。Kafka 在配置消费者会话超时(默认是 10s,可以自定义)之后,会标记该消费者下线,然后对 topic 和 partition 进行负载调整,按一定算法尽可能平均地给当前消费者组分配剩余的在线成员,负载调整的耗时一般是秒级数据。从消费者所在节点出现故障开始,到 Kafka 负载调整结束,这段时间里发生故障的消费者负责的 topic 和 partition 上的消息都无法被处理。客户将看到部分请求出现超时错误。如果提交的数据和生成的队列消息的 partition 有直接映射关系,则这段时间内同一份数据重试也会失败。

- 基础服务故障:给定的分布式事务会依赖多个基础服务,每个服务独立部署,节点冗余。假如某基础服务部分节点故障,则分布式事务的相应请求会在相应的步骤出现失败,前序步骤依次执行补偿接口。客户看到的超时或失败请求,重试时有可能成功。业务可以引入服务熔断机制,避免消息堆积。

- 消息队列故障:Kafka 本身具备主从复制、节点冗余和数据分区实现的高可用性,在此不做深入讨论。

5.3.4 线上问题及处理

分布式事务框架随服务发布之后,经过一段时间的线上运行,基本符合设计预期。期间出现了一些问题,列举如下。

1. 生产者和消费者的连通性问题

使用分布式事务的某服务在部分数据上出现超时，客户重试无效，而在另一些数据上正常返回。通过分析日志发现，这些消息的发送和处理都成功了，但是消费者回调生产者失败。进一步研究日志发现，消费者所在的节点和生产者所在的节点位于不同的集群，出现了网络分隔。查看配置，两个集群的同名服务配置了相同的 Kafka brokers、topic 和消费者组，两个集群的消费者连接到同一个 Kafka，被随机分配处理同一个 topic 下的多个 partition。

如图 5-9 所示，位于 C 集群的服务 A（生产者）和位于 D 集群的服务 A（消费者）使用相同的 Kafka 配置。它们的节点虽然都能连接到 Kafka，但是彼此无法直连，因此第 7 步回调失败。之所以有些数据超时且重试无效，有些却没有问题，是因为特定数据的值会映射到特定的 partition，如果消息生产者和 partition 的消费者不在同一个集群，就会回调失败；反之，如果在同一个集群则没有问题。解决方法是通过修改配置，让不同集群的服务使用不同的 Kafka。

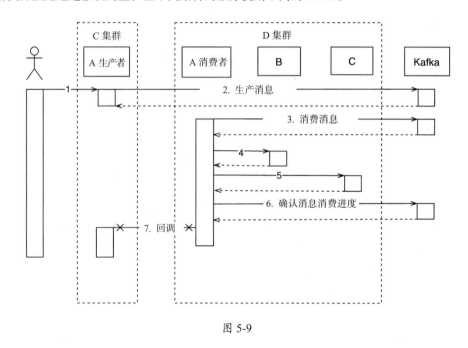

图 5-9

2. 共享消息队列的问题

服务 A 出现业务异常报警，内容是分布式事务的消费者接收到的队列消息类型不符合预期。通过分析日志和查看代码，发现该消息类型属于服务 B，而且同样的消息已经被服务 B 的消费者处理了。查看配置发现服务 A 和服务 B 的分布式事务使用同一个 Kafka topic，通过配置不同的消费者组来区分各自的消费进度。

如图 5-10 所示，服务 A 和 B 共享 Kafka 的 topic 和 partition，导致异常的消息来自服务 B 的生产者（步骤 1），异常报警来自服务 A 的消费者（步骤 2），而且服务 B 的消费者也接收并处理了这条消息（步骤 3），步骤 2 和 3 之间是并行的。服务 A 的生产者在这次异常事件中没有发挥作用。解决这个问题有两种思路：一是修改配置，取消 Kafka topic 共享；二是修改日志，忽略不认识的分布式事务消息类型。由于短期内在该 topic 上的服务 A 和服务 B 的生产能力小于消费能力，如果取消共享会进一步浪费 Kafka 资源，所以暂时采用了修改日志的方式。

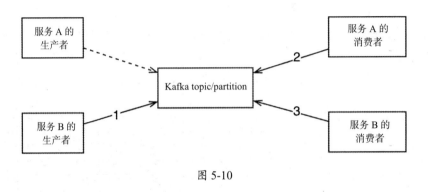

图 5-10

3. 系统可见性的改进

分布式系统的挑战之一就是在 RPC 调用关系复杂的时候难以追踪和定位问题。分布式事务由于引入了异步队列，所以生产者和消费者有可能位于不同的节点，对服务可见性，特别是链路的追踪提出了更高的要求。

为此，FreeWheel 的分布式事务系统对接了链路日志追踪系统，界面如图 5-11 所示。工程师可以在界面左侧的服务和操作列表中看到数据在各个服务中的流转情况，在界面右侧了解每个服务的响应时间，并根据耗时情况定位问题。

图 5-11

此外，还可利用 Kafka 消息多播的能力，使用临时的消费者组随时浏览、回溯 topic 上的消息数据，只要不使用线上业务的消费者组，就不会妨碍数据的正常消费。

4. 业务异常细节丢失

使用分布式事务的某服务发现，客户在提交特定数据时稳定出现 5xx 错误，重试无效。

分析日志发现，某个基础服务对该数据返回了 4xx 错误（业务认为数据不合理），但是经过分布式事务框架的异常捕获和处理，原始细节丢失，导致异常在发送给客户前被改写成了 5xx 错误。

解决办法是修改框架的异常处理机制，在消费者进程中将每个步骤遇到的原始异常信息都进行汇总，打包进回调数据发送给生产者，允许业务代码做进一步的异常处理。

5. 基础服务重复创建多条数据

使用分布式事务的服务 A 发现，偶尔会出现请求成功的情况，但是在基础服务 B 管理的数据库里创建出了多条同样的数据。

通过 FreeWheel 的链路追踪系统发现，服务 A 在调用服务 B 的创建接口时因为超时而进行了重试，但是两次调用在服务 B 中都成功了，而且该接口不具有幂等性（idempotency，即多次调用的效果等于一次调用的效果），导致同样的数据被多次创建。

类似的问题在微服务实践中经常出现，解决思路有两种。

- 治标的方法：服务 A 和服务 B 共享超时配置，服务 A 将自己的超时设置 tA 传给服务 B，然后服务 B 按照一个比 tA 更短的超时 tB（考虑到服务 A 和服务 B 之间的网络开销）提交数据。
- 治本的方法：令服务 B 的接口实现幂等性。

无论是否使用分布式事务，客户端因为网络问题重试而导致多次请求重复数据的问题，都是每个微服务会面临的现状，而实现接口幂等性是可以优先考虑的方案。

5.4 本章小结

本章基于我们的落地经验，探讨了分布式事务的相关概念、技术选型和实践，介绍了一种支持异构数据库、实现最终一致性的分布式事务方案，并且介绍了上线之后遇到的问题和解决方案。

在业务需求不断变化及服务边界不断调整的过程中，为了弥合业务模型状态和存储模型状态之间的分歧，有必要引入最终一致性的分布式事务。然而引入分布式事务的代价是增加对队列的依赖，以及维护用于补偿数据的接口，同时对接口的幂等性提出了更高的要求。假如能从根源上消除这种分歧，即将存储模型的边界与业务模型对齐，将事务限制在单个微服务上，由关系数据库来实现传统的 ACID 事务，无疑是更好的选择。此外，如果对于某种业务流程，业务模型和存储模型产生分歧的影响较小、频次较低，也可以选择不在该业务流程中使用分布式事务，而是通过日志监控系统来收集异常，交给定时批量任务来处理。总之，软件开发没有银弹，拥抱变化、保持敏捷才是明智的策略。

第 6 章

无服务器架构

作为 ICT 领域最具影响力的组织，美国计算机行业协会（CompTIA）每年都会评选出十项最具影响力的新兴技术。在 2020 年技术研究报告中，无服务器架构（以下简称 Serverless）第二次入围榜单，排在 AI、5G 和物联网技术之后，名列第四。

相比于 AI、5G 和物联网等近几年来炙手可热的概念，Serverless 因其更多面向开发者和云服务商，所以被提及的频率没有那么高，但能连续两年入围且获得第四名，说明它的发展势头和对信息技术的促进作用正变得越来越强。

那么，作为一种新的应用架构，Serverless 是什么，它有哪些区别于传统架构的特点、优势及应用场景，它又为服务的构建带来了哪些变革呢？本章就为大家解答这些问题。

6.1 什么是无服务器架构

听到无服务器这个词，你可能会有些疑惑，即使是基于云计算的服务，它底层的运行最终也需要有实际的物理机来承载，怎么可能会有不需要服务器的应用呢？

在本节中，我们就深入剖析无服务器架构的定义、发展，以及它的优缺点等。

6.1.1 无服务器架构的定义

就像微服务等软件领域中的许多概念一样，Serverless 也没有一个公认且明确的定义。

Iron.io 副总裁 Ken Fromm 和软件开发教父 Martin Fowler 都曾对其有过自己的定义。这里我们引用 CNCF 于 2018 年发布的 Serverless 白皮书中的定义：

Serverless 是指构建和运行不需要服务器管理的应用程序。它描述了一种更细粒度的部署模型，应用程序捆绑一个或多个函数（function），上传到平台进行部署和执行，并可以根据负载的变化实现自动伸缩和按需计费。

Serverless 中涉及两个重要的角色，具体如下。

- 开发者：应用程序的编写人员。作为服务的使用者，关注应用的设计和实现。
- 云服务商：应用程序运行环境的提供者，负责提供计算和存储资源。

毋庸置疑，应用的运行无法脱离服务器（无论是物理机、虚拟机还是容器）的支持，Serverless 也不例外。不过，云服务商可以做到的是，将传统应用架构中程序执行所需要的运行环境、计算和存储、安全和自动扩展等依赖于服务器的资源抽象成各种服务，并向外暴露给开发者，从而实现服务器对开发者完全透明，使开发者获得了一种"无服务器"般的使用体验。

因此，对 Serverless 中"无服务器"概念更准确的理解是，云服务商提供的、使应用开发者无须关心服务器的一种服务。

按照 CNCF 白皮书中的定义，Serverless 又可以分为两类。

- Backend-as-a-Service（BaaS）：后端即服务，云服务商使用统一的 API 和 SDK 将开发者的移动端或 Web 应用连接到后端云服务，并为其提供账户管理、文件管理或消息推送等公共服务。
- Functions-as-a-Service（FaaS）：函数即服务，开发者以一个函数（function）为入口，将业务逻辑编程打包上传，同时指定触发该函数的事件，如一个 HTTP 请求。当无事件发生时，函数不会执行且不产生费用。当指定的事件发生时，这些函数即被触发并执行，且可以自动扩展，当事件结束时自动销毁，按函数实际执行时间计费。

BaaS 与 FaaS 都向开发者屏蔽了底层服务器，不同之处在于，前者只提供一些标准化的可复用软件服务，而后者提供的是实实在在的计算和存储资源，开发者可以随意利用这些资源来运行自己的代码。

显然，FaaS 这种方案更像对现有应用架构的一种变革，引起了更多的关注和讨论，这也是我们要重点介绍的内容。

6.1.2　无服务器架构的发展

Serverless 的概念由来已久，它的出现并不是偶然的，而是在无数开发者与云服务商打交道的长期过程中由后端架构不断演进而来的。

在云计算的概念还没产生之前，企业若想构建后端应用，除了购买必要的物理机作为服务器，往往还需要为其铺设网络线路，建设数据中心，进行安全配置等。虽然后来兴起的 IDC 机房租用方案很大程度上解决了企业在硬件设施上的困扰，但维护这些设施所需要的专业人员，仍然给企业带来了不小的成本。在服务器从无到有的搭建过程中，往往无法避免建设杂乱无序、资源重复浪费等现象。即使有完善且系统的指导，面对越来越快的经济发展形势和越来越复杂且不断变化的需求，也很难实现快速响应及灵活调整。

云的出现极大地改变了这一现状。云服务商通过专用软硬件技术对物理机集群进行整合和统一管理，在保证安全可靠的基础之上，利用虚拟化技术将计算和存储等资源进行细粒度切分和重组，然后按需提供给开发者。而对于企业来讲，只需花费少量成本就可以在极短的时间内建立起一整套安全可靠的服务器设施，而且这一切都是按需收费的，并可以随需求的变化进行灵活调整。

云服务在不同的发展阶段有着不同的形态。最早出现的 IaaS（基础设施即服务）是最基本的云服务，它只提供一些基础的服务器资源，开发者可以按照实际的需求进行租用，但是服务器中操作系统的安装、配置、升级和监控仍然需要开发者来管理。

为了将开发者从服务器的管理中进一步解放出来，PaaS（平台即服务）出现了。它运行在 IaaS 基础之上，接手了对操作系统等软件的管理，并提供了自动化部署平台，使开发者只需关注应用的开发。

到了这个阶段，开发者虽然已经远离了服务器的管理，但仍然需要提前配置服务器。即使引入了 Kubernetes 进行容器管理，仍然需要为集群分配指定配置和数量的服务器作为节点，实现受限于集群规模的弹性伸缩。

有的时候，开发者会希望以无额外成本的方式实现按流量扩展和收费，于是，Serverless 应运而生。

Serverless 概念的提出最早可以追溯到 Iron.io 的副总裁 Ken 于 2012 年发表的文章"Why The Future Of Software And Apps Is Serverless"。在该文中，Ken 表达了自己对 Serverless 的看法：

即便在云计算技术发展如日中天的现在，应用的运行仍然绕不开服务器。但是，这种情况不久就会得到改善。越来越多的基于云技术的应用正在尝试将 Serverless 作为解决方案，这将会给应用的构建带来不可估量的影响和变革。

当时 Ken 对 Serverless 极为推崇，但这个概念进入大多数人的视野却是在两年之后。

2014 年，全球第一个 FaaS 服务 AWS Lambda 横空出世。此后的几年里，各大云服务商纷纷入场，争相推出自家的 FaaS 服务，包括 IBM OpenWhisk on Bluemix、Google Cloud Fucntions、Microsoft

Azure Functions 等。

国内的云服务商阿里云、腾讯云和华为云虽然入场较晚，但凭借雄厚的技术实力，迅速跨入先行者队列。作为最早入局的阿里云，更是在 2021 年 Forrester 发布的 FaaS 平台评估报告中脱颖而出，成为比肩 Amazon 和 Microsoft 的行业领导者。

可以说，随着人们对 Serverless 的诉求越来越强烈，云服务商对 Serverless 的支持力度越来越强，Serverless 在应用架构的选型中大放异彩，并且正在扮演着越来越重要的角色。而这一切，仅仅才刚开始。

6.1.3 无服务器架构的优势

选择 Serverless 作为应用架构有很多好处，包括降低成本、加快产品迭代等。总的来说，Serverless 具有以下优势。

1. 成本更低

关于成本低，Serverless 的优势具体体现在两个方面。

第一个方面是按实际使用量收费。无论是原始的 IDC 租用机房，还是基于云计算的 IaaS、PaaS 服务，其计费方式本质上都是包月付费，而费用的具体金额也只与服务器配置和租用时长有关。也就是说，即使应用大部分时间内没有用户访问，我们仍需要按月付费。更糟糕的是，为了满足处理峰值负载的需求，我们通常会根据最大资源使用量来选择服务器，这更加拉高了服务器的租用成本。选择 Serverless 则不存在这个问题。对于一个 FaaS 服务来说，当有请求到来的时候，应用才会被初始化并执行，当请求返回时，应用便被销毁。而我们只需要为该请求实际被处理的时长付费。尤其是当没有请求的时候，应用本质上并没有运行，当然无须付费。这种收费模式，对于那些服务器利用率不高但又要求能实时应对突增流量的应用来说，最适合不过了。

第二个方面是零服务器运维成本。对大部分公司来讲，服务器的管理和维护费用是一笔很大的开销，其需要的硬软件和专业维护人员的费用往往占据了相当一部分的支出。Serverless 将开发者与服务器完全屏蔽，开发者只需在 UI 上进行少量配置，并通过 Serverless 提供的 API 接口上传自己的代码便可实现部署，中间无须任何有关服务器的操作，实现了零成本服务器运维。

2. 自动缩扩容

传统的服务器架构为了应对可能突增的流量，在垂直方向上总会预留一些服务器资源充当缓冲，同时在水平方向上会借助容器编排技术，通过设定一些监控策略来实现根据流量大小实时调整应用实例数量的功能。而这些操作或多或少都需要人力介入，同时缩扩容的粒度往往受限于单个服务的级别，其可扩容的数量和速度也受限于集群的规模和配置。在 Serverless 下，每一个 API 即为一个 FaaS 服务，其运行环境和配置可以分别指定，扩容的粒度精确到 API 级别。FaaS 所提供的并行处理能力也会根据流量的大小进行调整，这些特性是 FaaS 的原生功能，自动实现且完全无须开发者介入。而借助于专有的软硬件，其扩容的速度可以达到毫秒级别，扩容的上限也不再受限于单个客户的集群规模。

3. 迭代和交付更快

对于某些对服务器成本不敏感的企业来讲，Serverless 最大的优势还是在于它能大大缩短迭代周期，实现更快交付。

Serverless 为开发者屏蔽了部署和运行中大量的复杂细节，以往需要数位工程师花费几周时间才能完成的工作，使用 Serverless 可以在几分钟之内完成。而为了吸引开发者的加入，Serverless 服务商往往会提供丰富的配套服务以应对不同的应用场景。这些服务可能包括数据库服务、索引服务、日志服务、验证服务、文件服务等。FaaS 服务的优势在这里就充分体现出来了，它可以轻松、高效且安全地与这些服务进行集成。用户甚至不需要专业的背景知识，只需要在 UI 上简单拖曳就能在几分钟时间内上线一个包含数据库访问、身份验证等功能的安全可靠的 Web 服务。

除此之外，强大的云服务商背后也有着专业的团队，专门负责性能优化、运行环境的安全建设等基础服务，这也使得 Serverless 服务风险更小。API 粒度的服务切分使其更灵活，更容易与其他系统集成。如果你愿意，你甚至可以维持原系统的运行，只利用 Serverless 来执行某些特定的任务。

6.1.4　无服务器架构的不足

将系统迁移到 Serverless 或者部分迁移到 Serverless 能带来很多好处，但这并不表示 Serverless 可以应对所有的场景。在考虑迁移之前，你需要结合实际情况，仔细考虑是否要使用 Serverless。这些需要考虑的方面如下。

1. 端到端测试困难

对于开发者来说，可能第一个要面临的便是端到端测试困难的问题。传统的服务都是以进程的方式来执行任务的，开发者很容易在本地搭建这样的运行环境并观察和调试它的行为，它依赖的其他服务也可以在本地模拟实现。即使遇到平台兼容问题，也可以通过容器化或虚拟化的方式来应对。但对于 Serverless 服务而言，其产出往往只是一段缺少上下文片段且无法单独运行的代码，这段代码只有被云服务平台加载后才会形成进程实体。而出于对安全的考虑，这个过程的细节往往不会被公开,这也使得我们很难在本地实现这个过程。

有一些云服务商提供了服务的容器化方案,但要在本地运行其配套服务也不是一件容易的事情,更不用说那些针对性能和缩放等特性的测试。最后我们往往需要在服务商提供的另外一套独立环境中进行集成,而本地只能运行单元测试。这又会引入新的问题,出于对成本的考虑,单个开发者往往无法独占一整套环境,任何人的任何操作都有可能破坏其他人的测试,这无疑给团队并行开发和合作带来了不可忽视的困扰。

2. 冷启动

Serverless 之所以能提供按实际使用量付费的模式,是因为服务只在有请求到来的时候才会被初始化并运行。也就是说,从第一个请求到来直到该请求被处理,中间还需要经过节点选择、代码下载、运行环境初始化等一系列过程。因此,第一个请求的处理时间会比较长,之后来的请求不会遇到这个问题。如果服务对实时性要求没那么高,这可能不会造成问题。否则,我们就需要谨慎选择所使用的编程语言和配置等。

3. 不适合长时间运行

Serverless 的成本之所以低,很重要的一个原因是,没有请求便不会产生费用,也就是说空闲的时间越长,Serverless 能节省的成本越多。而对于一些需要长时间运行或处理请求负载的应用来说,由于其一直处于资源占用状态,Serverless 可能无法实现降低成本的目的,此时 IaaS 或 PaaS 或许是更经济的选择。而且大多数 Serverless 会限制每个函数的可执行文件大小和执行时间,如 AWS Lambda 会限制单次运行时间不得超过 15min。

4. 云服务商锁定

当你开始考虑使用 Serverless 时,不得不面对的问题便是如何选择一个好的云服务商,尤其是当你已经拥有了大量的基础设施,应用也已经达到了较大规模的时候,这将是一个很困难的选择。将系统迁移至 Serverless,也意味着你要将服务的稳定、扩展、安全等保证全部交给云服务商。而且一旦你使用了某个云服务商的 Serverless 服务,多数场景下,还需要配合使用该云服务商提供的其他服务,如文件存储、数据库、消息队列等,即应用和某个云服务商进行了绑定。一旦要更换云服务商,这将变成一个巨大的工程。

5. 受限的运行环境

Serverless 通过多层的虚拟化和抽象,隐藏了程序执行的细节,向不同的租户提供一致的服务,对应来讲,租户也失去了对配置的绝对控制。租户只能在云服务商提供的特性和可配置参数中进行选择，编程语言的版本可能受限，可执行文件的大小、磁盘空间配额也可能受限。同时，由于直接访问物理硬件，或因修改操作系统配置变得困难，那些基于软硬件配合的调优手段也无法实现，出现性能问题时进行排查的手段也变得十分有限且被动，有时除了寄期望于服务商，别无选择。

除了这些通用的限制，不同的云服务商所提供的 Serverless 服务所产生的具体限制也不尽相同。任何考虑使用 Serverless 的开发者只有清楚地了解它的优势和不足之后，才能做出最适合应用场景的正确决策。

6.2 无服务器架构应用

理论上讲，传统服务器的应用场景都可以使用 Serverless 来实现。但是 Serverless 本身的种种特性决定了它并不是一把万能钥匙。

Serverless 只是能让开发者专注业务逻辑和实现快速部署的一种新的云服务，它更适合用来解决一些特定问题，如基于特定事件或定时触发的任务，请求频率低或有突发流量的场景等。

根据 Serverless 的特点，我们归纳出几种典型的应用 Serverless 的场景。

6.2.1 构建 Web API 后端服务

Serverless 最常见的使用场景便是作为 Web 应用或移动端应用的后端，向前端提供高可用、可伸缩的 API 服务。

从服务质量上来讲，Web API 作为一种越来越通用和便捷的通信方式，承载着越来越高的用户期望和要求。这些要求不仅包括提供一致、安全且可靠的用户体验，提供能及时反馈并进行快速调整的能力，还包括向全球提供高可用性的能力及应对突发流量的能力。

从服务实现上来讲，Web API 的一次调用过程中往往需要多种服务协同工作，如域名解析服务、网关、缓存服务、数据库、消息队列等。

这些特点使得一个看似简单的 Web API 服务往往需要花费大量的人力和时间成本来构建。而 Serverless 使这一过程变得极为简单且高效。基于 Serverless 的 Web API 后端架构往往如图 6-1 所示。

图 6-1 中涉及的三个过程具体解释如下。

- 网页端或移动端通过标准的 HTTP 或 SDK 向服务地址发送请求。
- 请求会被解析到某一个网关地址，作为应用程序的统一入口，网关负责实现流量管理、CORS

支持、授权和访问控制、监控等任务，同时根据不同的访问路径触发不同的 FaaS 服务。

- FaaS 根据传入的请求运行业务代码，执行计算。根据不同的用户场景调用不同的服务实现文件读写、数据持久化、消息分发等。

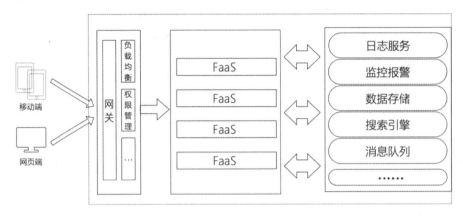

图 6-1

而在整个过程中，开发者只需要关注 FaaS 代码的实现，其他的服务可由云服务商提供。这些服务往往开箱即用，开发者甚至只需要在 UI 上点击和拖曳就可以实现服务的构建和集成。

Serverless 的 Web API 还有一个很重要的特性便是服务切分灵活且粒度小，这使得它非常适合替代遗留 API 或作为遗留 API 的代理。

在实际的运营中，我们经常会碰到为了满足日益增长的性能和功能需求，而将旧系统迁移到新系统和技术栈的情况。而这个过程可能会遇到这样的场景：大部分功能可以轻松进行迁移，但总有少许遗留功能由于新旧技术间存在某些细微的不兼容而无法很好地迁移。为了这些遗留功能，我们不得不继续维护庞大的旧系统。而 Serverless 恰恰能提供新系统或技术栈不具有的灵活性，支持细粒度服务拆分，这使得以 API 粒度进行迁移成为可能。也可以将 Serverless 作为遗留 API 的代理，将客户的请求和响应转换成遗留功能所支持的格式。这些使用场景均可以有效降低新旧系统的维护成本。

基于 Serverless 构建 Web API 服务，天生就具有高可用和可伸缩的特性，而且与其配套的其他服务，如数据库、消息队列、文件服务等，往往也基于分布式架构实现，在保证高可用性的同时节省了大量的时间和人力成本。主流的云服务商还允许开发者将服务部署到全球不同区域的服务节点，以达到不同地理位置的用户都可以获得良好用户体验的目的。此外，云服务商还提供丰富的配套服务以应对各种场景，FaaS 服务可以高效且安全地与这些服务进行集成。

这些特性，使得基于 Serverless 构建 Web API 服务变得越来越有吸引力。

6.2.2 构建数据编排器

除了直接运行业务代码，Serverless 还有一个十分常见的应用场景，就是数据编排。

无论关注前端开发还是后端开发，大家肯定对 MVC 设计模式耳熟能详。在经典 MVC 模式中，M 是指业务模型，V 是指用户界面，C 则是指控制器。使用 MVC 的目的是将 M 和 V 的实现代码分离，从而使同一个程序可以具有不同的表现形式。

随着用户交互变得越来越复杂，V 逐渐前置，发展为单页面应用。M 和 C 则逐渐下沉，发展成面向服务编程的 SOA 后端应用。当前后端分离之后，为了实现多端应用、多端业务解耦，通常还会引入 BFF（Backend For Frontend）层来做数据编排。

因为 BFF 层只用于实现无状态的数据编排，这与 FaaS 的设计理念十分契合，于是就形成一种如图 6-2 所示的架构，称为 SFF（Serverless For Frontend）。

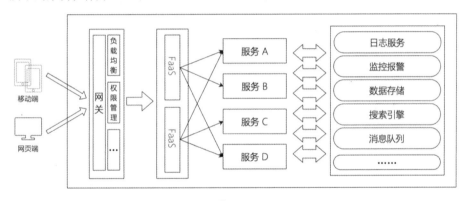

图 6-2

在这种架构下，前端的数据请求到达网关后触发 FaaS 服务。FaaS 服务调用后端提供的元数据接口，对数据进行重新组织，形成前端需要的数据结构。依托于 Serverless 用后即毁、按需收费的特性，SFF 解决了 BFF 场景下由于微服务高可用诉求导致的资源利用率低或资源浪费的问题。

更重要的一点是，从零构建一个高可用的 FaaS 服务所需要的人力和时间成本较低，服务的使用者和数据的消费者也完全有能力快速构建出满足要求的数据编排器。这样一来，前后端服务的对接和接口定制工作从服务开发者移交给了服务使用者，服务开发者可以专注于业务领域模型的实现，服务使用者则可以根据需求灵活实现数据编排，在极大解放了服务开发者的同时，也实现了前后端更快地交付和迭代。

6.2.3 构建定时任务

Serverless 提供的 FaaS 服务触发方式可以分为两类：事件触发和定时触发。

事件触发的方式最为常见。如在上两节中，当 FaaS 作为 Web API 服务时，用户的请求可以看作一种事件。当使用 FaaS 监听数据库消息源时，对某条记录的修改也是一种事件。根据云提供商的不同，FaaS 支持的事件类型也会有所差别。

定时触发的方式则更适合用于按计划执行某些重复任务的场景。不同的云服务商提供不同的触发方式，如 AWS 可以使用独立的配套服务 CloudWatch Events 来创建触发规则，阿里云则将触发器内置到了 FaaS 服务中。无论选择哪种方式，用户都可以很方便地制定自己的规则。

当规则被创建并在某一时刻被触发后，其对应的 FaaS 服务便会被激活并开始运行指定的任务。这类需要定时触发的任务包括但不限于以下几类。

- 网络爬虫定期抓取网络数据。
- 数据的定期备份或导入导出。
- 自动化运维中开发或集成环境的定期部署。
- 定期数据采集分析和报告推送。

相较于传统架构，Serverless 更强调模块化和高可用性，通过将不同功能的高可用模块进行组织和编排形成完整的系统，同时模块可以灵活更换、添加、移除。

接下来，我们以图 6-3 为例，介绍如何基于 Serverless 构建一个网络爬虫应用。

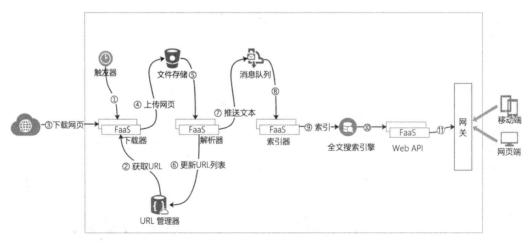

图 6-3

- 首先需要建立一个定时触发器，该触发器在每天的固定时刻（比如凌晨），激活基于 FaaS 构建的下载器，见步骤①。
- 下载器读取 URL 管理器中的种子 URL，下载 URL 对应的网页数据并上传到文件存储服务，见步骤②③④。
- 当网页数据被上传到文件存储服务地址时，会触发下游 FaaS 构建的网页解析器的执行，见步骤⑤。
- 解析器会下载该网页数据，提取出感兴趣的数据和新的 URL，数据被推送到消息队列，而 URL 则被加入现有 URL 列表，见步骤⑥⑦。
- 当数据被推送到消息队列之后，下游的基于 FaaS 服务的索引器将被触发，索引器将数据编排成可供查询的结构并将其存储到数据库或搜索引擎中，见步骤⑧⑨。
- 使用 FaaS 构建 Web API 后端，并集成网关服务向外暴露 CRUD 等接口，见步骤⑩⑪。

当然，一个完整的爬虫系统涉及的技术还有很多，比如 URL 的筛选和去重，网站的验证和登录，应对网站反爬虫措施，网页的高效并行下载及动态网页抓取，等等。该架构只展示了爬虫系统涉及的基本模块，以及如何利用 Serverless 来构建这些模块并实现模块之间的协同配合。在真正的实现上，还需要根据实际需求进行调整，如增加缓存服务、监控系统等。

6.2.4　构建实时流处理服务

流数据是由成千上万数据源持续不断地产生并通过记录形式发送的数据。单条记录的数据量通常规模较小，但随着时间的不断累积，数据总量往往能达到 TB 级别甚至 PB 级别。实时流处理是指实时且持续地对流数据进行处理。相比于离线计算，实时流处理能提供更快的数据呈现和更短的时间延迟。

通过近几年大数据技术的发展来看，实时流处理正逐渐成为将来的大趋势，比如出现了越来越多的直播、短视频等在线应用，在线机器学习和实时数据仓库也越来越流行。

实时流处理的应用场景包括但不限于以下几种。

- 金融机构通过实时收集用户的交易数据进行用户行为分析、实时风控和反欺诈检测，并第一时间进行告警和通知。
- 智能交通中道路和车辆传感器源源不断地将数据交给流处理程序，流处理程序通过收集、分析、聚合这些数据来实时监控交通状况，帮助优化和规划车辆出行，预测并提前告知道路交通风险。

- 监控系统源源不断地收集应用信息，绘制系统状态看板，识别出异常状态并及时报警。
- 视频网站对用户上传的视频实时进行转码和存储，基于机器学习算法自动审核。
- 网站实时收集用户的浏览记录，生成用户轨迹和画像，优化内容投放算法，为用户提供更佳的浏览体验。

目前比较流行的流处理系统是基于 Apache Spark 或 Apache Flink 搭建的，Apache Flink 尤其以高吞吐量和低延迟而出名。根据官方文档搭建这样的系统其实并不困难，但如果想在生产环境中使用它，如何保证高可靠性、可扩展性和可维护性将变成一个巨大的挑战。

相比于传统的解决方案，基于 Serverless 构建的实时流处理系统天然具有高可用、可扩展、易搭建的优点。其随业务量自动伸缩的特性可以从容应对突增的流量，按使用量计费的方式能有效降低系统空闲时间的维护成本。图 6-4 展示了一个较为完整的基于 Serverless 实现实时流处理系统的过程。

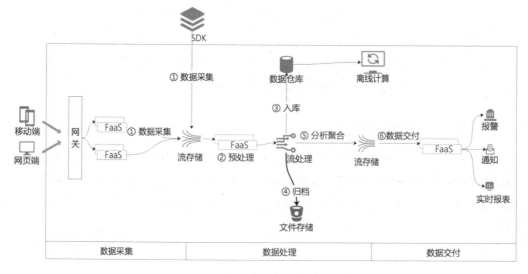

图 6-4

上述过程可以分为三个阶段，具体如下。

第一阶段：数据采集。

- 流数据通常采集自成千上万不同的数据源，这些数据源可以通过 SDK 直接向流存储服务发送数据，也可以通过构建 FaaS 服务先对数据进行简单的格式转换再发送，见步骤①。

- 流存储服务负责接收存储这些数据，并作为下游消费者的缓冲防止采集和处理速度不匹配。

第二阶段：数据处理。

- 当流存储服务采集到数据之后，它会将这些数据推送给下游的流处理服务。为了向流处理服务提供统一的格式，这些数据通常还会被 FaaS 预处理器预处理，如检查数据一致性，处理无效数据和缺失值等，见步骤②。
- 流处理服务接收到这些数据之后并不会立即消费，而是会先将这些数据进行持久化以供日后查询，并提取其中感兴趣的数据将其推送到数据仓库，用于之后的离线计算，见步骤③④。
- 流处理服务会根据需求进行数据分析和聚合，如进行基于时间范围的指标计算、为实时监控看板生成聚合结果、通过机器学习算法和历史数据监测异常值等，见步骤⑤。
- 处理之后的数据将被分类推送给下游的流存储服务。

第三阶段：数据交付。

- FaaS 订阅流存储服务中的不同主题，并根据不同主题将数据交付给不同的消费者，如将异常数据推送给报警系统，见步骤⑥。

从图 6-4 中可以看出，基于 Serverless 的实时流处理系统，其核心要点便是以流存储服务和流处理服务为中心，以 FaaS 为黏合剂。开发者不仅可以使用 FaaS 来实现业务逻辑，还可以将其作为串联各项配套服务的桥梁，这使得系统拥有了极大的灵活性和可扩展性，极大简化了编程模型，提高了构建效率。

6.3 无服务器架构的落地实践

通过前两节的介绍，想必大家对 Serverless 的概念及其应用场景已经有了一个清晰的认识，接下来我们会介绍几个基于 AWS Lambda 服务的落地案例，希望通过这些案例给大家带来一些启发。

6.3.1 为什么选择 AWS Lambda

构建 Serverless 的方式主要有两种。

第一种是借助 Knative、OpenFaaS 等开源项目自己搭建 Serverless 平台。但这种方式的成本较高，且对开发者和维护人员的要求也很高。

第二种是直接使用云服务商提供的 FaaS 服务，开箱即用，可以节省大量的搭建和运维成本。这种方式对于那些项目时间紧迫和缺少构建 Serverless 平台的专业人员的团队来说更为友好，也是我们选择的方案。

对于第二种方式，首先要做的就是选择一个合适的云服务商。

目前可供选择的云服务商有很多，但不同云服务商所占的市场份额差距悬殊。据 Canalys 机构发布发布的报告 "Global cloud services market infrastructure market Q4 2020" 显示，仅 AWS、Microsoft Azure、Google Cloud 和 Alibaba Cloud 四家就占据了全球 65% 的市场份额，如图 6-5 所示。

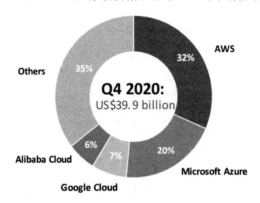

图 6-5

AWS Lambda 是世界上第一个 Serverless 服务，它的出现改变了云服务的游戏规则，从推出到现在，它一直被看作 Serverless 的代名词。我们选择 AWS Lambda 主要基于以下几个原因。

- 市场份额高：AWS Lambda 拥有最大且最具活力的社区，在全球拥有数百万名活跃客户和成千上万个合作伙伴，有着广泛的用户基础和丰富的应用案例。

- 支持更多的编程语言：支持包括 Java、Node.js 在内的 7 种主流编程语言。而其他服务商的产品，如 Microsoft Azure Functions 支持 5 种编程语言。虽然 Google Cloud Functions 也支持 7 种编程语言，但 AWS Lambda 还允许用户自定义运行时环境，理论上可以支持所有的编程语言。

- 丰富且易集成的配套服务：提供超过 200 种服务，从计算、存储和数据库等基础设施技术，到机器学习、人工智能、数据湖、物联网等新兴技术，AWS 提供的服务及其中的功能比其他任何云服务商提供的服务都要多，可以应对各种使用场景，提供多种不同的解决方案。

- 文档丰富且质量高：开发过程中所遇到的几乎所有的问题，包括概念和原理、使用方法及案例等,都可以在文档中找到。

- 拥有更多的数据中心:在全球 25 个地理区域内运营着 80 个可用的服务中心,可以向全球范围提供快速且稳定的服务,优于其他云服务商。

由于面临云服务商锁定的问题,一旦选择某一个云服务商,以后想更换几乎是不可能的事情。因此一定要做好充分调研,明确自己的需求及不同云服务商的特点。一个成熟有经验的云服务商,能使上云之路更加平坦。在成本差距不是特别大的时候,应优先选择成熟且稳定的云服务商。毕竟和一次线上事故相比,成本的差距往往显得微不足道。

6.3.2 大量数据的导入和处理

在实际开发中,我们有时可能遇到有大量数据需要导入的场景,而这些数据由于体量较大,往往会以文件的形式被提供。由于涉及文件操作,这种需求通常会比较难处理。在本节中,我们将介绍一个基于 AWS Lambda 构建的大量数据的导入和处理系统。用户的需求一般如下。

- 每周进行一次数据导入。
- 每次导入的数据量约 300 万条。
- 数据以 4 个 CSV 文件的方式提供,总大小为 3GB。
- 导入后的数据需要支持少量的更新、多维度的检索和导出功能。

针对这些需求,我们首先考虑传统的解决方案,如图 6-6 所示。

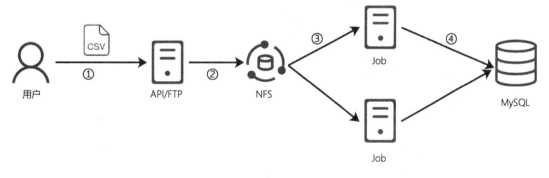

图 6-6

用户通过 API 或者 FTP 服务来访问服务器,将文件存储到网络文件系统(以下简称 NFS)中,如步骤①②所示。文件上传成功后通过消息队列或者文件监听的方式触发下游后台任务(Job)的执行，如步骤③所示。后台任务负责下载、解析并将结构化的数据存储到 MySQL 数据库中，如步骤④所示。MySQL 则负责数据的持久化，提供检索和导出功能。

这里的几个关键点如下。

- 以 NFS 作为文件存储系统。
- 后台任务通过消息或扫描目录的方式运行。
- 以 MySQL 作为数据库系统。

这种解决方案的优点是通用性较好，其涉及的相关技术也比较成熟。但缺点也比较明显，接下来我们分别讨论其存在的问题，以及如何基于 Serverless 进行系统设计。

1. 文件存储系统

NFS 通过挂载的方式和物理机器进行绑定，虽然可以做到对应用透明，但却降低了服务的伸缩性和可维护性。NFS 也需要专业的人员来搭建和维护。而对 NFS 的读写，通常也需要服务进程配合。也就是说，我们需要提供单独的 API 接口或搭建 FTP 服务来实现文件从用户端到 NFS 端的传输。

我们只是需要一个暂时存储用户文件的服务，却产生了这么多额外的负担，对此我们完全可以使用 Amazon S3（以下称为 S3）存储服务来解决。S3 是一个快速可靠且可伸缩的存储服务，提供了基于 RESTful API 或 SDK 工具包进行数据传输和共享的手段，同时也支持跨账户之间的文件共享。客户使用 AWS 的托管服务，通过跨账户的文件共享可以很方便地实现文件导入。

为了实现这一过程，我们只需进行很简单的配置。在下面的示例中，我们将向客户的 AWS 账户（账户 B）中的用户授予访问权限，从而允许这些用户上传数据到系统账户（账户 A）中，如图 6-7 所示。

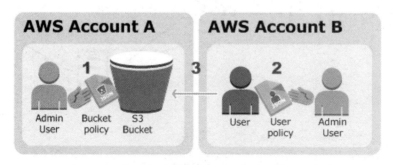

图 6-7

首先，我们需要在账户 A 中创建一个存储桶。存储桶是 S3 用于存储文件的容器，每个文件都需要储存在一个存储桶中，存储桶类似于操作系统中的文件夹。我们需要在该存储桶上附加一个策略，该策略负责指定以下内容。

- 共享的存储桶的名字，如 bucket-to-be-shared。
- 账户 B 的 ID 号，如 1122334455，以及该账户下某个用户的名字，如 sandman。
- 用户所需要的权限列表。

该策略的配置如下。

```
{
  "Version": "2012-10-17",
  "Statement": [
    {
      "Sid": "allowotheruser",
      "Effect": "Allow",
      "Principal": {
        "AWS": "arn:aws:iam::1122334455:user/sandman"
      },
      "Action": [
        "s3:PutObject",
        "s3:GetObject",
        "s3:List*"
      ],
      "Resource": [
        "arn:aws:s3:::bucket-to-be-shared",
        "arn:aws:s3:::bucket-to-be-shared/*"
      ]
    }
  ]
}
```

然后，账户 B 向用户 sandman 授予 bucket-to-be-shared 访问策略，配置如下。

```
{
  "Version": "2012-10-17",
  "Statement": [
    {
      "Sid": "Example",
      "Effect": "Allow",
      "Action": [
        "s3:PutObject",
        "s3:GetObject",
        "s3:List*"
      ],
```

```
      "Resource": [
        "arn:aws:s3:::bucket-to-be-shared",
        "arn:aws:s3:::bucket-to-be-shared/*"
      ]
    }
  ]
}
```

这样账户 B 下的用户 sandman 便可以手动上传文件，或者使用 accesskey 通过任务进程将文件自动导出并上传到账户 A 的存储桶中。

使用 S3 及其跨账户存储桶共享功能，整个过程只需要在 UI 上进行配置，短时间内即可完成，既省去了搭建 NFS 文件储存系统的麻烦，也简化了搭建 FTP 或专用 API 进行文件上传的过程。

2. 后台任务的触发方式

为了实现在文件上传后触发下游任务自动执行，上游任务通常会通过消息方式通知下游任务，或者下游任务会监听文件目录的变化。而这两种方式都需要为下游任务预留资源，负载率低时会浪费服务器资源，负载率高时则难以进行自动伸缩。如果选择消息方式，还需要引入额外的消息队列组件。而且文件的处理和存储过程亦要占用较高的 I/O 资源，这也对服务之间的隔离性提出了更高的要求。

在文件存储系统使用 S3 方案实现的前提下，借助 Lambda 来构建下游任务便成为一件顺理成章的事情。前面我们也提到过，AWS Lambda 可以以事件触发的方式运行，S3 存储桶会将文件上传动作作为一种事件，触发并执行一个 Lambda 对象。Lambda 被触发后，它会根据事件的内容进行文件的下载、校验、解析和入库。

为了实现这个过程，我们需要进行以下几项工作。

首先，创建一个 Lambda 函数 data_ingestion_handler，并选择一种合适的编程语言，这里选择的是 Golang 语言，如图 6-8 所示。

Lambda 创建成功后，还需要为该 Lambda 添加事件触发规则，并将 S3 存储桶中的文件创建操作作为触发事件，如图 6-9、图 6-10 所示。

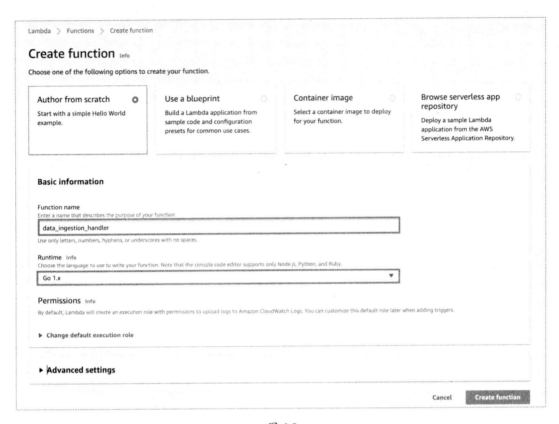

图 6-8

图 6-9

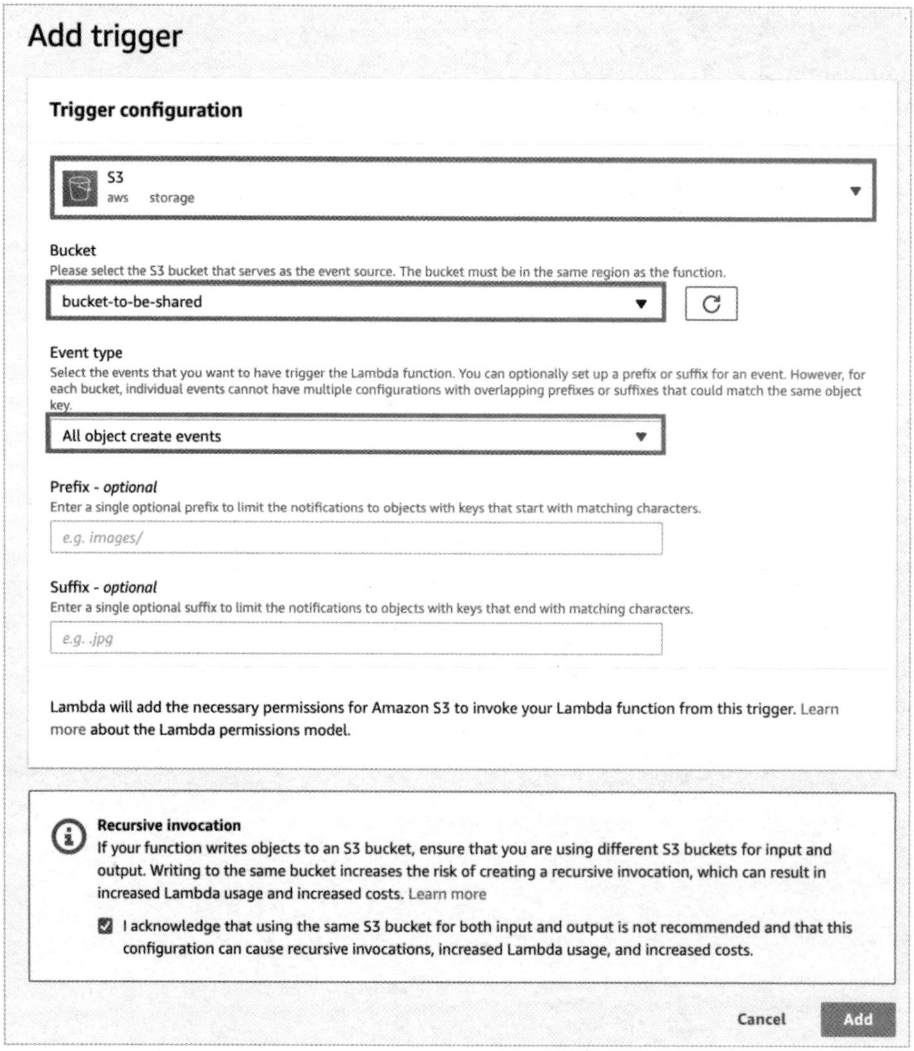

图 6-10

完成这一步后，一旦有文件上传到存储桶 bucket-to-be-shared 中，S3 便会触发 Lambda 函数 data_ingestion_handler 的执行，并将如下结构作为参数传递给 Lambda 函数。

```
{
  "Records": [
    {
      "eventVersion": "2.1",
      "eventSource": "aws:s3",
      "awsRegion": "eu-west-1",
```

```
      "eventTime": "2020-04-05T19:37:27.192Z",
      "eventName": "ObjectCreated:Put",
      "userIdentity": {
        "principalId": "AWS:AIDAINPONIXQXHT3IKHL2"
      },
      // 其他属性
      "s3": {
        "s3SchemaVersion": "1.0",
        "configurationId": "828aa6fc-f7b5-4305-8584-487c791949c1",
        "bucket": {
          "name": "bucket-to-be-shared",  // 存储桶的名字
          "ownerIdentity": {
            "principalId": "A3I5XTEXAMAI3E"
          },
          "arn": "arn:aws:s3:::bucket-to-be-shared"
        },
        "object": {
          "key": "uploaded_file.zip"  // 上传的文件的名字
          // 其他属性
        }
      }
    }
  ]
}
```

接下来要为 Lambda 函数添加具体实现，该函数需要完成以下功能。

- 解析参数得到 S3 存储桶及文件名。

- 解压官方提供的 SKD s3manager 下载文件，得到 CSV 文件。

- 解析并校验文件，将记录写入数据库。

代码的实现可以参考官方案例，这里不做详细介绍。

3. 数据库的选择

MySQL 本身的优势是对事务及复杂的多表联查计算支持友好，但这些优势在我们的使用场景中并没有体现出来。而作为行式数据库，MySQL 并不擅长应对数据量大的场景，作为有状态服务，其实现弹性伸缩也较为复杂和困难。这里我们完全可以使用托管的数据库服务，如 Amazon DynamoDB（以下简称 DDB）来代替它。DDB 是 AWS 提供的分布式键值数据库，在海量数据规模中可以提供毫秒级性能。而且 DDB 是完全托管的服务，无须进行预配置和管理服务器，也不需要安装、维护或操作软件。

于是，整个架构就被简化成了如图 6-11 所示的形态。通过 S3 的跨账户共享避免了 API/FTP 和 NFS 的搭建过程。选择 Lambda 作为任务的执行载体，实现了服务的隔离，避免了服务间资源使用的影响。通过 S3 事件触发后台任务避免了引入消息队列，解决了资源利用率低的问题。使用 DDB 托管服务，省去了 MySQL 的搭建和维护过程，获得了大量数据场景下的高性能和弹性伸缩。

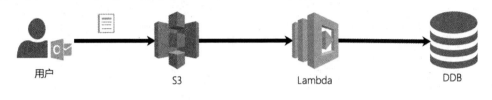

图 6-11

接下来我们重点介绍 Lambda 实施过程中的一些注意事项。

（1）内存分配模型

对于 Lambda 运行时系统资源的配置，我们只需要关注内存一项，可选范围为 128MB ~ 10GB。其实这是一个简化之后的配置，实际上 Lambda 运行时被分配的 CPU 个数和网络带宽的大小会随着内存配置的大小线性增长。简单来说，内存配置越高，其处理速度越快，网络带宽越大，一个配置了 1280MB 内存的 Lambda 实例有可能会比配置了 128MB 内存的实例运行速度快 10 倍，下载文件的速度也快 10 倍。当然实际的差异会根据任务的类型、代码的线程模型不同发生变化。还有一点，Lambda 是按照内存大小和运行时间的乘积来计费的，也就是说，虽然内存配置越低单位时间越便宜，但是运行时间却会更长，有可能会出现配置虽高但因运行时间短反而更有价格优势的情况。

（2）/tmp 目录大小限制为 512 MB

/tmp 是用来存放下载的 S3 文件的目录。在我们的案例中，客户提供的单文件大小约为 800MB，这显然超过了限制。于是我们要求客户在上传之前先将文件进行压缩，CSV 压缩之后的 ZIP 文件大小约为 50MB，既满足了 Lambda 的要求，也使得文件的上传和下载速度更快。同时 Lambda 在从 S3 下载文件之前也会进行大小校验，如果超过 512MB，Lambda 会发送错误邮件并退出执行。如果文件大小无法限制在 512MB 之内，也可以考虑其他方法，如为该 Lambda 配置 Amazon EFS（Amazon 弹性文件系统）或将文件直接下载到内存等。

（3）文件的处理

对于文件处理，我们可以采取边解压边读取的方式。一方面可以提高处理效率，另一方面可以减少对内存的占用。解析得到的记录通过并行的方式被发送给数据库，这个过程其实是一个简单的生产者-消费者模型，如图 6-12 所示。由于同一时间只处理一个文件，而且是直接从本地磁盘读取的，因此速度很快，所以我们只设置了一个生产者。而对于消费者来说，它需要发送数据到远程数据库并等待响应，其数量可以设置得多一些。具体数量还需要根据 Lambda 的配置、远程数据库负载及多轮性能测试结果来确定。

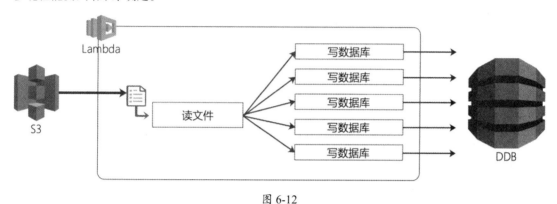

图 6-12

（4）超时时间

为了实现更好的负载均衡，Lambda 单次运行最长时间被限制为 15 分钟，一旦超过这个时间，任务便会被终止执行。因此对程序性能的充分测试也是必不可少的一个环节。

（5）并行执行的数量

默认配置下，可并行执行的 Lambda 数量最高为 1000。也就是说，如果用户同时上传了 1000 个文件，有可能会触发 1000 个 Lambda 并行执行。虽然这对 Lambda 服务来说不算什么，但对 DDB 可能会造成一些性能上的压力。因此我们建议通过设置预留并发的选项来限制可并行执行的 Lambda 的数量。

（6）实例的重用

Lambda 是无状态服务，但出于对性能的考虑，其实例并不是用完即毁的，而会在一段时间后被复用，资源泄露会直接影响到下一次的执行。除了我们之前提过的/tmp 目录大小限制在 512MB 以内，Lambda 对文件描述符、线程的数量也有限制，我们在使用完这些资源后要及时进行清理。

6.3.3 日志数据的采集和处理

日志服务是可观察性中非常重要的一项功能。通过日志数据，我们可以分析程序的行为，快速定位系统运行中出现的问题。日志还记录了用户的行为，为之后的数据分析、报表制作等提供了重要的基础信息。对于传统架构下非托管的一些服务，通常会将多种产品组合在一起作为解决方案，比如日志系统使用了 Kafka、ELK 来实现。这部分功能将在第 7 章中详细介绍。对于 Serverless 应用，云服务商都会向开发者提供收集日志的服务，如 CloudWatch 服务。具体的日志收集架构如图 6-13 所示。AWS 的许多服务默认集成了 CloudWatch，其中就包括 Lambda。AWS Lambda 会自动监控 Lambda 函数，记录函数处理的所有请求。Lambda 还自动实现了与 CloudWatch 的集成，会将所有的日志推送到与 Lambda 函数关联的 CloudWatch 日志组中。

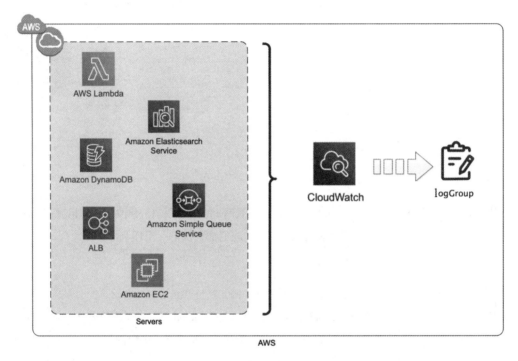

图 6-13

例如，对于一个名为 test_log_function 的 Lambda 来说，当代码中输出日志的时候，我们可以在 CloudWatch 中看到如图 6-14 所示的记录。

①部分是日志组名，它是 Lambda 第一次运行时由 CloudWatch 自动创建的，命名方式为 /aws/lambda/<函数名>，test_log_function 对应的组名就是 /aws/lambda/test_log_function。

②部分是日志记录。Lambda 每次运行的时候都会启动一个实例，每个实例分别对应一条记录。该实例在运行中产生的所有日志都会被写入同一个记录中。由于 Lambda 实例有被重用的可能，因此同一个实例被多次触发产生的日志都会显示在该记录中。

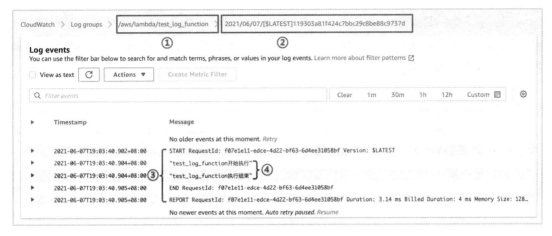

图 6-14

③部分是该 Lambda 第一次运行时产生的日志，分为两类。第一类是用户代码中打出的日志，见④部分。第二类则是 Lambda 系统级别的日志，如内存和执行时间等统计数据。

虽然 CloudWatch 实现了日志的自动采集和可视化，做到了开箱即用。但一个无法忽略的事实是，CloudWatch 只能用于 AWS 的服务，且使用和配置时都要求使用者通过 AWS 的认证。对于那些只有部分服务使用 Serverless 的系统来说，同时维护两套日志和监控系统并不是一件容易的事情。另一方面，CloudWatch 提供的基于日志的分析和可视化功能都相当基础，相比于那些专业的可视化产品，如 Kibana 来说，几乎没有优势。

我们在实际使用过程中也遇到了上述问题。对此我们的解决方案是，将 CloudWatch 收集到的日志数据导入现有的 ELK 日志系统进行统一的配置和管理。接下来我们将介绍如何将 CloudWatch 日志数据收集到 ELK 中。

我们都知道，ELK 使用 Logstash 服务采集和转换数据，并将其发送到 Elasticsearch。Logstash 通过插件方式从多个不同的数据源抓取数据，其中便包括 CloudWatch。不过，为了使 Logstash 支持 CloudWatch，还要创建相关的 AWS 用户和访问策略，为其生成访问密钥并写在配置文件中，配置较为烦琐。还有很重要的一点是，Logstash 服务本身是有状态的，需要通过内置的文件来记录当前正在处理的记录位置，以应对可能发生的崩溃和重启。这给 Logstash 服务的多节点部署和可伸缩性带来了限制。比较推荐的做法是引入 Kafka 消息队列，一来可以保证日志传输数据的可靠性和稳定性，二来借助 Kafka 的持久化和缓冲机制，即使 Logstash 出现故障也不会导致数据丢失。这也是我们选择的架构。

于是，我们的问题就变成，如何从 CloudWatch 中收集数据到 Kafka。在前面的章节中我们提到，AWS Lambda 支持事件触发，而 CloudWatch 的日志生成便是一种事件，且提供了与 Lambda 的直接集成。于是我们的架构就可以按照图 6-15 所示的方式进行组织。

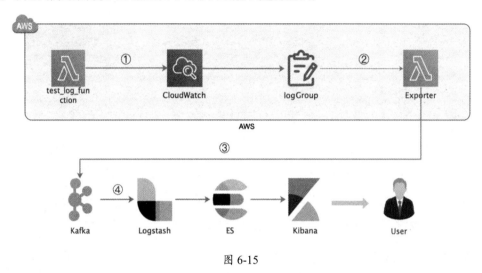

图 6-15

第①步，test_log_function Lambda 运行时将日志发送给 CloudWatch，并存入对应的日志组中。这个过程是自动的，不需要开发者做任何配置。

第②③步，日志组中数据的到来会触发下游 Exporter Lambda 的执行。Exporter Lambda 则负责将接收到的数据推送给远程 Kafka 指定的 topic。在这个过程中，开发者需要做两件事情，具体如下。

第一件事，在 CloudWatch 中为日志组注册 Lambda 监听事件。

如图 6-16 所示，开发者选择日志组中的 Subscription filters（订阅筛选条件）选项卡，单击"Create"（创建）按钮，并选择 Lambda。此时会跳转到配置页面。在这里可以选择要注册的 Lambda，在这个例子中我们选择 Exporter 作为数据接收者，同时通过配置日志的匹配模式来指定哪些格式的日志才会被发送给 Exporter Lambda，如果不填写，则表示所有的日志都将被发送给下游 Lambda。配置好之后，单击"Start streaming"（开始流式传输）按钮即可完成配置，如图 6-17 所示。

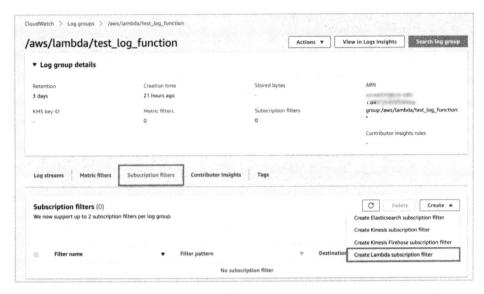

图 6-16

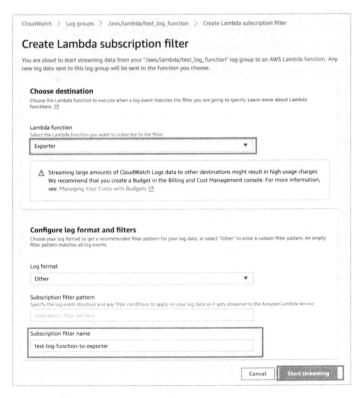

图 6-17

第二件事，实现 Exporter Lambda。

当 CloudWatch 触发 Exporter Lambda 的时候，会发送如下格式的数据作为参数。其中比较重要的属性是 logGroup 的名字和 logEvents 中的 timestamp 和 message。

```
// Export Lambda 的入参
{
  "awslogs": {
    "data": "xxxxx" // Base64 编码的数据段
  }
}

// data 字段解码后的消息数据
{
    "messageType": "DATA_MESSAGE",
    "owner": "123456789012",
    "logGroup": "/aws/lambda/test_log_function", // 日志组的名字
    "logStream": "2021/05/10/[$LATEST]94fa867e5374431291a7fc14e2f56ae7",
    "subscriptionFilters": [
        "test_log_function_to_exporter"
    ],
    "logEvents": [
        {
            "id": "34622316099697884706540976068822859012661220141643892546",
            "timestamp": 1552518348220,
            "message": "test_log_function 开始执行"
        }
    ]
}
```

在 Exporter Lambda 的实现中，需要解析上述参数，提取出日志组名、时间戳及日志内容，并将这些发送给 Kafka，其 handler 逻辑如下。需要注意的是，为了展示方便，我们省略了如错误处理、配置读取等细节。

```
func Handler(ctx context.Context, events events.CloudwatchLogsEvent) error {
    // 解析得到结构化数据
    logData, err := events.AWSLogs.Parse()
    if err != nil {
        return err
    }

    // 使用 sarama 新建 Kafka producer 实例
    producer, _ := sarama.NewSyncProducer([]string{"your_kafka_address"}, sarama.NewConfig())
```

```go
    // 获取 logGroup 值
    logGroup := logData.LogGroup

    // 遍历所有 event 的 message，构建 Kafka 消息
    var msgs []*sarama.ProducerMessage
    for _, event := range logData.LogEvents {
        m := &Message{
            LogGroup:  logGroup,
            Timestamp: event.Timestamp,
            Message:   event.Message,
        }
        msg := &sarama.ProducerMessage{
            Topic: "your_kafka_topic_name",
            Value: m,
        }
        msgs = append(msgs, msg)
    }

    // 向 Kafka 发送消息
    return producer.SendMessages(msgs)
}
```

第④步，Logstash 消费该 topic 中的数据，并将其推送到 Elasticsearch 的索引中。

这里需要注意的是，我们有两类日志：调试日志和请求日志。调试日志以程序输出行为为单位，用来记录程序的行为，而请求日志以单次接口的调用为单位，用来记录用户的行为。

由于程序产生的所有日志在 CloudWatch 中都是作为普通的字符串被处理的，为了区分不同的日志类型，我们在输出日志的时候可以将其输出为 JSON 格式，并且在 JSON 结构中添加一个标示字段来表示其类型，如添加一个名为 log_flag 的字段。

对于请求日志，该字段的值可以设为 REQUEST_LOG_RECORD_KEYWORD。这样，Logstash 在解析该记录的时候就可以根据日志类型的不同将其推送到不同的 Elasticsearch 索引中去。

以下代码展示了程序输出请求日志时的处理过程。

```go
func main() {
    lambda.Start(Log(api.List))
}

func Log(forward orderContext.HandleAlbRequestFunc) orderContext.HandleAlbRequestFunc {
    return func(ctx context.Context, req events.ALBTargetGroupRequest)
(events.ALBTargetGroupResponse, error) {
        // 构建请求日志结构体
        var record = &RequestLogRecord{}
```

```go
        // 在请求返回之前,输出请求日志
        defer func() {
            fmt.Print(record.String())
        }()

        // 当程序发生 panic 时,记录 panic 的调用栈信息
        defer func() {
            if err := recover(); err != nil {
                record.PanicError = fmt.Sprint(err, "\n", string(debug.Stack()))
                panic(err)
            }
        }()
        return invokeHandler(ctx, req, forward, record)
    }
}

func invokeHandler(ctx context.Context, req events.ALBTargetGroupRequest, handler
orderContext.HandleAlbRequestFunc, record *RequestLogRecord)
(events.ALBTargetGroupResponse, error) {
    // 为请求日志设置标识
    record.LogFlag = requestLogRecordKeyword

    // 记录用户函数的执行时间
    start := time.Now()
    res, err := handler(ctx, req)
    record.Duration = (time.Now().UnixNano() - start.UnixNano()) / int64(time.Millisecond)

    // 记录用户函数返回的错误信息
    if err != nil {
        record.ErrorMsg = err.Error()
        if stackError, ok := err.(errors.ErrorTracer); ok {
            record.ErrorStackTrace = stackError.Trace()
        }
    }

    // 设置其他属性
    // ....
    return res, err
}
```

以下是 Logstash 的配置文件。

```
input {
  # 配置数据源为 Kafka, 并指定 topic
  kafka {
    bootstrap_servers => "your_kafka_address"
```

```
      topics => ["test_log_function_to_exporter"]
      # ... 其他配置
    }
}

filter {
  date {
    match => [ "timestamp", "UNIX_MS" ]
    remove_field => [ "timestamp" ]
  }
  # 指定需要消费的 logGroup 的名字
  if [logGroup] in [
        "/aws/lambda/test_log_function_to_exporter"
  ] {
    # 将日志消息解析成 JSON 格式
    json {
      source => "message"
      skip_on_invalid_json => true
    }

    # 根据 REQUEST_LOG_RECORD_KEYWORD 的值来判断该条日志是否为请求日志或调试日志
    # 为其添加标示字段
    if [log_flag] == "REQUEST_LOG_RECORD_KEYWORD" {
      mutate {
        add_field => { "[@metadata][logtype]" => "request_log" }
        remove_field => [ "log_flag", "message"]
      }
    } else {
      mutate {
        add_field => { "[@metadata][logtype]" => "debug_log" }
      }
    }
  }
}

output {
  # 根据日志类型的不同将其推送到不同的 Elasticsearch 索引中
  if [@metadata][logtype] == "request_log" {
    elasticsearch {
      hosts => [ "your_elastic_search_addressable" ]
      index => "test-log-function-to-exporter-request-log-%{+YYYY.MM}"
      # ... 其他配置
    }
  } else if [@metadata][logtype] == "debug_log" {
    elasticsearch {
      hosts => [ "your_elastic_search_addressable" ]
```

```
        index => "test-log-function-to-exporter-debug-log-%{+YYYY.MM}"
        # ... 其他配置
      }
    }
}
```

到这一步，用户就可以通过 Kibana 来查询 Lambda 的日志数据了。

如图 6-18 所示的调试日志，该日志中包含时间戳（Time）、日志组名（logGroup）、调试等级（level）和日志消息（msg）。

图 6-18

如图 6-19 所示的请求日志，该日志中包含时间戳、处理时间、日志组名、返回报文、请求报文、用户 ID 等详细信息。

下面我们重点介绍这个过程中 Lambda 遇到的一些问题。

问题一：流量爆炸问题。

流量爆炸是指由于错误配置导致 Lambda 被无限重复触发。当 Lambda 在处理外部事件的时候，通常不会有这样的问题。但在这个例子中，Exporter Lambda 是由 CloudWatch 日志组事件触发的。每当有 Lambda 执行并输出日志时，Exporter Lambda 就会被触发，同时 Exporter Lambda 本身也会产生日志。一旦我们在配置监听规则时错误地将 Lambda 配置成监听自己的日志组，就会形成触发环路，此时执行的 Lambda 数量会呈指数级增长，并很快耗尽 AWS 的并发限额。

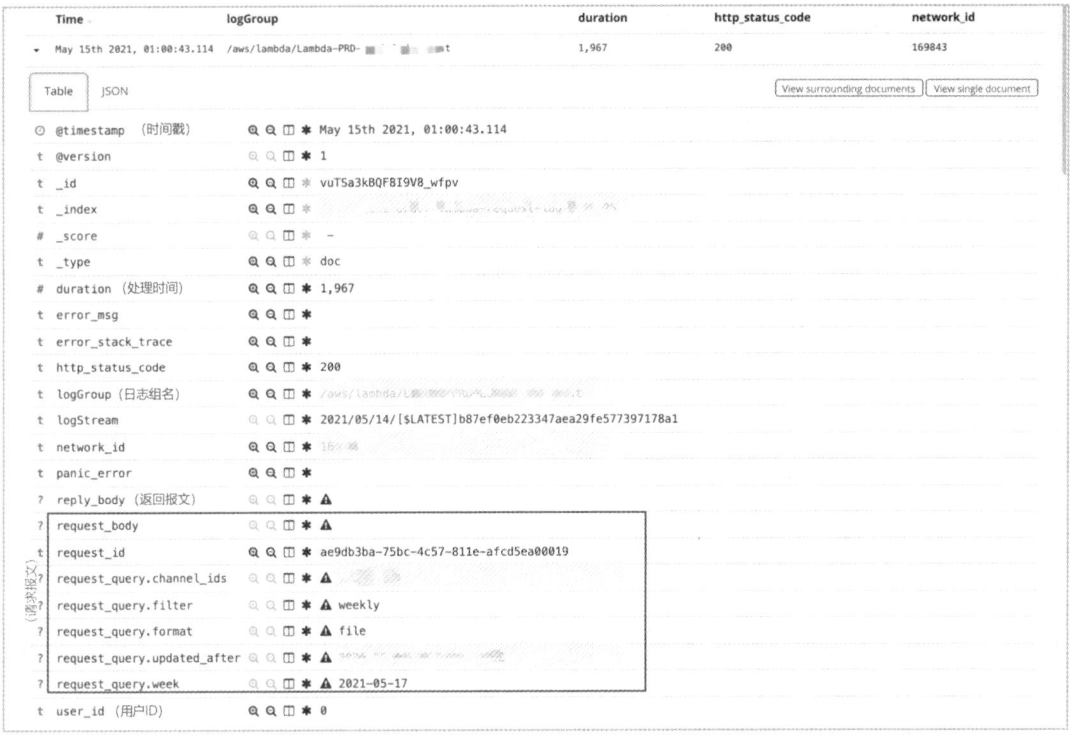

图 6-19

为了预防这种情况发生，除了部署 Lambda 时要谨慎审查配置，还可以通过限制 Lambda 的最大并发数量来降低对其他服务的影响，设置 Lambda 指标和账户费用监控来及时发现和预警。对于已经出现的情况，可以将并发值设置为 0 来强制终止执行，随后排查事故原因并及时修复。

问题二：单条日志大小限制问题。

Lambda 输出日志到 CloudWatch 时有大小限制。如果单条日志大小超过 256KB，那么它将会被切割成多条日志记录。而在我们的请求日志实现中，程序需要将请求日志序列化成字符串输出到 CloudWatch 中，然后在 Logstash 中进行 JSON 解析。相比于调试日志，请求日志一般都不会太小，如果涉及需要记录用户请求体和返回报文的情况，其体积会更大。一旦超过 256KB，单个 JSON 记录被截断成两条记录，Logstash 便无法将其解析成请求日志，从而出现日志丢失的情况。

为了避免发生这种情况，可以在输出日志时进行检查，如果发现其大小超过限制，便将其分割成两条记录，或者截断一些不必要的属性，只保留关键信息。当然也可以进行压缩，但这会造成 CloudWatch 中的日志不可读，并不推荐使用。

6.4 本章小结

本章围绕 Serverless 展开，6.1 节简述了 Serverless 的基本概念和发展历史，并详细阐述了其优势和不足。6.2 节根据 Serverless 的特点归纳出几种典型的应用场景。6.3 节结合团队的经验介绍了两种基于 AWS Lambda 的 Serverless 落地案例，并对实施过程中关键的技术点进行了详细探讨。

需要注意的是，Serverless 可以让开发者更加专注于业务逻辑和快速部署，它更适合用来解决某一类问题。同时也要意识到，Serverless 的目标并不是完全取代现有的架构，它只是在某些场景下给开发者提供了另外一个选项。Serverless 与现有架构两者共存、相互配合、各取所长，这将是现代应用架构的发展趋势。

第 7 章

服务的可观察性

业务系统使用微服务架构并迁移上云后，面临了诸多挑战，尤其是查看应用中各个服务的状态、快速定位并解决线上问题，以及监控服务间的调用关系等。在云原生领域，可观察性（Observability）就是用来应对这些挑战的一大分类（Category）。本章将介绍服务可观察性的定义和应用、可观察性与监控的联系与区别、可观察性社区的现状，以及我们团队关于可观察性的落地实践。

7.1 什么是可观察性

可观察性不是一个新名词，它来源于控制理论（Control Theory）领域，是指可以由系统外部输出推断其内部状态，广泛应用于电气、机械工程等工业领域。这个概念最早在 2017 年被引入微服务和云原生领域，随后在 CNCF 蓝景图里占据了一个重要的分组。截至 2021 年 4 月，在此分组下共有 103 个项目，并且在 CNCF 成功毕业的前 10 个项目里，有 3 个属于可观察性分组，分别是 Prometheus、Fluentd 及 Jaeger。在本节中，我们就来剖析可观察性的定义与持性。

7.1.1 可观察性的定义

可观察性在被引入微服务及云原生领域后，并没有一个统一的、被业界公认的定义，笔者更倾向于 Elastisys 高级云架构师 Cristian Klein 给出的解释：

> 度量你的基础设施、平台和应用程序，以了解它是如何运行的。正如现代管理学之父 Peter Drucker 曾经说过的，"如果你不能测量它，你就无法管理它。"

从这个解释中可以看出，引入可观察性的最终目的是更好地管理系统。在一个复杂的微服务系统中，可观察性可以帮助我们理解和度量系统运行状态，判断是否有可优化的空间，以及定位如下问题。

- 每个服务的状态如何，是否在按预期处理请求？
- 请求为什么会失败？
- 客户请求都经过了哪些服务，调用链上是否有性能瓶颈？

至于如何使一个系统具有可观察性，关键在于如何提供可以体现系统运行状态的数据，以及如何收集、展示这些数据并在系统异常的时候正确报警。这些内容我们将在后面的内容里详细阐述。

7.1.2　可观察性的三大支柱

7.1.1 节提到，可观察性的基础在于如何提供可以体现系统运行状态的数据，Peter Bourgon 在参加完 2017 年分布式追踪峰会（2017 Distributed Tracing Summit）后撰写了著名的文章 "Metrics, tracing, and logging"，简明扼要地阐述了支撑分布式系统可观察性的三大支柱及它们之间的联系与区别，即指标（Metrics）、日志（Logging）和追踪（Tracing），如图 7-1 所示。

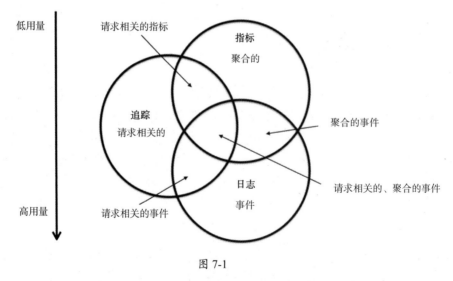

图 7-1

这三类数据各有侧重，需要结合起来才能成为可观察性的数据支撑。

- 指标：一个时间段内累计的度量或计数，它具有原子性，并且是可累加的。比如某次请求使用了多少内存，某个服务在过去的一段时间内处理了多少请求等。从图 7-1 中可以看出，指标数据占用内存最少，可以被高效传输和存储。

- 日志：系统事件的记录，这些事件是不连续且不可变的。比如记录某个服务出错时的错误信息，记录系统处理某次请求的信息等。从图 7-1 中可以看出，日志占用的内存最多，因为它可以携带丰富的信息来帮助我们调试问题。

- 追踪：单次请求范围内的信息，某次请求生命周期内所有的数据、元数据信息都被绑定到单个事务上。比如一次请求经过了系统中哪些服务或模块，在这些服务或模块上的处理状况（错误、时延等）如何。从图 7-1 中可以看出，追踪数据占用的内存介于指标和日志之间，它的主要作用是串联系统各个服务或模块的信息，帮助我们迅速定位问题。

有了这三类数据，在一个分布式的、基于微服务的系统中，一个典型问题的排查过程大概如下。

（1）先通过预设的告警发现异常（通常是指标或日志数据）。

（2）发现异常后，通过分布式追踪系统记录的调用链信息定位到出问题的服务（追踪数据）。

（3）查询并分析出问题的服务的日志，找到关键的报错信息，从而定位到引发问题的代码、配置等（日志数据）。

7.1.3　可观察性与监控的联系与区别

很多人以为所谓的可观察性就是监控，但笔者认为，这两者虽然含义接近，却仍有差别。

简单来说，监控是可观察性的子集和关键功能，两者相辅相成，系统如果达不到某种程度的可观察性就无法进行监控。监控可以告诉我们系统的整体运行状态如何，以及什么时候出了什么问题，而可观察性则可以进一步帮助找到出现问题的原因。

传统的监控通常是运维工程师的职责，最开始的监控甚至只用于检查系统是否宕机。根据 Google 的网站可靠性工程师手册（SRE Book），你的监控系统需要回答两个简单的问题：出了什么问题？为什么？

对于一个简单的单体应用来说，运维工程师通过监控网络、主机及系统日志基本上就足够解答这两个问题了。但是随着应用变得越来越复杂，我们通常会将它改造为微服务架构，这时只依靠运维工程师将越来越难以解决这两个问题。我们需要开发人员一起参与进来，在系统设计与开发阶段就考虑如何暴露系统内部的信息，包括网络、主机（或者容器）、基础设施和服务本身，即让整个应用系统具备可观察性。我们通常通过埋点将服务内部状态（即 7.1.2 节介绍的指标、日志和追踪数据）暴露，可以说，可观察性在某种程度上遵循了 DevOps 开发运维一体化的理念。

有了可观察性数据的支撑，我们就可以高效地监控系统。

- 通过一系列的仪表板（Dashboard）来展示系统整体或某个特定服务的运行状态，这些仪表板通常是一组可视化模块（Visualization）的集合。

- 在系统异常时，通过预定义的告警（Alert）规则及时通知相关人员进行处理。当然，我们也可以利用机器学习的方式去扫描数据，识别异常并自动告警，避免人工定义及调整各种告警规则。

- 通过预处理过的数据查询故障相关的上下文信息，从而定位及解决问题。

可观察性不仅可以帮我们更好地监控系统，它还具有以下功能。

- 优化系统：通过分析数据更好地理解系统及客户的使用情况，从而有效地优化系统（优化调用链路、业务流程等）。

- 故障预测：故障总会造成损失，所以最理想的状况是能够避免故障的发生。我们可以通过分析之前故障产生的一些先兆信息做到预防性监视（Proactive Monitoring）。

7.1.4　社区产品现状及技术选型

前面提到，自从可观察性这个概念出现在云原生领域后，业界迅速出现了大量的产品，呈现出百花齐放的局面，如图 7-2 所示。

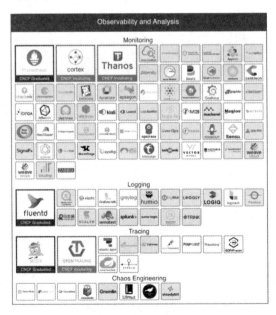

图 7-2

从图 7-2 中我们可以看出，现阶段的产品基本上各有侧重，大部分侧重于可观察性三大支柱中的某一分支，缺少能够同时处理和关联三大支柱的大一统的产品。

- 侧重指标：Prometheus、InfluxDB、Cortex、Zabbix、Nagios、OpenCensus 等。
- 侧重日志：ELK、Fluentd、Splunk、Loggly 等。
- 侧重追踪：Jaeger、Zipkin、SkyWalking、OpenTracing、OpenCensus 等。

在设计业务系统的可观察性解决方案时，我们选用了多种产品（Prometheus、InfluxDB、Cortex、ELK 和 Jaeger）来完成三大支柱数据的收集与使用，详细的落地方案会在后面的章节介绍。

当然，多产品/项目混合使用也会存在一些问题，比如维护代价巨大、数据不互通。数据不互通的表现是，客户每次请求的数据被存储在各产品自己的系统里，无法充分发挥价值。

业界也早已意识到了这个问题，CNCF 底下的 OpenTelemetry 项目便旨在统一指标、日志及追踪，实现数据的互联互通。OpenTelemetry 的宗旨是：从服务和软件中生成并收集遥测数据，然后将它们发送到各种各样的分析工具中。

OpenTelemetry 的定位是可观察性的基础设施，解决数据规范与收集问题，但是后续的分析、展示还需要借助其他工具来完成，现在还没有一个统一的平台能够完成所有的工作。我们会密切注意此项目的进展并适时优化我们的可观察性落地方案。

7.2 云原生下的日志解决方案

在大多数业务系统的构建和开发过程中，作为系统运行背后的产出，日志描述着系统的行为和状态，是开发和运维人员对系统进行观察和分析的基石。在应用程序构建初期，日志可能仅仅是为了打桩和调试而存在的，其内容也可能是独立、单一的记录。随着系统变得复杂，服务与服务之间的交互不断增加，我们对于日志内容精确性、规范化、易观测的需求就愈发明显。本节将简要介绍云原生下的日志解决方案。

7.2.1 日志分类与设计

为了将日志的记录标准化和规范化，并进一步实现可维护、可扩展、可观察，我们将应用在不同使用场景下记录的日志分为调试日志和请求日志两种，并开发了相关的工具库和中间件来降低开发人员的负担。

1. 调试日志

调试日志是最为常见的基础日志类型，通常由开发者在代码逻辑中植入日志记录的代码，以对系统正在发生或已经发生的行为和状态进行记录。为了能够提供良好的阅读性和可维护性，我们首先确定了初步的日志规范。

- 在日志标记上，要记录输出日志的时间，以方便查阅和追溯什么时刻发生了什么，以及相关事件的先后顺序。
- 在日志分类上，要说明当前的日志级别（Debug、Info、Warn、Error、Fatal、Panic，其中 Panic 在非极特殊情况下不推荐使用）。
- 在日志内容上，不能简单地输出变量或结构体，要添加基本的描述和相关辅助信息，说明和指导当前日志内容的用途，拒绝因没有意义的日志而浪费人力、物力资源。

通过上述规范，我们得到一个能够按照时间和级别对日志进行归类的日志结构。业内常见的基于 Golang 的日志库，如 logrus、zap、zerolog、log15 等，都能按需输出满足以上规范的日志，并提供多样的功能和优良性能。随着技术的发展迭代和日新月异，后期可能会出现更多优秀的日志库为我们所用。为了能够更好地实现各种日志库的切换和迭代，我们在现有日志库的基础之上封装了一套新的日志工具库，并根据我们的业务需求和开发需要，实现了一套通用函数定义，将底层的日志库透明化。这样一来，未来我们对底层日志库进行更新迭代时，可以尽可能小地对应用服务造成编码影响，降低维护成本。此外，为了使日志结构更加便于收集、解析、整理、分析，该日志库在满足了以上三点要求的基础上，还实现了以下功能。

- 可动态配置和调整时间输出格式，默认为 RFC3339。
- 可动态配置和调整日志在当前系统中的输出级别，默认为 Info。
- 可动态配置和调整日志的输出格式（当前支持 Text 或 JSON），默认为 JSON 格式。
- 可在系统接入 Tracing 后从 Context 中提取追踪信息，便于相关日志间查询参考。
- 可添加自定义 Key-Value 日志内容，方便对日志描述进行自定义扩展。
- 记录日志数据量，方便统计和审视日志的规模和合理性。

例如，我们可以通过如下方式调用日志库。

```
// 输出日志
func logExample() {
    // 初始化 Tracing，将 Tracing 信息注入 Context
    tracing.InitDefaultTracer("example")
```

```go
    sp := tracing.StartSpan("example_span")
    sp.Finish()
    ctx := opentracing.ContextWithSpan(context.Background(), sp)

    // 可配置日志输出格式和时间输出格式，默认为 JSON 和 RFC3339
    log.ConfigFormat(log.JSONFormat, time.RFC3339)

    // 可配置日志输出级别，低于该级别的日志不输出，默认为 Info
    log.SetLevel(log.DebugLevel)

    // 可增添自定义 Key-Value 内容
    fields := map[string]interface{}{
        "test_key": "test_value",
    }

    // 输出级别为 Error，并携带 Tracing 信息
    log.WithCtxFieldsError(ctx, fields, "test message: log example.")
}
// 对应输出的日志如下
{
    "level":"error",
    "msg":"test message: log example.",
    "parent_id":"0",
    "size":26,
    "span_id":"719a1b2fe311510a",
    "test_key":"test_value",
    "time":"2020-11-11T11:11:11Z",
    "trace_id":"719a1b2fe311510a",
    "type":"debug"
}
```

可以看到，日志按照设定的内容和格式输出了我们想要的内容。

- level：日志输出级别。

- time：日志输出时间。

- msg：日志内容。

- size：日志内容大小。

- type：标记该日志为调试日志，用于后期收集日志时对不同类型日志进行处理。

- test_key、test_value：自定义 Key-Value。

- trace_id、span_id、parent_id：Context 中携带的 Tracing 信息。

2. 请求日志

在实践中我们发现，单纯的打点式记录代码内容已经难以满足我们构建应用服务场景的需求。对于面向客户操作的业务系统，输入/输出是整个系统的重中之重，尤其在应用微服务化以后，服务接收到的请求和返回给调用方的内容，对于我们查看和监控系统的状态，以及分析用户和系统的行为十分必要。

为了解决这一问题，我们提出了一种记录请求日志的拦截器式中间件。该中间件从请求发生的上下文中提取请求地址、请求内容、返回内容、错误列表、处理函数、客户 ID、时间戳、时长等信息，并以 JSON 的形式输出。同时，该中间件不单单记录本服务的输入/输出信息，也支持记录从本服务与其他服务，特别是非系统内部服务（如 Elasticsearch、DynamoDB）间的输入/输出信息，可帮助我们更好地观察和发现服务中发生的行为和问题。基于良好的设计，该中间件支持 HTTP 和 gRPC 两种协议下的服务，也同时兼容 Job 和 Message 类型的服务，方便统一化收录和解读日志，降低不同服务之间日志的阅读和维护成本。

请求日志的实现结构如图 7-3 所示，通过该结构可实现以下功能。

- 记录请求输入内容，返回输出内容（如错误码、错误消息、错误结构内容、错误点堆栈信息，被调用的方法信息及对应的上下文，请求或事件的开始时间和持续时间，发起请求的客户 ID 等）。
- 增加可定制的记录单元，并通过传入的定制函数来处理定制化内容。
- 同时支持 HTTP 和 gRPC 的请求日志信息。
- 支持记录非即时请求的 Job 和 Message 服务的信息。
- 支持 Tracing 以记录调用链信息。

生成的请求日志直接调用调试日志，将转译后的信息放置在 msg 字段中，并将 type 字段设置为 request，与其他日志进行区分，示例如下。

```
{
  "level": "info",
  "msg": "{\"TraceID\":\"7ec0301254a9af75\",\"IsOutgoing\":false,\"NetworkID\":12…",
  "size": 1517,
  "time": "2020-11-11T11:11:11Z",
  "type": "request"
}
```

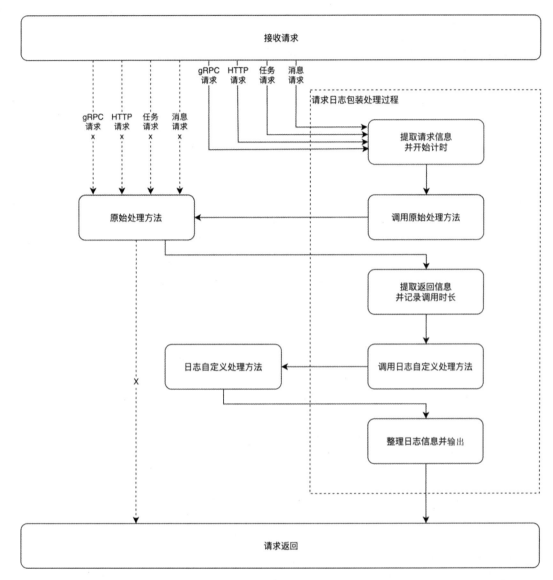

图 7-3

请求日志具有不同的类型，下面我们列举几类请求日志，介绍其实现方式。

（1）gRPC 请求日志

对于 gRPC 请求，我们可以通过构建一元拦截器来获取请求的输入和输出。一元拦截器具体可分为一元服务端拦截器（UnaryServerInterceptor）和一元客户端拦截器（UnaryClientInterceptor）两种，它们分别作用在 gRPC 服务端和客户端。一元服务端拦截器的定义如下。

```go
type UnaryServerInterceptor func(ctx context.Context, req interface{}, info *UnaryServerInfo,
handler UnaryHandler) (resp interface{}, err error)
```

一元服务端拦截器提供了一种作用于服务端的钩子，能够拦截 gRPC 请求。其中，函数输入参数 ctx 为请求调用的上下文信息；req 为请求的内容；info 为该请求包含的所有操作信息；handler 是经过包装的具体服务处理方法的实现。输出参数为客户端要返回给调用方的响应消息内容 resp，以及产生的错误信息 err。基于一元服务端拦截器，我们实现了如下方法来拦截请求日志。

```go
// UnaryServerInterceptor, 一元服务端拦截器, 实现服务端请求日志的拦截和记录
// 将参数 customizeLog 传入函数可以支持外部自定义日志处理方法
// 也可以传入 nil 来使用默认的日志处理方法, 使日志处理更为灵活
func UnaryServerInterceptor(customizeLog func(ctx context.Context, logRecord *LogRecord)) grpc.UnaryServerInterceptor {
    return func(
        ctx context.Context, req interface{}, info *grpc.UnaryServerInfo, handler grpc.UnaryHandler,
    ) (reply interface{}, err error) {
        // 初始化请求日志的结构体
        var logRecord *LogRecord

        // 通过 defer 来控制函数返回前的逻辑调用
        defer func() {
            // 防止在调用过程中发生非预期终止, 导致丢失记录
            if r := recover(); r != nil {
                log.Errorf("Panic due to: %v\n%s", r, string(debug.Stack()))
                err = errors.New(fmt.Sprintf("Panic due to: %v", r))
            }

            // 提取返回的结果, 记录时长, 输出请求日志
            finishLog(ctx, logRecord, reply, err, customizeLog)
        }()

        // 通过 beginLog 来提取请求中的有效信息并将其保存到 logRecord 中
        logRecord = beginLog(ctx, req, info.FullMethod, false, customizeLog)

        // 调用包装的处理方法
        return handler(ctx, req)
    }
}
```

与一元服务端拦截器类似，一元客户端拦截器也会拦截客户端上的 gRPC 请求。当创建一个客户端连接时，我们可以通过 WithUnaryInterceptor 方法或 WithChainUnaryInterceptor 方法将拦截器指

定为一个调用选项。当在请求中设置了一元客户端拦截器时，gRPC 就会将所有的一元调用委托给拦截器，由拦截器来负责触发调用器，进而完成处理过程。一元客户端拦截器的定义如下。

```go
type UnaryClientInterceptor func(ctx context.Context, method string, req, reply interface{},
cc *ClientConn, invoker UnaryInvoker, opts ...CallOption) error
```

对于其中的输入参数，ctx 为请求调用的上下文信息；method 为请求的方法名；req 为请求的内容；reply 为服务端返回给客户端的响应内容；cc 是调用 gRPC 请求的客户端连接；invoker 是完成 gRPC 调用的处理程序；opts 包含所有适用的调用选项，包括客户端连接的默认值及每个特定调用选项。基于一元客户端拦截器，我们也实现了类似一元服务端拦截器的逻辑来处理请求日志信息。

```go
// UnaryClientInterceptor, 一元客户端拦截器, 实现客户端请求日志的拦截和记录
// 将参数 customizeLog 传入函数可以支持外部自定义日志处理方法
// 也可以传入 nil 来使用默认的日志处理方法, 使日志处理更为灵活
func UnaryClientInterceptor(customizeLog CustomizeLogFunc) grpc.UnaryClientInterceptor {
    return func(ctx context.Context, method string, req, reply interface{}, cc
*grpc.ClientConn, invoker grpc.UnaryInvoker, opts ...grpc.CallOption) error {
        // 初始化请求日志的结构体
        var logRecord *LogRecord

        // 通过 defer 来控制函数返回前的逻辑调用
        defer func() {
            // 防止在调用过程中发生非预期终止, 导致丢失记录
            if r := recover(); r != nil {
                log.Errorf("Panic due to: %v\n%s", r, string(debug.Stack()))
                err = errors.New(fmt.Sprintf("Panic due to: %v", r))
            }

            // 提取返回的结果, 记录时长, 输出请求日志
            finishLog(ctx, logRecord, reply, err, customizeLog)
        }()

        // 通过 beginLog 来提取请求中的有效信息并将其保存到 logRecord 中
        logRecord = beginLog(ctx, req, method, true, customizeLog)

        // 触发包装的调用器方法并返回调用器产生的错误信息
        return invoker(ctx, method, req, reply, cc, opts...)
    }
}
```

（2）HTTP 请求日志

与 gRPC 类似，我们将 HTTP 请求也按照服务端和客户端进行分类，分别实现请求日志的提取和记录。但与 gRPC 提供的一元拦截器结构不同，HTTP 端需要我们自己编写对应的中间件来实现拦

截功能。

对于 HTTP 服务端，我们构建了一个新的 HTTP 处理函数。该函数首先获取并记录请求内容，之后替换 ServeHTTP 方法的接收者来截获返回的响应内容，并在记录后将截获的响应内容回填到原有的接收端，最后将上述构建的函数替换为原有的 HTTP 处理函数（handler）进而实现请求拦截，其具体实现逻辑如下。

```go
// HTTPServerMiddleware，通过替换 HTTP 处理函数 handler 来记录日志
// 输入参数 handler 为原有 HTTP 处理函数
// 输出参数 handler 为包含日志处理逻辑的 HTTP 处理函数
func HTTPServerMiddleware(handler http.Handler) http.Handler {
    // 定义替换原处理函数的包装函数 f
    f := func(writer http.ResponseWriter, req *http.Request) {
        // 从 req 中提取上下文 ctx
        ctx := req.Context()
        // 初始化 HTTP 请求的接收结构体
        recorder := httptest.NewRecorder()
        // 初始化请求日志结构体
        var logRecord *LogRecord

        // 通过 defer 来控制函数返回前的逻辑调用
        defer func() {
            // 防止在调用过程中发生非预期终止，导致丢失记录
            if r := recover(); r != nil {
                log.Errorf("Panic due to: %v\n%s", r, string(debug.Stack()))
                recorder.Code = http.StatusInternalServerError
            }

            // 将 recorder 中接收到的原本返回给 writer 的 HTTP 报头信息回传
            for k, v := range recorder.Header() {
                writer.Header()[k] = v
            }
            writer.WriteHeader(recorder.Code)
            // 将 recorder 中接收到的原本返回给 writer 的 HTTP 报文信息回传
            recorder.Body.WriteTo(writer)

            // 提取返回结果，记录时长，输出请求日志
            finishHTTPLog(logRecord, recorder.Result(), nil)
        }()

        // 通过 beginHTTPLog 提取请求中的有效信息并将其保存到 logRecord 中
        logRecord = beginHTTPLog(ctx, req, false)

        // 用 recorder 替换原有接收者 writer 以拦截服务器返回的响应信息
        handler.ServeHTTP(recorder, req)
```

```go
    }
    // 将处理方法替换为上面定义的处理函数 f
    return http.HandlerFunc(f)
}
```

与 HTTP 服务端略有不同，HTTP 客户端可以通过构建往返旅行者（RoundTripper）并将其设置为 HTTP 客户端的传输器（Transport）来执行单个 HTTP 事务，并获取对应的请求信息和响应信息，进而实现类似于服务端中间件的功能。以下代码演示了如何实现 RoundTripper 接口并拦截请求和响应信息。

```go
// 该结构体实现了 RoundTrip 方法，在其中获取并记录了请求信息和响应信息
type HttpClientMiddleware struct {
    // 实现 RoundTripper 接口的结构体，进而实现多个中间件协同工作
    Middleware http.RoundTripper
}

// RoundTrip，实现 RoundTripper 接口，实现请求信息和响应信息的拦截和记录
// 输入参数 req 为 HTTP 客户端发出的请求信息
// 输出参数 res 为 HTTP 客户端接收的响应信息
// 输出参数 err 为 HTTP 客户端接收的错误信息
func (hcm HttpClientMiddleware) RoundTrip(req *http.Request) (res *http.Response, err error) {
    // 从 req 中提取上下文 ctx
    ctx := req.Context()
    // 初始化请求日志结构体
    var logRecord *LogRecord

    // 通过 defer 来控制函数返回前的逻辑调用
    defer func() {
        // 防止在调用过程中发生非预期终止，导致丢失记录
        if r := recover(); r != nil {
            log.Errorf("Panic due to: %v\n%s", r, string(debug.Stack()))
        }

        finishHTTPLog(logRecord, res, err)
    }()

    // 通过 beginHTTPLog 来提取请求中的有效信息并将其保存到 logRecord 中
    logRecord = beginHTTPLog(ctx, req, true)

    // 调用成员 Middleware 的 RoundTrip 方法来实现多个中间件协同工作
    return hcm.Middleware.RoundTrip(req)
}
```

(3) Job 请求日志

Job 类型的请求通常执行一次性或周期性任务，不需要实时返回，但依然会产出执行内容和任务结果信息。我们将执行内容和产出结果分别映射到请求日志的请求内容和响应内容上，通过复用日志结构降低日志阅读的门槛和维护成本，提高工程师日常工作的效率。

针对团队自主实现的任务框架，我们编写了专门针对 Job 请求日志的中间件，代码如下。

```
// JobRequestLogMiddleware，注册在任务处理线程池中
// 记录对任务执行前后的执行内容和产出结果的拦截情况
// 输入参数 j 记录了任务的执行内容
// 输入参数 next 记录了下一个需要执行的中间件
// 输出参数 err 返回了这期间产生的错误信息
func JobRequestLogMiddleware(j *jobWorker.Job, next jobWorker.NextMiddlewareFunc) (err error)
{
    // 初始化请求日志结构体
    var logRecord *LogRecord

    // 通过 defer 来控制函数返回前的逻辑调用
    defer func() {
        // 防止在调用过程中发生非预期终止，导致丢失记录
        if r := recover(); r != nil {
            log.Errorf("Panic due to: %v\n%s", r, string(debug.Stack()))
            err = errors.New(fmt.Sprintf("Panic due to: %v", r))
        }

        finishLog(nil, logRecord, "", err, nil)
    }()

    // 通过 beginJobLog 来提取任务信息中的有效信息并将其保存到 logRecord 中
    logRecord = beginJobLog(j)

    // 调用下一个中间件方法 next 来实现多个中间件协同工作
    return next()
}
```

(4) Message 请求日志

与 Job 请求日志类似，为了能够很好地记录异步消息，我们将消费者接收到的消息信息和返回信息分别映射到请求日志的请求信息和响应信息上。

在下面的代码中，我们以 proto 类型的消费者拦截器为例，简要介绍如何对原有消费者消息处理方法进行拦截包装。

```go
// ConsumerMessageInterceptor，通过传入消息的原有解码方法和处理方法
// 提取消息消费前后的消息信息和返回信息，并将其包装成新的消息处理方法进行返回
// 输入参数 unmarshalFunc 是将接收到的消息内容解码为通用的 proto 消息所使用的方法
// 输入参数 consumerMessageHandler 是原有的消息处理方法
// 函数输出签名，func(*message.ConsumerMessage) error，与原有的消息处理方法一致
func ConsumerMessageInterceptor(unmarshalFunc func(msg *message.ConsumerMessage)
proto.Message, consumerMessageHandler func(*message.ConsumerMessage) error)
func(*message.ConsumerMessage) error {
    // 此处采取快速失败策略，在传入的消息解码方法和处理方法为空时迅速产生错误
    if consumerMessageHandler == nil || unmarshalFunc == nil{
        panic("Consumer Message Handler or Unmarshal Function is nil.")
    }

    // 包装生成的新消息处理方法
    return func(msg *message.ConsumerMessage) (err error){
        // 初始化请求日志结构体
        var logRecord *LogRecord

        // 通过 defer 来控制函数返回前的逻辑调用
        defer func() {
            // 防止在调用过程中发生非预期终止，导致丢失记录
            if r := recover(); r != nil {
                log.Errorf("Panic due to %v\n%s", r, string(debug.Stack()))
                err = errors.New(fmt.Sprintf("Panic due to: %v", r))
            }

            finishLog(nil, logRecord, nil, err, nil)
        }()

        // 调用传入的解码方法，将原有消息解码为 proto 信息
        pb := unmarshalFunc(msg)
        // 如果 proto 信息为空，则放弃请求日志消息提取，直接调用原有的消费处理方法
        if pb == nil {
            log.Error("Consumer Message's unmarshal function returns nil.
                Request log cannot extract information from
                consumer message.")
            err = consumerMessageHandler(msg)
            return
        }

        // 将解码得到的 proto 信息进一步编码为 JSON 格式，便于提取请求日志消息
        pbJson, err := marshaller.MarshalToString(pb)
        // 如果编码失败，则放弃请求日志消息提取，直接调用原有消费处理方法
        if err != nil {
            log.Errorf("Error occurred while marshal proto message into json,
                proto_message=%v, err=%v", pb, err.Error())
```

```
                    err = consumerMessageHandler(msg)
                    return
            }

            // 提取消息信息中的有效信息并将其保存到 logRecord 中
            logRecord = beginConsumerMessageLog(pbJson, pb)

            // 调用原有消费处理方法进行消息消费
            err = consumerMessageHandler(msg)

            return
    }
}
```

通过以上功能，记录请求日志的中间件能满足系统当前所有业务场景下对请求日志功能的需求，并提供了足够的扩展能力，为新服务的构建及不同服务之间问题的排查提供了良好的中台基础。

7.2.2　云原生日志收集方案的演进

具有了能输出标准日志的优秀中间件，我们同样需要一套优雅的日志收集系统来将日志更好地归类，以便进一步观察、分析、监控。为此，我们选择了 ELK Stack，本节将介绍使用这套技术栈的演进过程。

1. 单体应用时期

在单体应用和物理机时期，我们通过在物理机上部署 Filebeat 将应用产生的日志按行进行收集，加入分类信息及封装。如图 7-4 所示，Filebeat 作为生产者负责将封装好的消息传递给消息队列 Kafka 集群，之后 Logstash 作为消费者从 Kafka 集群处获得日志消息，并对其进行分类、清洗、解析、二次加工，然后传递给 Elasticsearch 集群进行存储。而后即可通过 Kibana 对系统产生的日志进行查看，并在此基础上构建仪表板实现日志信息的进一步可视化。

2. 服务容器化早期方案：Sidecar

随着服务的容器化，服务之间的运行环境相对独立，也不再受物理机的制约，于是我们便初步尝试将 Filebeat 以 Sidecar 的形式整合在服务的 Pod 中。

如图 7-5 所示，Filebeat 将作为 Sidecar 在 Pod 中采集对应路径下的日志文件并将其发送到 Kafka 集群。这种方案下的 Filebeat 配置与物理机时期非常相近，作为过渡方案改动相对较小。但是 Sidecar 运行时的资源消耗会对整个 Pod 造成影响，进而影响服务的性能。我们曾经遇到过，由于短时高发的日志输出导致整个 Pod 的内存资源消耗严重，业务服务不能继续提供服务，进而使 Pod 自动重启的情况。在这种情况下,我们只能临时增加 Pod 并调整 Pod 中的资源分配情况,将配置扩大到原始配置的几倍后临时缓解了高吞吐量阶段的负载,但还是损失了问题发生到调整完成期间的部分请求和相应的日志。因此,为了从根本上规避这个问题,我们在此基础上提出了采用 DaemonSet 方案。

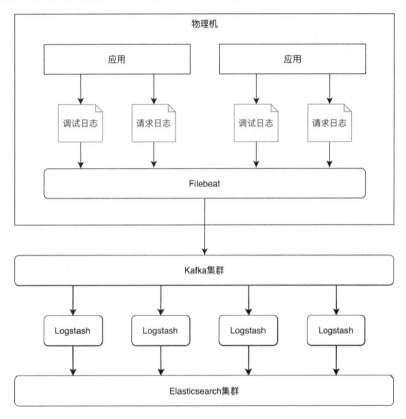

图 7-4

3. 服务容器化稳定方案:DaemonSet

我们将控制台中的日志(调试日志、请求日志、第三方日志)重定向到节点的存储位置,之后令节点中的 Filebeat 对日志所在的路径进行监控采集。这种方案能够有效地将 Filebeat 的运行与应用的容器和 Pod 分割开来,规避了在 Pod 中使用 Sidecar 对应用造成的资源损耗。以 DaemonSet 模式启动的 Filebeat 会对采集到的日志进行初步处理,在增添 Kubernetes 宿主环境信息且封装后,将信息传递到对应的 Kafka 集群中,如图 7-6 所示。

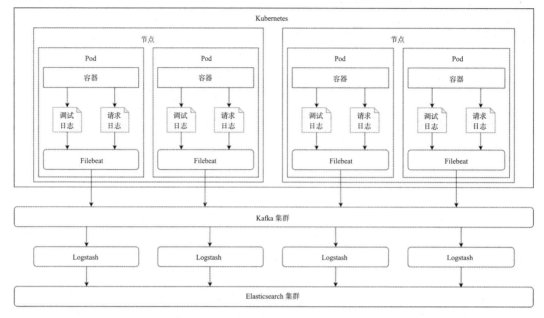

图 7-5

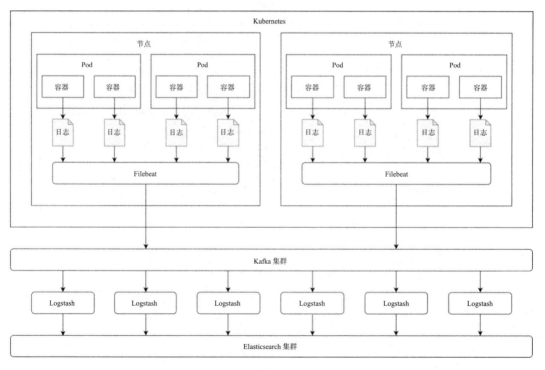

图 7-6

对于 Filebeat 的具体配置，因为相关的文献有很多，在此就不赘述了。我们仅针对其在 Docker 模式下的输入进行描述，代码如下。

```yaml
- combine_partial: true # 开启碎片日志整合功能
  containers:
    ids:
    - '*'
    path: /var/lib/docker/containers
    stream: all
  exclude_files: # 声明不用收集日志的目标
  - filebeat-.*\.log
  - logstash-.*\.log
  fields: # 附带自定义字段信息
    dc: AWS-DC-1
    k8s_cluster: EKS-PRD-K8S
  processors:
  - add_kubernetes_metadata: # 将收集到的 Kubernetes 元信息附加到日志内容中
      default_matchers.enabled: false # 关闭创建索引的默认匹配器
      in_cluster: true # 在 Kubernetes 集群内部作为 Pod 运行
      include_annotations:
# 当检测到产生日志的 Pod 携带 log-collection 标记时，附带 Kubernetes 元信息
      - log-collection
      matchers: # 自定义创建索引的匹配器
      - logs_path: # 使用存储在 log.file.path 字段中的日志路径信息来创建索引
          logs_path: /var/lib/docker/containers
  - drop_event: # 当检测到产生日志的 Pod 未携带 log-collection 标记时，丢弃日志信息
      when:
        not:
          has_fields:
          - kubernetes.annotations.log-collection
  - drop_fields: # 丢弃无用字段
      fields:
      - input
      - prospector
      - kubernetes.labels
      - beat.hostname
  symlinks: true # 支持通过链接文件获取日志信息
  type: docker # 标记 inputs 字段的类型为 docker
```

在 Filebeat 将日志信息传递到 Kafka 集群后，作为 Kafka 集群消费者的 Logstash 会监听注册的 topic 中的消息并进行消费。当 Logstash 接收到新的消息时，会根据日志消息中的 type（类型）来区分是调试日志、请求日志还是第三方日志，并根据日志类型的不同来进行不同的解析处理。得益于 Filebeat 在收集日志时添加的 Kubernetes 元信息等宿主信息，我们在此可以根据容器的名字将日志分类到不同的 Elasticsearch 索引中（此时，我们将第三方日志与调试日志合并在同一个 Elasticsearch 索

引之中，方便日志查询），形式如下。

```
前缀-%{kubernetes 容器名}-%{日志类型}-log-%{+YYYY.ww}
例如：fw-ui-order-request-log-2021.01
```

具体的 Logstash 过滤器代码和输出的配置信息如下。

```
filter { # 对从 Kafka 集群接收到的日志信息进行清洗
  if [message] =~ /^{"/ { # 判断从 Kafka 获取的 message 字段是否为 JSON 格式
    json { # 将内部字段和属性扩展到外部
      source => "message"
    }
    mutate { # 移除原始冗余的 message 字段
      remove_field => ["message"]
    }
  }
  if [log] =~ /^{"/ { # 判断从 message 字段中获取的 log 字段是否为 JSON 格式
    json { # 将内部字段和属性扩展到外部
      source => "log"
    }
    mutate { # 移除原始冗余的 log 字段
      remove_field => ["log"]
    }
  }

  # 如果该日志是请求日志，则可以获取到值为 request 的 type 字段
  if [type] == 'request' {
    json { # 将请求日志中的 msg 字段按照 JSON 格式解析，将内部字段和属性扩展到外部
      source => 'msg'
    }
    date { # 将请求日志中记录的 Timestamp 字段作为日志时间标签
      match => [ 'Timestamp', 'UNIX_MS' ]
    }
    if [RequestBody] { # 如果 RequestBody 字段存在，将其 JSON 格式内容重新压缩为字符串
      json_encode {
        source => '[RequestBody]'
      }
    }
    if [ReplyBody] { # 如果 ReplyBody 字段存在，将其 JSON 格式内容重新压缩为字符串
      json_encode {
        source => '[ReplyBody]'
      }
    }
    mutate {
      remove_field => [ 'msg' ] # 移除不会再被使用和记录的 msg 字段
    }
```

```
    } elsif [type] == 'debug' { # 如果是调试日志，获取值为 debug 的 type 字段
      date { # 将调试日志中记录的 time 字段作为日志时间标签
        match => [ 'time', 'ISO8601' ]
      }
      if [msg] =~ /^{"/ { # 判断从 log 字段中获取的 msg 字段是否为 JSON 格式
        json { # 如果是 JSON 格式，则将内部字段和属性扩展到外部
          source => 'msg'
        }
        mutate { # 内部字段和属性扩展到外部后，即可移除原始冗余的 msg 字段
          remove_field => [ 'msg' ]
        }
      }
    } else {
      date { # 对其他日志，比如第三方日志，尝试使用 Timestamp 字段来获取时间标签
        match => [ 'Timestamp', 'UNIX' ]
      }
    }

output { # 过滤后的日志输出配置
  if [type] == 'request' { # 对于请求日志的输出处理
    elasticsearch {
      hosts => [ "elasticsearch.host" ]
      # 使用 Kubernetes 元数据中的容器名匹配对应的请求日志索引
      index => "fw-%{[kubernetes][container][name]}-request-log-%{+YYYY.ww}"
      manage_template => true
      template_name => 'fw-ui-request-log' # 请求日志的 Elasticsearch 模板名
      # 用于请求日志的 Elasticsearch 的模板描述文件
      template => '/logstash/template/fw-ui-request-log-template.json'
      template_overwrite => true
    }
  } elsif [type] == 'debug' or [kubernetes][annotations][log-collection]
{       elasticsearch {
      hosts => [ "elasticsearch.host" ]
      # 使用 Kubernetes 元数据中的容器名匹配对应的调试日志索引
      index => "ui-%{[kubernetes][container][name]}-debug-log-%{+YYYY.ww}"
      manage_template => true
      template_name => 'fw-ui-debug-log' # 调试日志的 Elasticsearch 模板名
      template => '/logstash/template/fw-ui-request-log-template.json'
      template_overwrite => true
    }
  }
}
```

最后，Logstash 会将处理好的日志信息与其对应的 Elasticsearch 索引发送给 Elasticsearch 集群进行存储。

得益于调试日志和请求日志的广泛使用、日志格式和主体的统一，让我们有能力将 Logstash 的配置统一化。同时，因为使用了上面的匹配方式，新的服务可以完全透明地使用 ELK Stack，不必再进行任何配置修改即可将应用产生的日志写入 Elasticsearch。这为我们构建各种微服务提供了极大的便利，降低了各个服务的维护和配置成本。

7.2.3 使用 Kibana 展示日志

当我们能够将线上系统的实时日志信息收集起来之后，即可在其基础上构建更加便利的可视化图表来展示系统服务的特性与状态。ELK Stack 中的 Kibana 便是 Elasticsearch 的展示利器。

基于 Kibana，我们不仅能够借助其探索（Discover）功能对日志进行搜索和查看，还可以基于其可视化（Visualize）、仪表板（Dashboard）等功能对日志数据进行多种维度的分析和展示，将业务系统中的行为和状态清晰且直观地展示出来。下面我们将简要介绍在 Kibana 中针对日志进行处理的常见操作。

1. 创建索引模式

通过 7.2.2 节中介绍的方式将日志收集到 Elasticsearch 集群后，我们可以通过 Kibana 的管理（Management）功能创建对应的 Kibana 索引模式来对 Elasticsearch 索引进行检索。

创建索引模式之后，可以看到定义索引模式的输入框，如图 7-7 所示。在输入框中，可以根据日志所属的 Elasticsearch 索引名称进行编配，也可以使用通配符"*"来模糊匹配满足条件的索引。

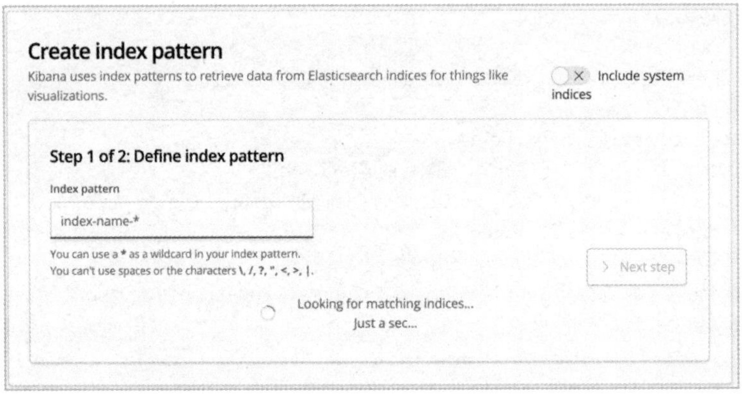

图 7-7

例如，在 Logstash 的配置中以 fw-ui-%{[kubernetes][container][name]}-request-log-%{+YYYY.ww} 的模式创建了 Elasticsearch 索引，若其中的%{[kubernetes][container][name]}代表的容器名为 order，

那么在 2021 年第 1 周产生的日志就会被收集到 fw-ui-order-request-log-2021.01 之中（这里的 01 是文件编号）。

如图 7-8 所示，在输入框中输入"fw-ui-order-request-log-"，则会自动匹配容器名为 order 的所有请求日志。

图 7-8

单击"Next step"（下一步）按钮，出现如图 7-9 所示的界面。我们可以在 Time Filter field name（时间过滤字段）下拉菜单中选择用来作为时间归类依据的字段。

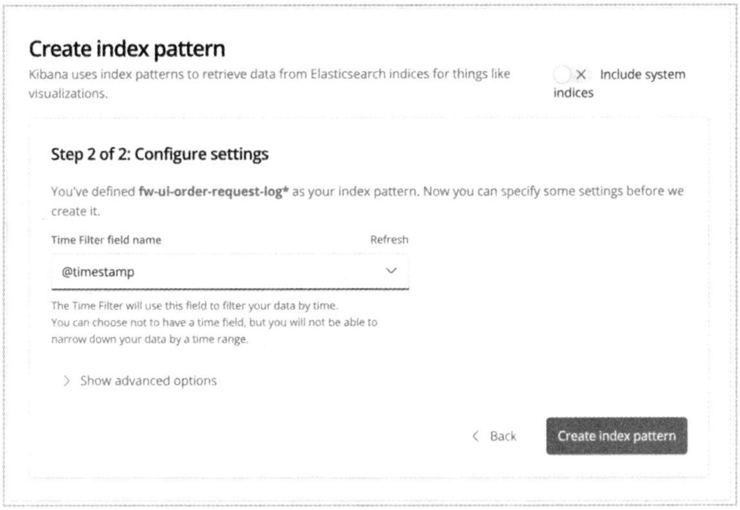

图 7-9

通常我们会在 Logstash 的配置中将具体的时间字段映射到@timestamp 上,因而此处可以统一选择下拉菜单中的第一项@timestamp。当然,时间过滤字段也不是必需的,如果该索引模式中的日志对其记录的时间不敏感,则可以忽略这个配置。不过,作为日志系统,通常需要通过对应的时间信息来表示日志发生的时间或所描述事件发生的时间,因此配置时间过滤字段非常便于按照时间节点或区间对日志进行过滤和排序,对观察和分析日志很有帮助。

在下方的 Show advanced options(高级选项)中,我们可以自定义该索引模式的 ID。默认情况下,Kibana 会自行为创建的索引模式生成一个唯一 ID,例如 d9638820-7e00-11ea-a686-fb3be75e0cbf。这种自动生成的 ID 虽然能够保证唯一性,但不能直观反映其对应的日志是什么,对后期进行索引维护并不友好。因此,可以在这个高级选项中自定义索引模式的 ID,只要保证这个 ID 唯一即可。为了便于管理,我们建议使这个 ID 与索引模式的名称保持一致。

继续单击图 7-9 右下角的"Create index pattern"(创建索引模式)按钮,完成索引模式的创建。在索引模式界面的右上角有三个图标按钮,如图 7-10 所示。

- 星星图标:表示该索引模式为默认关注的索引模式,其内容会在探索功能中被默认展示。
- 刷新图标:更新该索引模式的字段列表。在索引模式对应的日志有字段变化时,单击该图标按钮可以让 Kibana 中展示的字段信息更新,利于在 Kibana 的其他功能中对改变的字段进行操作。
- 删除图标:单击该图标按钮即可删除当前的索引模式。

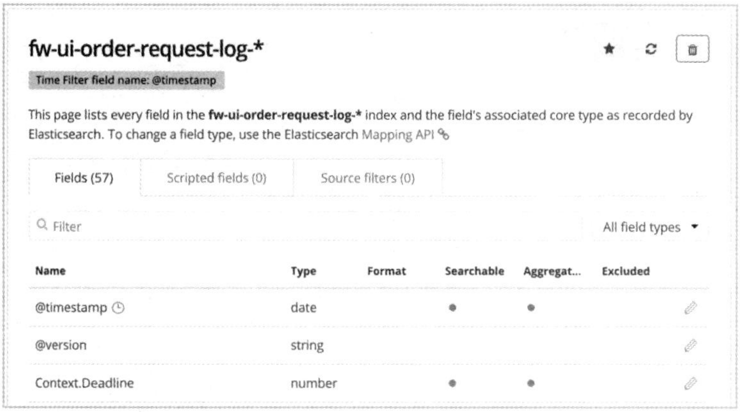

图 7-10

在页面的主体中可以看到三个不同的标签页,分别为字段(Fields)标签页、脚本化字段(Scripted

fields）标签页和数据源过滤器（Source filters）标签页。

字段标签页展示了新创建的索引模式中每个字段的名称（Name）、类型（Type）、格式（Format）、是否可被搜索（Searchable）、是否可被聚合（Aggregatable），以及是否被排除（Excluded）等信息。单击字段右侧的铅笔图标，可进入针对该字段格式和关注度（Popularity）进行编辑的页面。其中，格式下拉菜单中会提供该字段类型可用的格式选项，使该字段在 Kibana 中以更加合理的格式显示，便于阅读；关注度数值会影响该字段在 Kibana 中显示的先后顺序，数值越高，则显示越靠前，有利于日常查阅时快速定位。名称、类型、是否可被搜索和是否可被聚合等信息，则是由对应的 Logstash 配置、Elasticsearch 模板配置和自动检测设置的属性决定的，不可在 Kibana 中被更改。是否被排除则是在数据源过滤器中进行配置的。

脚本化字段是一种通过对已有字段进行分析处理而得到的新字段。脚本化处理提供了一种快捷便利的显示和聚合方式，省去了在其他功能中进行二次编辑和处理的成本。但需要注意的是，脚本化字段仅可用于日志内容的显示，而不可用于搜索。而且通过脚本化方式添加的字段需要消耗一定的运算资源，进而导致相关操作性能受到影响。如果编辑脚本发生错误，则所有使用该索引模式的部分将产生错误并使 Kibana 十分不稳定。因而在使用该功能时，应当足够谨慎小心，深入理解当前操作的意图和风险。

图 7-11 为创建脚本化字段（Create scripted field）界面，脚本化字段支持使用 Painless 脚本语言和 Lucene Expression 表达式语言，在 Language 下拉选项中可进行选择。至于具体的脚本语言该如何编写，感兴趣的读者可以到 Elasticsearch 官方网站进行查阅。

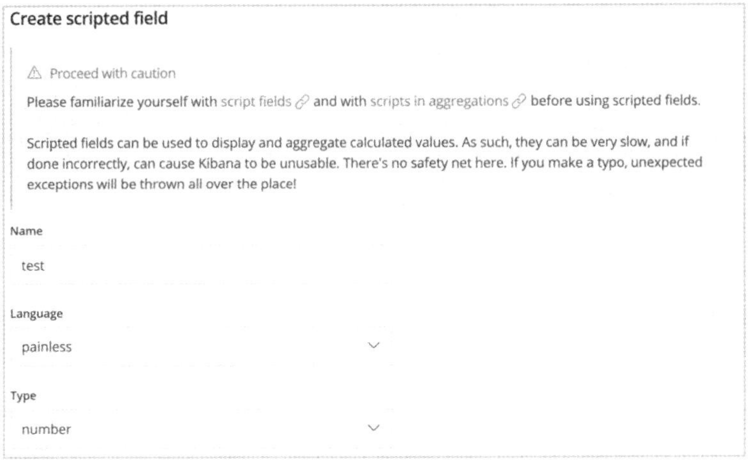

图 7-11

在数据源过滤器标签页中，可以通过配置关键字和通配符设置过滤条件，将索引模式中包含的字段排除，使其不在对应的探索功能和仪表板功能中显示。在添加过滤条件之后，跳转回字段标签页面即可看到被匹配字段的排除属性，如图 7-12 展示了使用 "debug*" 字符串进行过滤后的结果。

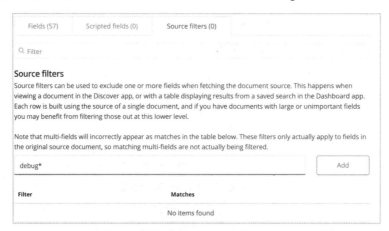

图 7-12

2. 查询日志

创建索引模式后，我们即可使用 Kibana 中的探索功能进行检索。

如图 7-13 所示，在索引模式下拉菜单中可以搜索和选择需要查询的日志对应的索引模式。在选择好索引模式后，系统会自动展示匹配的日志内容，如果该日志内容中配置了用于归类的时间字段，则该日志在事件区间内的吞吐量柱状图会显示出来，页面下方会显示具体的日志内容，以及里面包含的字段。

图 7-13

如果对某一特定搜索有重复查询的需要，我们可以单击图 7-13 界面最上方的 "Save"（保存）按钮对当前的搜索进行保存。保存功能不仅可以在探索功能中重复使用，还可以在可视化功能和仪表板功能中使用。

3. 日志可视化（Visualization）

通过探索功能快速查询日志仅仅是 Kibana 为 Elasticsearch 中存储的日志数据提供的基础功能，Kibana 的更强大之处在于它具备日志可视化功能。

我们可以通过可视化功能统计某一服务的吞吐量、响应时长，进而观察系统的工作状态和性能。还可以按照更细的维度来划分日志，比如按照访问方法、客户 ID 等分析不同客户对不同方法的访问频率、服务效能、业务功能依赖性等。更重要的是，我们可以实时发现日志中所产生的错误，并根据错误码对错误进行归类，观察系统中已发生和正在发生的问题，甚至通过错误日志产生的场景分析客户的使用行为。下面我们将以可视化功能中的折线图为例，简要介绍可视化图表的构建。

在 Kibana 界面左侧列表中选择可视化功能模块，在页面中创建折线图，然后选择已经创建的索引模式或已保存的搜索，将其作为数据源创建可视化图表。折线图编辑页面如图 7-14 所示，在数据标签页中，日志个数统计值（Count）将作为 Y 轴（Y-Axis）指标。

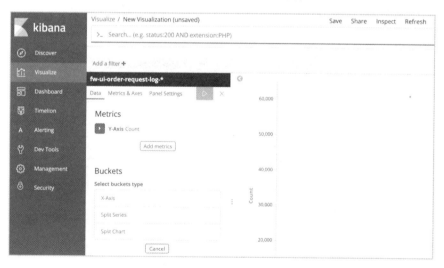

图 7-14

继续创建折线图，如图 7-15 所示。首先单击备选栏（Buckets）里面的 "X-Axis" 轴来自定义横坐标，在聚合（Aggregation）下拉菜单中选择 "Date Histogram"，在日志字段下拉菜单中选择在配置索引模式时使用的时间归类字段 "@timestamp"，在间隔（Interval）下拉菜单中选择使用默认的

"Auto"（自动间隔），勾选丢弃非完整统计区块（Drop partial buckets）选项以规避因首尾数据不完整而导致的统计错误。

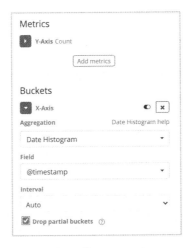

图 7-15

展开图 7-14 中的 Y 轴列表，将聚合（Aggregation）下拉菜单由默认的统计（Count）改为百分位数值（Percentiles），在字段（Field）下拉菜单中选择时长（Duration），对于百分比列表（Percents），我们使用 95% 和 99% 两个值来表示系统的响应性能，如图 7-16 所示。

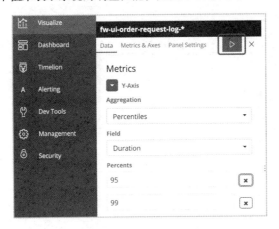

图 7-16

编辑完成后，单击播放按钮（图 7-16 中框住的右三角图标按钮），此时会在界面右侧绘制出响应折线图。指标和坐标轴（Metrics & Axes）标签页及面板设置（Panel Settings）标签页中提供了一些与折线图展示相关的自定义功能，在此我们不做详细讨论。单击界面上方的"Save"（保存）按钮可将编辑的折线图保存下来。

4. 仪表板组成

通过上述过程，我们创建了描述系统状态的可视化图表，但是单一图表通常不能全面地描述系统状态，因此 Kibana 提供了可以同时容纳多个可视化图表和快捷搜索的仪表板。

在 Kibana 中初始化一个空的仪表板。通过添加面板，我们可以在其中查找并添加之前创建好的可视化图表和快捷搜索，效果如图 7-17 所示。

可以将添加进去的可视化图表和快捷搜索通过拖曳方式进行调整，调整其在仪表板中的大小和位置，单击面板右上角的设置按钮（齿轮形状的图标按钮）也可以对相应的组件进行快捷查看、编辑、删除等操作。通过这种所见即所得的便捷操作，我们可以将构建好的仪表板存储起来，便于后续使用。通过将可视化图表和快捷搜索统一到一个仪表板中，我们就可以对不同时间范围内的系统状态进行查看。

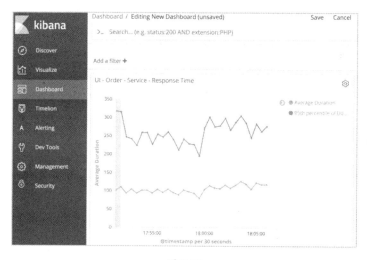

图 7-17

5. 仪表板深层拷贝

熟悉 Kibana 的主要功能后，我们即可实现系统状态的日常观察和维护，但上面的创建过程相对烦琐，对于具有数十个微服务的应用来说，仪表板的创建工作在一定程度上变成了负担。在应用中，不同服务的调试和请求日志格式几乎一致，可以很方便地根据已有的仪表板来复制新的仪表板。

在仪表板功能中，Kibana 提供了拷贝功能，但拷贝行为仅创建仪表板，其中的可视化图表和快捷搜索并未被同时拷贝。这种浅层拷贝（Shallow Copy）不足以满足将已有仪表板映射到新服务日志的需求，若要深层拷贝（Deep Copy）仪表板，需要另寻出路。

如图 7-18 所示，在 Kibana 的左侧列表管理功能中可以发现一个"Saved Objects"（已存对象）子功能，通过该功能，我们可以查询已创建的索引模式（index-pattern）、快捷搜索（search）、可视化图表（visualization）和仪表板（dashboard）。

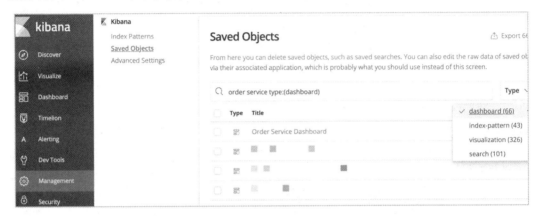

图 7-18

单击不同类型的对象链接后会显示相应的文本化编辑界面。在其中可以直接编辑已保存对象的属性和内容，甚至修改对象 ID。

创建索引模式之后，分别到快捷搜索、可视化图表和仪表板对应的界面中通过另存为（Save As）和浅层拷贝操作来创建新的实例。新实例的 ID 可以从两个地方获取，一个是对应的展示界面，另一个是已存对象的功能界面的地址栏。然后我们就可以通过已存对象的子功能，按照快捷搜索、可视化图表、仪表板的顺序来逐层修改内容，实现深层拷贝。

上述操作过程虽然比较烦琐，但还是比从零开始手动创建仪表板要快得多，尤其是在需要深层拷贝许多已存对象的时候。

更进一步可以发现，管理功能的已存对象子功能同时支持将对象导出（Export）到文件和从文件导入（Import）对象。通过观察导出文件可以看到，已存对象都被描述为 JSON 格式文件。因此，可以直接在文件中编辑已存对象的 ID。

与在编辑界面中的操作不同的是，我们还可以通过删除_id 字段使 Kibana 在接收到导入的 JSON 格式文件后自动创建新的已存对象。不仅如此，还可以通过导出/导入的方式来深层拷贝索引模式。借助这种方式，仍旧按照先索引模式，再快捷搜索，之后可视化图表，最后仪表板的顺序来逐层处理，即可实现深层拷贝。相较于前面介绍的在 Kibana 中编辑的方式，这种方式更加快速。相应的 JSON

内容如下。

```
[
  {
    "_id": "77e6fec0-7e1d-11ea-a54f-2b86f4f774e4", // 已存对象 ID，去掉后导入，实现新建
    "_type": "search", // 已存对象的类型，此处为快捷搜索
    "_source": {
      // 快捷搜索的标题，拷贝时将关键字替换为新的服务名
      "title": "order service non-internal error",
      "description": "",
      "hits": 0,
      "columns": [ // 快捷搜索显示的字段列表
        "NetworkID",
        "Method",
        "RequestBody",
        "ErrorMsg",
        "ErrorCode"
      ],
      "sort": [ // 快捷搜索排序依据
        "@timestamp",
        "desc"
      ],
      "version": 1, // 版本号，自增，导入前请去掉
      // 包含的索引模式及相关的搜索条件信息，拷贝时将 index 替换为新创建的索引模式 ID
      "kibanaSavedObjectMeta": {
        "searchSourceJSON": "{\"index\":\"d9638820-7e00-11ea-a686-fb3be75e0cbf\",\"highlightAll\":true,\"version\":true,\"query\":{\"query\":\"NOT ErrorCode:(\\\"\\\" OR \\\"Internal\\\")\",\"language\":\"lucene\"},\"filter\":[]}"
      }
    }
  }
]
[
  {
    "_id": "0a66d380-7e17-11ea-a54f-2b86f4f774e4", // 已存对象 ID
    "_type": "visualization", // 已存对象的类型，此处为可视化图表
    "_source": {
      // 可视化图表的标题，拷贝时将关键字替换为新的服务名
      "title": "UI - Order - Service - non-Internal Error",
      // 可视化图表配置信息，拷贝时将 title 的关键字替换为新的服务名
      "visState": "{\"title\":\"UI - Order - Service - non-Internal Error\",...}",
      "uiStateJSON": "{}",
      "description": "",
      "version": 1, // 版本号，自增，导入前请去掉
      "kibanaSavedObjectMeta": {
```

```
      "searchSourceJSON":
"{\"index\":\"d9638820-7e00-11ea-a686-fb3be75e0cbf\",\"query\":{\"query\":\"ErrorCode:?*
AND -ErrorCode:\\\"Internal\\\"\",\"language\":\"lucene\"},\"filter\":[]}"
    }
  },
  "_migrationVersion": {
    "visualization": "6.7.2"
  }
}
]
...
```

通过深层拷贝，在基础的可视化图表不会遗失的保障下，还可以针对新服务的特性创建更多的个性化视图，为日常开发和维护提供便利，降低因日志格式形态不同而带来的学习、构建、维护成本。

7.3 分布式追踪

随着业务系统微服务化的推进，我们切实感受到微服务带来的收益，将系统拆解以后，对单个微服务维护起来更加方便。但是由于业务的复杂性，系统的服务数量越来越多，部署也变得越来越复杂，我们不得不面对服务调用关系错综复杂、线上追踪调试困难等问题。为了解决这些问题，我们构建了一套全链路分布式追踪系统。

7.3.1 分布式追踪系统的核心概念

分布式追踪系统（Distributed Tracing System）可用来实现微服务系统中的故障追踪与定位、网络结构分析等功能。其系统数据模型最早由谷歌在其 2010 年 4 月发表的论文 "Dapper, a Large-Scale Distributed Systems Tracing Infrastructure" 中提出，其中主要包含以下几个部分。

- 追踪（Trace）：用来描述分布式系统中的一个完整的调用链，每个追踪都会有一个独有的追踪 ID。
- 跨度（Span）：分布式系统中一个小的调用单元，可以是一个微服务，也可以是一次方法调用，甚至是一个简单的代码块调用。跨度中可以包含起始时间戳、日志等信息。每个跨度会有一个独有的跨度 ID。
- 跨度上下文（Span Context）：含额外追踪信息的数据结构，跨度上下文中可以包含追踪 ID、跨度 ID，以及其他任何需要向下游服务传递的追踪信息。

分布式追踪系统是如何实现跨服务调用时的问题定位的呢？对于一次客户调用，分布式追踪系统会在请求入口处生成一个追踪 ID，用这个追踪 ID 将进入每个服务的调用日志串联起来，形成一个时序图。如图 7-19 所示，假设服务 A 的两端表示一次客户调用的开始和结束，中间会经过类似 B、C、D、E 等后端服务。此时如果服务 E 出现问题，该问题会被快速定位，无须让服务 A、B、C、D 都参与进来查找问题。

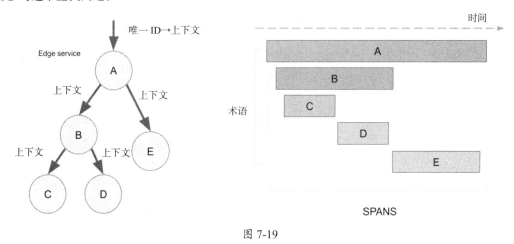

图 7-19

分布式追踪最常见的应用场景就是如上所述的快速定位线上问题，其还有以下几个典型应用场景。

- 生成服务调用关系拓扑图，优化调用链路。
- 分析整个应用系统的性能瓶颈并对其进行有针对性的优化。
- 根据完整的调用链路进行用户行为路径分析，进而对服务进行优化。

7.3.2 基于 Jaeger 的追踪方案

业界已经推出了一些比较成熟的分布式追踪系统解决方案，为了构建我们的分布式追踪系统，首先需要衡量这些已有的方案，从中挑选出适合自身业务系统的。

1. 技术选型

根据业务系统自身的现状与需求，我们确定了表 7-1 中的几个指标为技术选型时的参考。

表 7-1

指标	描述
是否支持 Golang 客户端	我们的业务系统大量使用 Golang 作为开发语言，这就使得我们更倾向于选择便利的 Golang 客户端解决方案
是否支持 gRPC	各个业务模块之间主要通过 gRPC 协议进行通信，是否支持 gRPC 是一个重要的参考指标
追踪数据如何存储	业务代码接入追踪以后必然会产生大量的数据，这些追踪数据如何存储、如何分析、如何被简洁清晰地展示给开发人员？这些也是选型过程中需要考虑的重要指标
扩展性	随着基础架构的升级改造，会不断有新的组件被引入。解决方案是否支持诸如 Istio 等基础设施、是否容易扩展，也是需要考虑的问题
是否开源	费用及是否易于定制和二次开发也是一个重要指标，我们倾向于选择开源解决方案

基于上述几个指标，我们对市面上主流的开源项目进行了筛选，包括 Jaeger、Zipkin 等。同时考虑到市场占有率、项目成熟度、项目契合度等因素，最终选择了通过 Golang 开发的 Jaeger。

Jaeger 追踪框架包含的模块如表 7-2 所示。官方提供了适用于大多数主流编程语言的客户端函数库（Jaeger-client library），可与业务代码进行集成，同时 Jaeger 也支持通过 Spark 依赖作业（Spark Dependency Job）来分析服务间的调用关系。

表 7-2

模块	描述
代理	作为宿主机上的一个守护进程，代理用来监听从服务端发出的追踪数据包，然后批量将其发往收集器。代理会被部署到所有的宿主机上，同时也实现了对于收集器的路由和负载均衡等功能，以免所有请求都被发送到同一个收集器实体
收集器	收集器用来收集从代理发来的追踪数据包，并对其进行一系列处理，包括追踪数据包校验、索引、格式转换等，最终将其存储到对应的数据仓库。收集器可以对接像 Cassandra、Elasticsearch 这类存储服务。在 Jaeger 后续的版本里也加入了对 Kafka 的支持，同时提供了注入器 Injester（一个 Kafka 消费者），用来消费 Kafka 中的数据
展示界面	展示界面可提供可视化查询服务，从数据仓库中检索查询对应的追踪 ID 并进行可视化加工展示

续表

模块	描述
Spark 依赖作业	Spark 依赖作业从 Elasticsearch 中读取原始的数据，并以离线的方式对数据进行流处理，分析出服务之间的调用关系、调用次数等，生成的调用关系数据可以在展示界面中进行展示
客户端函数库	用来与业务代码进行集成

2. 落地实践与优化改造

新系统实施的第一步往往是分析现有技术环境，目的是尽可能地复用已有的功能、模块、运维环境等，这样能大大降低后续的维护成本。我们的业务平台现有的基础环境包括以下几方面。

- 协议的多样化：需要支持 gRPC、HTTP 等协议。

- 通过 ELK + Kafka 集群来收集和分析系统日志。

- 微服务的基础运行环境基于 Kubernetes + Istio，除了少许的特殊服务运行在物理机上，绝大部分业务服务都运行在 Kubernetes 集群（AWS EKS）中，也就是说每个服务的实例都作为集群中的一个 Pod 在运行。

基于以上背景，我们设计了分布式追踪系统实施方案，并对部分模块进行了改造，以便与现有基础设施整合。

首先，各个微服务对外提供的接口不统一，现有的接口包括 gRPC、HTTP，甚至 WebSocket。因此，我们在 Jaeger 官方客户端基础上做了一层封装，实现了一个定制化的追踪客户端，该客户端可以针对不同的通信协议对流量进行劫持，并将追踪信息注入请求。我们还加入了过滤器（过滤给定特征的流量）、追踪 ID 生成、追踪 ID 提取、与 Zipkin Header 兼容等功能。这部分会随着平台的不断扩展和改造而持续更新。

另外，为了充分利用公司现有的 Elasticsearch 集群，我们用 Elasticsearch 作为追踪系统的后端存储设施。由于使用场景为写多读少，为了保护 Elasticserach，我们决定用 Kafka 作为缓冲，即对收集器进行扩展，将数据处理成 Elasticsearch 可读的 JSON 格式先写入 Kafka，再通过 Logstash 写入 Elasticsearch。

此外，对于 Spark 依赖作业，我们对其输出部分做了扩展，使其支持向 Kafka 中导入数据。

最后，由于微服务系统内部部署环境的差异，我们提供了兼容 Kubernetes Sidecar、DaemonSet、守护进程的部署方式。改造后的架构如图 7-20 所示。

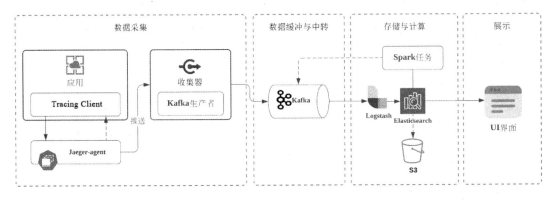

图 7-20

下面我们对架构图的各个部分做详细的介绍。

（1）数据采集部分

数据采集部分主要包括追踪客户端、HTTP 中间件、gRPC 中间件，以及与 Istio 集成相关的请求头信息，具体如下。

- 追踪客户端（Tracing Client）

对于基于 Golang 开发的微服务，追踪信息在服务内部传播主要依赖跨度上下文。我们的业务系统一般支持两种通信协议：HTTP 和 gRPC。其中 HTTP 接口主要依赖 gRPC-Gateway 自动生成。当然也有一部分服务不涉及 gRPC，直接对外暴露 HTTP 接口。这里 HTTP 主要面向的调用方是 OpenAPI 或前端 UI。同时，服务与服务之间一般采用 gRPC 方式通信。对于这类场景，追踪客户端提供了必要的组件供业务微服务使用，其传播过程如图 7-21 所示。

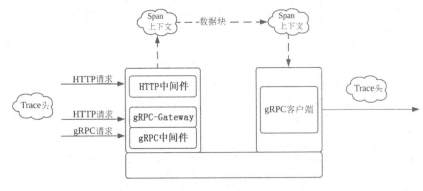

图 7-21

针对入口流量，追踪客户端封装了 HTTP 中间件、gRPC 中间件，并且实现了与 gRPC-Gateway

组件的兼容。针对出口流量，追踪客户端封装了 gRPC 客户端。这里的"封装"不单单指对 Jaeger 官方客户端提供方法的简单包装，还包括对诸如追踪状态监测、请求过滤等功能的支持。像 /check_alive（服务健康探针）、/metrics（Prometheus 指标暴露）这类没有必要追踪的请求可以通过请求过滤功能过滤掉，不记录追踪信息。

- HTTP 中间件

以下代码展示了 HTTP 中间件的基本定义和实现过程。

```go
func TraceHTTPMiddleware(tr opentracing.Tracer, h http.Handler, options ...nethttp.MWOption)
http.Handler {
    if tr != nil {
        fn := func(w http.ResponseWriter, r *http.Request) {
            if !FilterOutRequest(r) {
                h.ServeHTTP(w, r)
            } else {
                traceHTTPMiddleware := nethttp.Middleware(tr, h,
                                        options...)
                traceHTTPMiddleware.ServeHTTP(w, r)
            }
        }
        return http.HandlerFunc(fn)
    }
    return h
}

// FilterOutRequest 从追踪信息中过滤掉不需要的 HTTP 请求 URI
// 默认过滤 "/check_alive" 和 "/metrics"
func FilterOutRequest(req *http.Request) bool {
    for _, uri := range defaultFilterOutRequests {
        if req.RequestURI == uri {
            return false
        }
    }
    return true
}
```

- gRPC 中间件

以下代码展示了 gRPC 中间件的基本定义和实现过程。

```go
func TraceGRPCClientMiddleware(opts ...grpc_opentracing.Option)
grpc.UnaryClientInterceptor {
    if Enabled() {
        grpcOpts := []grpc_opentracing.Option{FilterOutGRPCMethodsOption(),
```

```
grpc_opentracing.WithTracer(opentracing.GlobalTracer())}
        grpcOpts = append(grpcOpts, opts...)
        return grpc_opentracing.UnaryClientInterceptor(grpcOpts...)
    }
    return func(ctx context.Context, method string, req, reply interface{}, cc
*grpc.ClientConn, invoker grpc.UnaryInvoker, opts ...grpc.CallOption) error {
        return invoker(ctx, method, req, reply, cc, opts...)
    }
}

// FilterOutGRPCMethodsOption 从 gRPC 调用的追踪信息中过滤掉指定的方法
// 过滤"checkalive"健康检查相关方法
func FilterOutGRPCMethodsOption(methods ...string) grpc_opentracing.Option {
    return grpc_opentracing.WithFilterFunc(func(ctx context.Context, fullMethodName string)
bool {
        for _, m := range defaultFilterOutGRPCMethods {
            if fullMethodName == m {
                return false
            }
        }
        for _, m := range methods {
            if fullMethodName == m {
                return false
            }
        }
        return true
    })
}
```

- Istio 集成

Istio 本身支持 Jaeger 追踪集成。对于跨服务的请求，Istio 可以劫持如 gRPC、HTTP 等类型的流量，生成对应的追踪信息。因此如果能将业务代码中的追踪信息与 Istio 进行集成，就能够监控整个调用网络与业务内部的完整追踪信息，方便查看请求从 Istio Sidecar 容器到业务容器的网络变化情况。问题在于，Istio 集成追踪时采取了 Zipkin B3 Header 标准，其格式如下。

```
X-B3-TraceId: {TraceID}
X-B3-ParentSpanId: {ParentSpanID}
X-B3-SpanId: {SpanID}
X-B3-Sampled: {SampleFlag}
```

而我们的业务系统内部所采用的 FreeWheel Trace Header 的格式如下。

```
FW-Trace-ID: {TraceID}:{SpanID}:{ParentSpanID}:{SampleFlag}
```

由于这个 Header 被广泛地应用在业务代码中，集成了如日志、变更历史（Change History）等服务,一时间难以被完全替换,因此我们重写了 Jaeger 客户端中的 Injector 和 Extractor 接口,其定义如下。

```
// Injector 接口的主要作用是将追踪 Header 数据按照既定的逻辑插入上下文
type Injector interface {
    // 将 SpanContext 注入 carrier
    Inject(ctx SpanContext, carrier interface{}) error
}

// Extractor 接口的主要作用是将上下文中的追踪信息抽取出来
type Extractor interface {
    // 将上下文作为 carrier,提取 Header 中的追踪信息并返回一个 SpanContext 对象
    Extract(carrier interface{}) (SpanContext, error)
}
```

新实现的 Injector 和 Extractor 接口同时兼容 Zipkin B3 Header 和 FreeWheel Trace Header。服务接收到请求时会优先查看有没有 B3 Header,在生成新跨度的同时插入 FreeWheel Trace Header。即 FreeWheel Trace Header 继续在服务内部使用,跨服务之间的调用以 B3 Header 标准为主。以下是 B3 Header 标准的请求头信息。

```
X-B3-TraceId: {TraceID}
X-B3-ParentSpanId: {ParentSpanID}
X-B3-SpanId: {SpanID}
X-B3-Sampled: {SampleFlag}
FW-Trace-ID: {TraceID}:{SpanID}:{ParentSpanID}:{SampleFlag}
```

(2)数据缓冲与中转部分

上文提到,数据存储选用 Elasticsearch,数据采集与存储是一个典型的写多读少的业务场景。对于这类场景,我们引入 Kafka 作为数据的缓冲与中转层。官方的收集器只支持将数据直接写入 Elasticsearch,因此我们对收集器进行了改造,加入了 Kafka 客户端组件,将跨度信息转换成 JSON 格式数据发给 Kafka,然后 Logstash 将处理这些数据并将其存储到 Elasticsearch 中,以下代码展示了这一实现过程。

```
// 加入 Kafka 依赖
<dependency>
    <groupId>org.apache.kafka</groupId>
    <artifactId>kafka-clients</artifactId>
    <version>2.5.0</version>
</dependency>

// 将跨度信息转换成 JSON 格式数据
private String toJson( List<Dependency> dependencyLinks) {
```

```
    //...
    ObjectMapper objectMapper = new ObjectMapper();
    json = objectMapper.writeValueAsString(new ElasticsearchDependencies(dependencyLinks, 
day));
    return json;
}

// 将追踪信息存储到 Kafka
private void storeToKafka(List<Dependency> dependencyLinks, String resource) {
    //...
    ProducerRecord<String, String> record = new ProducerRecord<String, String>(topic,"", 
toJson(dependencyLinks));
    producer.send(record);
}
```

Elasticsearch 中存储的追踪信息主要分为两部分：服务/操作索引和跨度索引。

服务/操作索引主要用来为展示界面提供快速检索服务和操作功能，其结构如下。

```
// 索引结构
{
  "serviceName": "v3_adaptor",
  "operationName": "HTTP GET"
}
```

跨度索引基于跨度构建，跨度由追踪客户端生成，主要包含以下几部分。

- 基础追踪信息：如追踪 ID、跨度 ID、父 ID（parentID）、操作名（operationName）、时长（duration）等。

- tags：主要包含与业务逻辑相关的信息，如请求方法、请求 URL、响应码等。

- references：主要用来表示跨度的父子从属关系。

- process：服务的基本信息。

- logs：用于扩展业务代码。

以下代码展示了追踪结构体的内容。

```
// 追踪结构体示例
{
    "traceID": "5082be69746ed84a",
    "spanID": "5082be69746ed84a",
    "operationName": "HTTP GET",
    "startTime": ...,
    "duration": 616,
```

```
    "references": [
     {
       "refType": "CHILD_OF",
       "spanID": "14a9e000a96a2671",
       "traceID": "259f404f8409a4d7"
     }
    ],
    "tags": [
       {
          "key": "http.url",
          "type": "string",
          "value": "/services/v3/**.xml"
       },
       {
          "key": "http.status_code",
          "type": "int64",
          "value": "500"
       },
       //...
    ],
    "logs": [],
    "process": {
       "serviceName": "your_service_name",
       "tags": [
          {
             "key": "hostname",
             "type": "string",
             "value": "xx-mac"
          },
          //...
       ]
    }
}
```

（3）存储与计算部分

这一层主要用于对追踪数据进行持久化和离线分析。提到持久化就难免要考虑数据规模的问题，持续大量地将历史数据写入 Elasticsearch 会增加其负担，而且对于过于久远的历史数据，其被检索的频率也相对较低。这里我们采取定期归档的策略，对超过 30 天的数据进行归档，将其转存到 Elasticsearch 之外以备不时之需。Elasticsearch 只为相对较"热"的数据提供检索服务。

离线分析主要用于对 Elasticsearch 中的跨度数据进行分析，一个跨度数据的结构中包含其自身的追踪 ID 和它父节点的追踪 ID，每一个节点信息中都会表明其自身从属于哪个服务。这里我们只关心跨服务之间的调用关系，如图 7-22 所示，离线分析时只考虑 A、B、C、E 这几个节点，由于 D

节点只与同在服务 3 中的 C 节点存在调用关系，所以将其忽略。

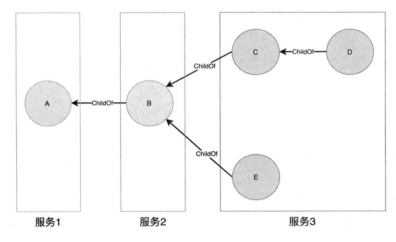

图 7-22

（4）展示部分

展示层从 Elasticsearch 中查询数据，对具有相同追踪 ID 的数据进行聚合，并在前端对其渲染。从展示层中可以清晰地看到一条请求经历了几个不同的服务（以不同颜色标注）、请求在每个服务中的耗时，以及请求总共的响应时间等，如图 7-23 所示。

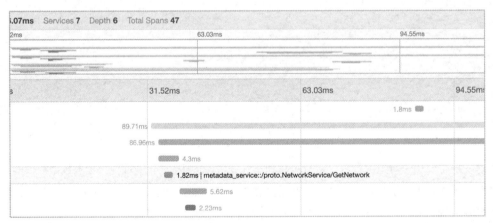

图 7-23

7.4 度量指标

当我们构建一个监控系统时，收集和观察业务日志能帮助我们细致了解当前系统的业务行为和处理状态。但是，一个实现完整可观察性的监控系统还需要收集、观察和分析更多的度量指标，做到运行状态实时可控。这里面的度量指标包括 CPU 的使用情况、内存的操作开销、磁盘的读/写性能、网络吞吐量等。为了使这些度量指标能够被有效地收集和观察，本节我们将简要介绍如何通过 Prometheus 对 Kubernetes 集群及其内部运行应用的度量指标进行收集，并通过 Grafana 将收集的度量指标进行可视化展示。

7.4.1 利用 Prometheus 收集度量指标

Prometheus 是一个十分强大的开源系统监控和报警工具套件，自 2012 年在 SoundCloud 构建以来便被大量的公司和组织使用，具有极其活跃的社区。该项目于 2016 年加入 CNCF 进行托管孵化，并于 2018 年成功毕业。本节中我们将简要介绍 Prometheus 的功能结构及如何使用它收集 Kubernetes 内的度量指标。

1. Prometheus 简介

Prometheus 为使用者提供了丰富且便捷的功能。它可以通过收集时间序列指标的命名和键值对来定义多维度数据模型，并提供 PromQL 对多维度数据进行灵活查询。它的每一个独立的服务器节点高度自治，不依赖分布式存储，针对收集目标配置也十分灵活，既可以通过静态文件管理配置，也可以通过服务发现机制自动获取配置。除此之外，由 Prometheus 构建的强大生态系统中也包含了多种核心组件和拓展组件，且大多数组件是使用 Golang 编写的，可以被轻松编译为静态二进制文件并进行部署。

Prometheus 的生态系统架构如图 7-24 所示。

Prometheus 通过运行在目标应用中的检测插件实现基于 HTTP 直接拉取（Pull）指标数据，也可以从推送网关（Pushgateway）中间接拉取由短时任务推送（Push）的指标数据。它通过内部的时序数据库存储了所有收集到的指标数据，进而通过相关的处理规则来聚合和记录新的时间序列并生成相应的告警推送至告警管理器（Alertmanager）。同时，我们还可以通过 Prometheus 自身提供的 UI 界面、Grafana 或 API 客户端来对收集的指标数据进行展示和导出。

Prometheus 可以非常方便地记录任何纯粹的数字化时间序列，既适用于以物理机为中心的应用监控，也适用于面向服务体系架构（SOA）的应用监控。在微服务领域里，其针对多维度数据的收集和查询能力更是令其成为指标收集的不二选择。

以可靠性为设计核心的 Prometheus，在系统出现故障时能够帮助用户快速诊断出问题所在。每一个 Prometheus 的服务器都是可以独立使用的，不依赖任何网络存储或远端服务。当基础架构中的其他组件不能正常工作时，它仍可以在不添加任何扩展组件的情况下正常运作。不过，也因为高度重视可靠性，即使是在数据源信息错误的情况下，Prometheus 也会始终保证统计信息可查阅。如果所构建的系统希望观察到的指标数据具有 100%的准确性，那么 Prometheus 会因为不能保证收集指标的详尽性和完备性，而无法成为一个最优的选择。例如在构建计费系统时，系统会严格要求数据的准确性以保证最终计费的正确性，这时就需要采用其他的系统来统计和分析相关的数据。

基于 Prometheus 的设计理念和功能特点，我们推荐将其作为收集业务系统指标来度量和观察系统运行情况的优秀监控工具。

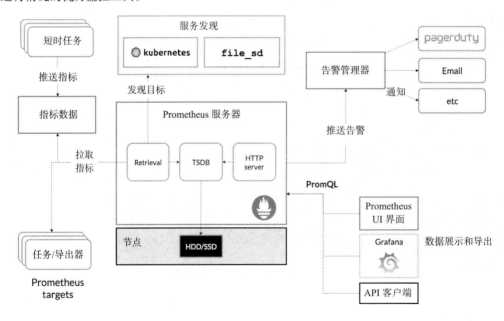

图 7-24

2. 收集 Kubernetes 集群中应用的度量指标

Prometheus 为大多数通过主流语言构建的应用提供了客户端工具包，我们可以在应用中通过调用 HTTP 接口来暴露指标数据。以下代码展示了 Golang 客户端库和暴露的指标数据。

```
import (
    "net/http"
```

```go
    "github.com/prometheus/client_golang/prometheus/promhttp"
)
func ServeMetrics() {
    // 将 Prometheus 的处理函数注册到 HTTP 的"/metrics"入口上
    http.Handle("/metrics", promhttp.Handler())
    // 打开并监听 1234 端口的 HTTP 请求
    http.ListenAndServe(":1234", nil)
}
```

通过以上简单配置，Prometheus 即可为应用提供默认指标数据，访问 http://localhost:1234/metrics 入口即可获取。

如果所构建的应用是 gRPC 类型的，则可使用 gRPC 生态系统（grpc-ecosystem）中提供的 Prometheus 拦截器来统计与 gRPC 服务相关的指标数据，这种方式非常便利，示例如下。

```go
func InitGPRCServer() {
    ...
    grpcServer := grpc.NewServer( // gRPC 服务端初始化
    // 在 gPRC 服务端填入 Prometheus 一元拦截器
    grpc.UnaryInterceptor(grpc_prometheus.UnaryServerInterceptor),
    // 在 gRPC 服务端填入 Prometheus 流式拦截器
        grpc.StreamInterceptor(grpc_prometheus.StreamServerInterceptor),
    )
    // 将 gPRC 服务实现注册到 gRPC 服务端
    grpcService.RegisterGRPCServiceServer(s.server, &grpcServiceImpl{})
    // 将 gRPC 服务端注册到 Prometheus 中
    grpc_prometheus.Register(grpcServer)
    // 将 Prometheus 的处理函数注册到 HTTP 的"/metrics"入口上
    http.Handle("/metrics", promhttp.Handler())
    ...
}
```

gRPC 生态系统提供的 Prometheus 拦截器不仅为服务端提供了获取相关服务指标的方法，还提供了用于 gRPC 客户端的拦截器。以下代码展示了拦截器的使用过程。

```go
func GRPCClientCall() error {
    ...
    clientConn, err := grpc.Dial( // gRPC 客户端连接信息初始化
        address, // gRPC 服务端地址
        grpc.WithUnaryInterceptor(grpc_prometheus.UnaryClientInterceptor),
        // 在 gRPC 客户端填入 Prometheus 一元拦截器
        grpc.WithStreamInterceptor(grpc_prometheus.StreamClientInterceptor),
    )
    if err != nil {
```

```
        return err
    }
    // 通过连接信息创建 gRPC 客户端
    client := grpcProto.NewGRPCServiceClient(clientConn)
    // 通过 gRPC 客户端向 gRPC 服务端发送请求并获取返回结果
    resp, err := client.GetGRPCEntity(s.ctx, &grpcService.Request{ID: 1})
    if err != nil {
        return err
    }
    ...
}
```

除此之外,我们也可以进一步通过定制化方式来注册更多的指标数据。Prometheus 的客户端工具包中提供了四种指标数据类型。

- 计数器(Counter):用来记录一个值随着时间推移的累积情况,只能单方向增加而不会减少,例如某个服务入口的访问量、处理数据的总大小等。

- 计量器(Gauge):用来记录某一数值的瞬时情况,不同于计数器,它既可以增加也可以减少。我们可以用这个类型的数据来记录当前系统的负载、并发度等情况。

- 直方图(Histogram):用来统计和记录一些指标数据的分布情况,它可以用来观察系统在某一时段的响应效能或返回值类型的分布情况。

- 概要图(Summary):与直方图十分类似,也用于记录指标数据的分布情况,但它将百分数作为统计标准。它可以用来表明某一时间段内系统 50%、90%和 99%的请求的响应情况。

下面我们同样以 Golang 应用为例,在上文中的 ServeMetrics 函数方法的基础上增加四种类型的自定义指标数据,代码如下。

```
var (
    // 记录函数访问次数的计数器
    funcCounter = promauto.NewCounter(prometheus.CounterOpts{
        // 自定义指标的名称,作为唯一 ID,不可被重复注册
        Name: "func_test_for_prometheus_counter",
        // 对此指标的描述介绍
        Help: "Func test for 236rometheus counter",
    })
    // 记录正在被访问的函数个数
    funcGauge = promauto.NewGauge(prometheus.GaugeOpts{
        Name: "func_test_for_prometheus_gauge",
        Help: "Func test for prometheus gauge",
    })
```

```go
    // 绘制函数响应时长直方图
    funcHistogram = promauto.NewHistogram(237rometheus.HistogramOpts{
        Name: "func_test_for_prometheus_histogram",
        Help: "Func test for 237rometheus histogram",
        // 线性直方图分割,从 100 起,每间隔 200 创建一个统计区间,共 5 个统计区间
        Buckets: prometheus.LinearBuckets(100, 200, 5),
    })
    // 绘制函数响应时长概要图
    funcSummary = promauto.NewSummary(prometheus.SummaryOpts{
        Name: "func_test_for_prometheus_summary",
        Help: "Func test for prometheus summary",
        // 统计数据的分位数设置,其中的键表示分位数标准,值表示误差范围
        Objectives: map[float64]float64{0.5: 0.05, 0.9: 0.01, 0.99: 0.001},
    })
)

func FuncTestForPrometheus() {
    funcCounter.Inc() // 函数被访问时,访问计数器加一
    funcGauge.Inc() // 函数被访问时,计量器加一
    start := time.Now() // 记录函数被访问时的时间戳

    //...
    duration := float64(time.Since(start).Milliseconds()) // 计算响应时长
    funcHistogram.Observe(duration) // 绘制函数响应时长直方图
    funcSummary.Obeserve(duration) // 绘制函数响应时长概要图
    funcGauge.Dec() // 函数返回时,计量器减一
}
```

当我们创建多个 Golang 协程(Goroutine)对上述函数进行调用时,通过访问指标数据入口 http://localhost:1234/metrics,即可获得如下所示的指标数据。

```
# HELP func_test_for_prometheus_counter Func test for prometheus counter
# TYPE func_test_for_prometheus_counter counter
func_test_for_prometheus_counter 1972.0 # 计数器记录的访问次数为 1972 次
# HELP func_test_for_prometheus_gauge Func test for prometheus gauge
# TYPE func_test_for_prometheus_gauge gauge
func_test_for_prometheus_gauge 3.0 # 计量器统计正在被调用的函数有 3 个
# HELP func_test_for_prometheus_histogram Func test for prometheus histogram
# TYPE func_test_for_prometheus_histogram histogram
func_test_for_prometheus_histogram_bucket{le="100.0"} 438.0
# 直方图统计响应时长小于 100ms 的有 438 次
......
```

当我们可以通过 HTTP 入口获取指标数据之后,我们就可以通过 Prometheus 中的 prometheus.yml 文件来进行指标收集相关配置了。如果希望显示指定的 Prometheus 收集对象,可以进行如下配置。

```yaml
scrape_configs:
- job_name: test_for_prometheus # 收集任务的名称
  scrape_interval: 10s # 收集间隔,如未声明,则采用全局配置
  scrape_timeout: 60s # 收集超时阈值,如未声明,则采用全局配置
  scheme: http # 协议类型,可选 HTTP 或 HTTPs,如未声明,则采用 HTTP
  metrics_path: /metrics # 收集入口,如未声明,则采用默认入口/metrics
  static_configs: # 静态配置项
  - targets: # 目标地址
    - localhost:1234 # HTTP 地址的域名和端口号
```

如果希望 Prometheus 使用服务发现机制来自动收集 Kubernetes 集群内部暴露的指标数据入口,可以对 prometheus.yml 文件进行如下配置。

```yaml
scrape_configs:
- job_name: test_for_prometheus # 收集任务的名称
  scrape_interval: 10s # 收集间隔,如未声明,则采用全局配置
  scrape_timeout: 60s # 收集超时阈值,如未声明,则采用全局配置
  scheme: http # 协议类型,可选 HTTP 或 HTTPs,如未声明,则采用 HTTP
  kubernetes_sd_configs: # Kubernetes 服务发现配置
  - role: pod # 收集 Pod 中暴露的应用指标数据
  relabel_configs:
  # 仅收集在服务注解中配置了 prometheus.io/scrape 且值为 true 的服务的指标
  - source_labels: [__meta_kubernetes_pod_annotation_prometheus_io_scrape] action: keep
    regex: true
  # 使用在服务注解中配置的 prometheus.io/path 值作为 metric_path
  - source_labels: [__meta_kubernetes_pod_annotation_prometheus_io_path]
    action: replace
    target_label: __metrics_path__
    regex: (.+)
  - source_labels: [__address__] # 提取 address 中存储的服务地址信息
    action: keep
    regex: ([^:]+):(\d+)
  - source_labels: [__address__, __meta_kubernetes_pod_annotation_prometheus_io_port]
  # 使用在服务注解中配置的 prometheus.io/port 值作为端口
    action: replace
    regex: ([^:]+)(?::\d+)?;(\d+)
    replacement: $1:$2
    target_label: __address__ # 将原有服务器地址和新的端口整合为新的地址
  - source_labels: [__meta_kubernetes_namespace] # 记录 Kubenetes 命名空间
    action: replace
    target_label: namespace
  - source_labels: [__meta_kubernetes_pod_name] # 记录收集的 Pod 名称
    action: replace
    target_label: pod_name
# 在服务的 Kubernets Helm 配置中,我们需要配置对应的注解
spec:
```

```yaml
  template:
    metadata:
      annotations:
        prometheus.io/scrape: true # 收集当前应用产生的指标数据
        prometheus.io/path: /metrics # 指标数据收集入口
        prometheus.io/port: 1234 # 指标数据收集端口
```

3. 收集 Kubernetes 集群中任务的指标

与常规服务型应用不同，任务型应用不能长期存在并维护相应的指标数据接口。因此我们需要借助 Prometheus 中的推送网关，将需要记录的指标数据由任务推送至网关，再由 Prometheus 服务端进行拉取收集。下面我们还以 Golang 应用为例，简要介绍如何通过 Prometheus 工具包中的推送器来实现指标收集，代码如下。

```go
var (
    // 记录函数运行时间，通过 Prometheus 包创建的指标未被注册
    duration = prometheus.NewGauge(prometheus.GaugeOpts{
        Name: "func_test_for_push_gateway_duration",
        Help: "Func test for Pushgateway duration",
    })
)

func FuncTestForPushGateway() error {
    start := time.Now() // 记录函数被访问时的时间戳
    //……
    // 计算函数响应时长并记录至 duration 指标中
    duration.Set(float64(time.Since(start).Milliseconds()))
    // 通过 Pushgateway 的地址 localhost:9091 和当前推送任务的名称来创建推送器
    if err := push.New("http://localhost:9091", "test_for_push_gateway").
        Collector(duration). // 设置收集的指标
        Grouping("job", "test"). // 设置分类标签
        Push(); err != nil { // 推送并处理返回的错误信息
        return err
    }
}
```

通过以上方法即可将当前任务的指标数据推送至对应的网关。除了示例中使用的 Push 方法，该工具包还提供了 Add 方法。Push 方法使用了 HTTP 的 PUT 操作，在提交时会替换推送网关中同一任务命名的所有指标数据。Add 方法则使用了 HTTP 的 POST 操作，在提交时仅替换推送网关中具有同一任务名且分组标签相同的指标数据。因而在使用时，如果我们有在程序逻辑中多次提交指标数据的需求，建议使用 Add 方法来规避提交导致的错误覆盖。

相应的，对于 Prometheus 的配置，我们也需要新添加一个收集任务来收集推送网关的指标数据，代码如下。

```
scrape_configs:
- job_name: pushgateway  # 收集 Pushgateway 中指标的任务名
  static_configs:  # 静态配置项
  - targets:  # 目标地址
    - localhost:9091  # Pushgateway 的域名和端口号
    honor_labels: true  # 保留收集到的指标中的标签信息
```

4. 通过 kube-state-metrics 收集 Kubernetes 集群资源状态指标

除了要关注运行在 Kubernetes 之中的应用的指标数据，我们也十分关心整个 Kubernetes 集群的运行状态，如 Pod 的健康情况、服务数量、重启次数等。这时我们就可以使用 kube-state-metrics 来进行监听。kube-state-metrics 通过从 Kubenetes API 服务上获取信息来生成相应的指标数据，然后将数据以满足 Prometheus 规范的格式暴露在 HTTP 服务的"/metrics"入口上，实现 Kubernetes 内部指标数据的收集。

因为 kube-state-metrics 为 Prometheus 提供了非常友好的支持，所以，其在 Kubernetes 中部署时非常方便，通过 Prometheus 配置中的服务发现机制即可自动收集指标数据。具体操作代码如下。

```
# 拉取 kube-state-metrics 仓库信息
helm repo add kube-state-metrics https://kubernetes.github.io/kube-state-metrics
helm repo update

# 安装 kube-state-metrics 的默认 Chart 文件
helm install kube-state-metrics kube-state-metrics/kube-state-metrics --version 2.0.0
```

启动之后的 kube-state-metrics 会在其运行的 Pod 的 8080 端口通过 HTTP 维护一个 /metrics 入口来提供指标数据。在 Prometheus 配置中进行如下服务发现配置即可对数据进行收集。

```
scrape_configs:
- job_name: "kubernetes-service-endpoints"  # Kubernetes 服务端点指标采样配置
  kubernetes_sd_configs:
  - role: endpoints  # 收集端点中暴露的应用指标
  relabel_configs:
  - source_labels: [__meta_kubernetes_service_annotation_prometheus_io_scraped]
  # 仅收集在服务注解中配置了 prometheus.io/scrape 且值为 true 的服务的指标
    action: keep
    regex: true
  - action: labelmap  # 匹配并保留服务标签
    regex: __meta_kubernetes_service_label_(.+)
  - source_labels: [__meta_kubernetes_namespace]  # 收集的 Kubenetes 命名空间
    action: replace
    target_label: kubernetes_namespace
  - source_labels: [__meta_kubernetes_service_name]  # 记录收集的服务名称
    action: replace
    target_label: service_name
```

7.4.2 使用 Grafana 展示度量指标

当我们通过 Prometheus 收集到度量指标之后，即可通过多种途径对其中存储的时序数据进行访问和可视化。虽然 Prometheus 自身提供了可视化界面，但是其展示内容的方式十分基础，不足以满足日常监控需求。而与 Prometheus 同样加入 CNCF 的开源项目 Grafana 则具有更加丰富的图形化展示功能。它可以接收来自 Prometheus、Elasticsearch、MySQL、CloudWatch、Graphite 等多种数据源的数据，并针对不同使用场景提供大量的仪表板样例。

我们可以在 Grafana 提供的设置（Configuration）模块中对数据源（Data Sources）进行配置。输入 Prometheus 的地址和端口就可以将二者整合在一起，然后就可以通过导航栏中的创建模块进行仪表板的创建。Grafana 会创建一个空的仪表板界面，我们可以直接在其上添加和编辑需要的面板（Panel）。如图 7-25 所示，添加新面板（Add new panel）后即可进入面板编辑页面。

图 7-25

我们以构建响应曲线图为例，简要介绍如何对面板进行编辑。在查询（Query）标签页中，通过下拉菜单选择数据源为 Prometheus，并在下方的指标输入框中使用 PromQL 来描述需要进行的搜索操作。

键入 histogram_quantile(0.99, sum(rate(prometheus_http_request_duration_seconds_bucket[1m])) by (le))，它使用了 histogram_quantile(φ float, b instant-vector)内置函数来计算数据 b 的 φ 分位数样本最大值。而构成 b 内容中的 rate(prometheus_http_request_duration_seconds_bucket[1m])表示对 Prometheus 的 HTTP 请求时长的指标数据以 1 分钟为时间窗口进行采样，再通过 sum(x) by (le)将所有携带 le 标签的指标进行聚合。le 标签标记的是采样分割上限，通过这个指标我们可以过滤掉其他无关样本。通过以上设置，面板上会绘制出 Prometheus 请求响应情况的九九分位图，通过进一步复制和修改参数，我们可以迅速得到其五分位图和九分位图，将它们汇聚在同一个面板中，如图 7-26 所示。

在仪表板界面的右上角可以看到齿轮图标，即设置按钮，单击该按钮可以进入仪表板信息设置界面。其导航菜单的最下面包含一个 JSON 模型（JSON Model）模块，该模块可使仪表板通过 JSON 格式被描述。我们可以在此基础上进行快速编辑，也可以从其他的仪表板中快速复制面板到当前仪表板中。

在主界面的创建模块中，Grafana 也提供了一个导入（Import）选项，我们可以直接通过该选项快速导入及复制已有的仪表板。Grafana 官方和社区也针对不同的系统和应用场景提供了大量的仪表板样例，在构建仪表板时可以通过该选项直接导入仪表板。

图 7-26

7.5 监控与告警设计

本章的前几节分别介绍了日志、分布式追踪及度量指标在系统中的落地情况，我们选用了不同的产品来收集三大支柱数据，三种数据存储在各自的产品中并不互通，这就为建立统一的监控与告警系统带来了挑战。本节将介绍如何基于不同的产品设计和实现高效的监控与告警系统。

7.5.1 监控平台构建实践

在介绍业务系统监控平台的构建前，需要先来看一下几个关键的先决条件。

- 日志、分布式追踪及度量指标使用了不同的产品。
- 系统主要涉及 B2B 业务，现有 30 多个微服务，分属不同的团队负责，部署在 AWS 的 EKS 上。
- 从公司组织结构上来看，有网站可靠性工程师团队、监控平台底层支持团队、应用系统底层支持团队，以及核心业务团队。

基于这几个条件，我们将整体的监控平台从下向上分成三层，具体如下。

- 基础设施监控：主要对网络、网关、EKS 集群（包括节点状态、Istio 等）这些设施的运行状态进行监控，由网站可靠性工程师及应用系统底层支持团队负责，本节不会涉及这一部分内容。
- 微服务通用监控：主要对业务系统微服务通用指标进行监控，包括微服务 Pod 状态（CPU、内存使用情况等）、处理请求数、请求时延及请求结果等。
- 业务监控：是指根据各个服务的自身业务需求定义的监控，比如对某些大客户特定业务所自定义的监控。

1. 微服务通用监控

微服务通用监控是业务系统中最重要的一层监控，可以帮助我们查看业务系统整体的运行状态，及时发现问题，快速找到问题出现的原因并解决问题。由于系统使用了三种产品，如何将它们有机关联就成了高效监控的关键。最终监控系统的整体结构如图 7-27 所示。

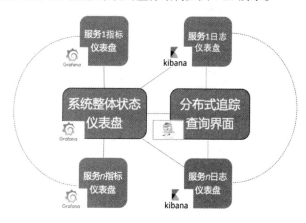

图 7-27

首先，每个服务都会建立标准化仪表板来展示自己的状态，包括指标仪表板（Grafana Dashboard）和日志仪表板（Kibana Dashboard），同时日志数据会与分布式追踪系统关联。最后，建立一个系统整体状态仪表板来展示系统内所有微服务的状态，并且通过这个仪表板可以方便地链接到单个服务的仪表板和分布式追踪系统。下面我们将介绍如何建立微服务标准化仪表板及系统整体状态仪表板。

（1）微服务标准化仪表板

标准化仪表板主要包括以下四大黄金指标（Four Golden Signals，来自 Google 的网站可靠性工程师手册）。

- 流量（Traffic）：服务请求的数量，比如一定时间内完成的请求总数，每秒的请求数（QPS）等。
- 延迟（Latency）：完成请求所花费的时间，包括平均时长、95 分位数（p95）等。
- 错误（Errors）：发生的错误请求。
- 饱和度（Saturation）：当前服务的饱和度，主要考查受限制的资源，比如内存、CPU 及磁盘状态等。通常这些资源饱和会引起服务性能的显著下降甚至使服务停止。

接下来我们将详细介绍如何在 Grafana 和 Kibana 上建立微服务标准化仪表板，当然这些标准化仪表板的基础是本章前几节中介绍的对日志和指标的标准化收集。

a. 在 Grafana 上建立微服务标准化指标仪表板

如图 7-28 所示，整个仪表板分成两部分，最上面是几个可以判断微服务是否正常运行的关键指标，包括正在运行的 Pod 数量及状态、CPU 和内存使用情况是否健康，以及请求错误比例是否正常等。下面是四大黄金指标的详细数据。

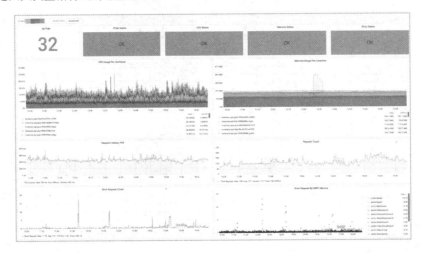

图 7-28

这里我们运用了 Grafana 的模板化仪表板，从而展示所有服务的状态。首先创建一个仪表板，通过仪表板添加两个自定义变量（Variable）：集群（k8s_cluster）和服务名（service_name），其选项分别为业务系统部署的集群名及所有的微服务名称，图 7-29 为添加服务名时的界面。

图 7-29

添加完成后仪表板中会出现两个下拉列表，分别显示系统中所有的集群和服务名，可以选择查看任意微服务在特定集群中的状态，然后就可以添加面板了。我们使用声明面板来展示正在运行的 Pod 数量，如图 7-30 所示。这里与普通面板的不同之处在于，需要在 PromQL 中使用变量名，如 sum(up{app="$service_name",k8s_cluster="$k8s_cluster"})，这样面板就会随着变量的改变而动态变化。

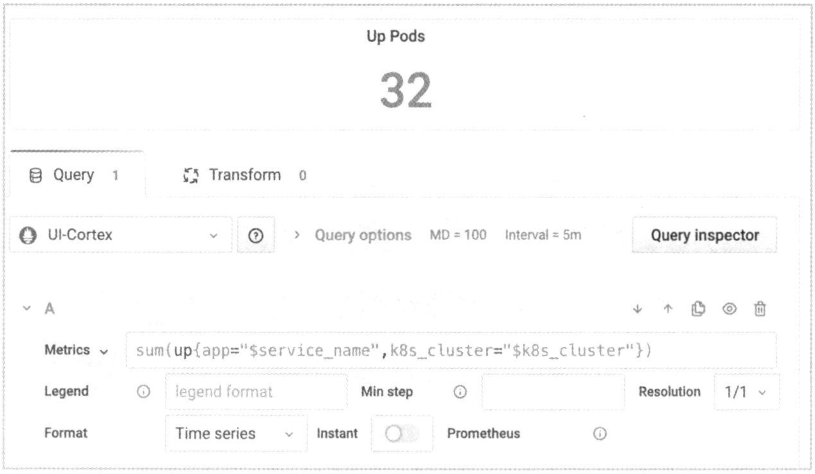

图 7-30

Pod 的具体信息通过状态面板（Status Panel）来展示，图 7-31 展示了如何设置 Pod 状态面板。

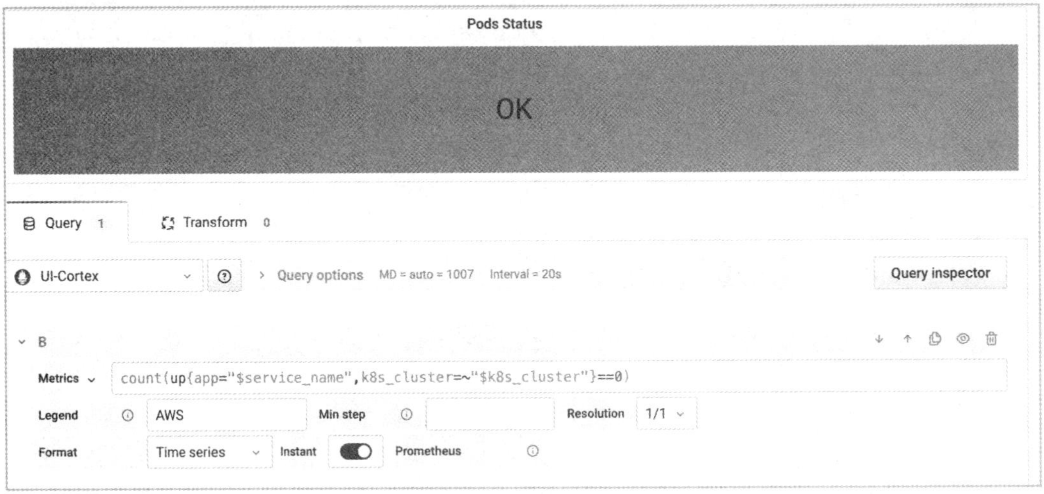

图 7-31

PromQL 内容如下。

```
// 集群内某服务没有正常运行的 Pod 数量
count(up{app="$service_name",k8s_cluster=~"$k8s_cluster"}==0)
```

此查询会统计集群内某个服务中没有正常运行的 Pod 数量，在页面右边的面板选项设置（options）部分，我们设置：当返回值大于 1 时，面板显示"警告"（Warning）状态；当返回值大于 3 时，面板显示"紧急"（Critical）状态，如图 7-32 所示。

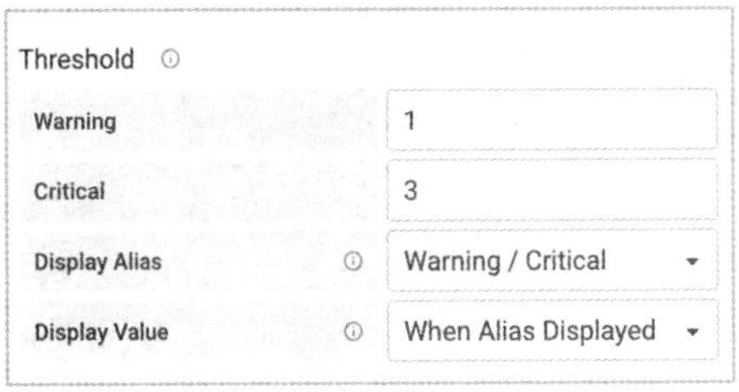

图 7-32

这样，我们就建立起了标准化指标仪表板，可以通过选择不同的集群及服务来查看某个微服务的实时状态。

b. 在 Kibana 上建立微服务标准化日志仪表板

应用内所有的微服务都适配了 7.2 节里介绍的请求日志，这为我们为每个微服务建立标准化日志仪表板提供了基础。图 7-33 展示了某个微服务的标准化日志仪表板界面。

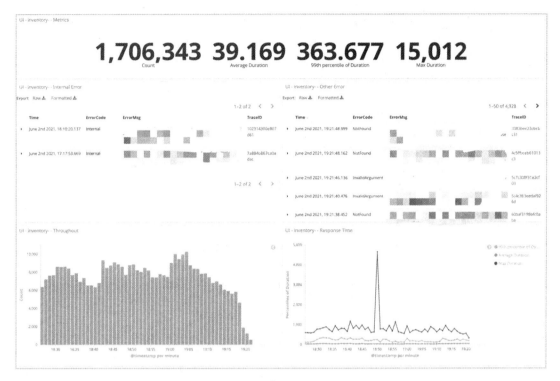

图 7-33

仪表板最上面是关于服务运行的一些关键指标，主要包括处理的请求数、请求时延等，随后是错误请求信息，最下面则是服务的吞吐量和时延详细信息。

这里详细介绍错误请求信息。日志可以携带丰富的信息来帮助我们调试问题，这里我们将错误分成两大类，分别放到两个可视化图表中：一类是内部错误，通常是不预期的运行时错误，比如连接问题、空指针错误等，这类错误通常比较严重，是服务的缺陷，需要及时处理或修改代码；另一类错误一般是可预期的，比如用户输入参数错误、查找的对象不存在等，我们可以通过主动监控这些错误发现客户可能的错误调用，从而通知他们修改。

在这两个图表中，我们都将分布式追踪的跨度 ID 直接显示出来，并且链接到分布式追踪系统，可以简单地通过一次点击来查看出错请求在整个业务系统中的调用链路，从而快速定位问题。

这是怎样做到的呢？首先请求日志中包含了跨度 ID，然后我们需要在 Kibana 的索引模式中将跨度 ID 转变成可以直接点击的链接。如图 7-34 所示，这个字段默认的格式是字符串（string），我们需要将它改成链接，并且在 URL 模板中加入分布式追踪系统的地址。最后在创建错误日志可视化图表时将跨度 ID 作为表格的一列。

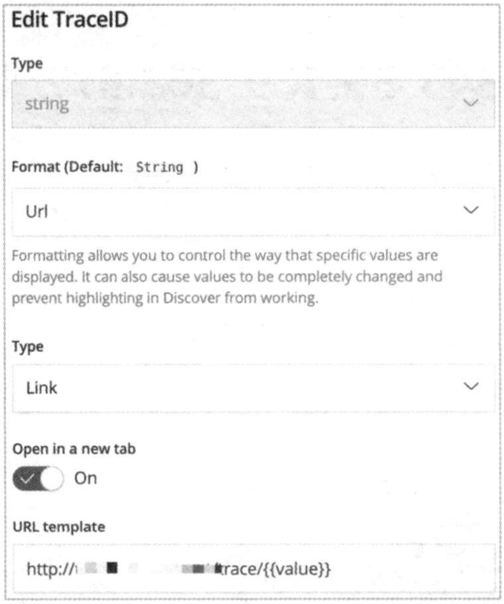

图 7-34

这里不会详细介绍仪表板上每个可视化图表的建立过程，因为我们使用的都是 Kibana 中基础的几种可视化图表。但是从 7.2 节的介绍中我们知道，Kibana 仪表板由一系列的可视化图表组成，每个可视化图表均以某个索引模式或搜索结果作为数据源。如果我们要手动为业务系统的所有微服务建立起这个仪表板，这将会是一项很繁重的工作，因此我们使用了通过 Kibana API 自动导入仪表板的解决方案。

我们需要手动建立一个标准化的仪表板，然后使用导出功能将仪表板导出成文件。这样就可以得到这个仪表板中所有对象的 JSON 描述，最后我们使用服务的属性替换必要的字段就可以生成服务的仪表板。

由于使用了统一的基于请求日志的索引模式，因此我们只需要两个参数就可以建立起某个服务的标准化仪表板：服务名和索引 ID。根据手动操作顺序，我们先从创建搜索对象开始，然后运用搜索对象建立可视化图表（以系统内部错误可视化图表为例），最后将所有的可视化图表组合起来形成仪表板，代码如下。

```
// Kibana API 基础地址
const baseURL = 'http://elk-url/api/saved_objects'
// 根据服务名和对应的请求日志索引 ID 生成搜索对象的结构体，因篇幅所限省略某些字段
const generateInternalErrorSearchBody = (serviceName, indexID) => {
  return {
    "attributes": {
```

```
    // 根据传入的服务名生成搜索对象的标题
    "title": 'UI - ${serviceName} - Internal Error',
    "description": "",
    "hits": 0,
    "columns": [
      "ErrorCode",
      ...
    ],
    "sort": [
      "@timestamp",
      "desc"
    ],
    "kibanaSavedObjectMeta": {
      "searchSourceJSON": '{\"index\":\"${indexID}\",\"highlightAll\":true,...}'
    } // 使用传入的索引 ID 创建搜索条件
  }
 }
}

// 使用生成的搜索对象结构体调用 API 创建搜索对象
// 返回生成的索引 ID 供后续创建可视化图表使用
const generateInternalErrorSearch = async (serviceName, indexID) => {
  // 生成搜索对象的结构体
  const requestBody = generateInternalErrorSearchBody(serviceName, indexID);
  let id = ''
  // Kibana API 为每种对象开放了不同的节点，创建搜索对象的节点为 'search'
  await axios.post('${baseURL}/search', requestBody)
  .then(res => {
    id = res.data.id
  }).catch(...)
  return id;
}
// 根据服务名和上一步创建的搜索对象的索引 ID 生成可视化图表的结构体
const generateInternalErrorBody = (serviceName, searchID) => {
  return {
    "attributes": {
      // 使用传入的服务名和搜索对象的索引 ID 生成可视化图表的配置信息
      "title": 'UI - ${serviceName} - Internal Error',
      "visState": '{\"title\":\"UI - ${serviceName} - Internal
                    Error\",\"type\":\"histogram\",...}',
      "uiStateJSON": "{}",
      "description": "",
      "savedSearchId": searchID,
      "kibanaSavedObjectMeta": {
        "searchSourceJSON": "{}"
      }
```

```js
    },
  }
}
// 使用生成的可视化图表结构体调用 API 创建可视化图表
// 返回生成的图表 ID 供后续创建仪表板使用
const generateInternalError = async (serviceName, searchID) => {
  // 生成可视化图表结构体
  const requestBody = generateInternalErrorBody(serviceName, searchID);
  let id = ''
  // 创建可视化图表的节点为 'visualization'
  await axios.post('${baseURL}/visualization', requestBody)
  .then(res => {
    id = res.data.id
  }).catch(...)
  return id;
}
// 将所有生成的可视化图表组成仪表板结构体
const generateDashBoardBody = (serviceName, internalErrorID, ...) => {
  return {
    "attributes": {
      "title": 'UI - Service - ${serviceName}',
      "description": "",
      // 根据传入的所有可视化图表 ID 生成仪表板对象的结构体
      "panelsJSON":
'[{\"embeddableConfig\":{\"vis\":{\"legendOpen\":false}},\"gridData\":{\"h\":15,\"i\":\"1\",\"w\":24,\"x\":0,\"y\":37},\"id\":\"${throughoutID}\",\"panelIndex\":\"1\",\"type\":\"visualization\",\"version\":\"6.3.2\"},{\"embeddableConfig\":{},\"gridData\":{\"h\":15,\"i\":\"6\",\"w\":24,\"x\":0,\"y\":7},\"id\":\"${internalErrorID}\",...]',
      ...
    }
  }
}

// 使用生成的仪表板结构体调用 API 创建仪表板，因为篇幅问题传入参数有省略
// 这里我们使用了有意义的、指定的 ID，而不是由 Kibana 随机生成的 ID
// 这样就可以方便地根据服务名找到标准化模板
const generateDashBoard= async (serviceName, internalErrorID ...) => {
  const requestBody = generateDashBoardBody(serviceName, internalErrorID ...);
  let id = ''
  // 创建仪表板的节点为'dashboard'，根据服务名生成标准化的仪表板 ID
  await axios.post('${baseURL}/dashboard/ui-service-${serviceName}-standard', requestBody)
  .then(res => {
    id = res.data.id
  }).catch(...)
```

```
  return id;
}
// 按"搜索对象 - 可视化图表 - 仪表板"顺序调用生成系统整体状态仪表板
const generateStandDashboard = async (serviceName, indexID) => {
  // 创建内部错误搜索对象和可视化图表
  const internalErrorSearchID = await generateInternalErrorSearch(serviceName, indexID);
  const internalErrorID = await generateInternalError(serviceName, internalErrorSearchID);
  // 此处省略其他可视化图表创建过程
  // ...
  const id = await generateDashBoard(serviceName, internalErrorSearchID ...);
  return id;
}

// 需要生成标准化仪表板的服务及对应的索引 ID
const allServices = [{serviceName: 'inventory', indexID:
'1242f1f0-d601-11ea-b7fc-7522b4f7be57'}, ...];
// 循环调用仪表板生成方法，生成所有服务的标准化仪表板
allServices.forEach((svc) => (generateStandDashboard(svc['serviceName'],
svc['indexID'])));
```

（2）系统整体状态仪表板

如图 7-35 所示，我们在 Grafana 上建立了一个展示所有服务状态的仪表板，并链接到服务的两个标准化仪表板及分布式追踪系统，这样就可以通过一个统一的入口看到所有服务的实时状态，并方便地访问指标、日志数据及分布式追踪系统。

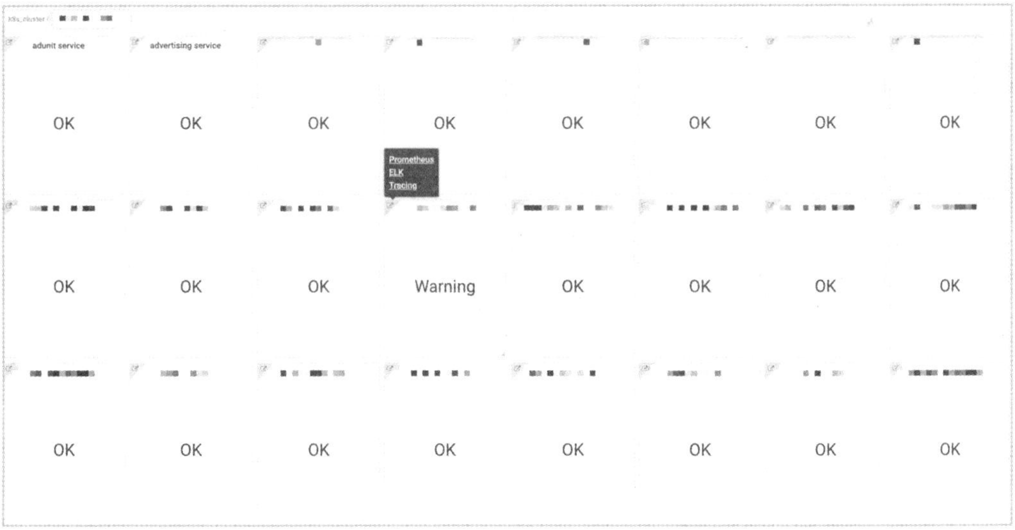

图 7-35

这里我们同样使用 Grafana 的模板化仪表板，同时还使用了根据变量重复（Repeat by Variable）功能，这样只需要建立一个仪表板，然后遍历所有的服务名就可以创建所有服务的状态面板，从而避免重复工作。我们复用了单个服务的仪表板状态，通过它来展示当前仪表板上服务的状态，即 Pod、CPU、内存及错误率指标，任何一个指标的异常都会导致某个服务的状态面板变为警告或紧急状态。

与单个服务的标准化仪表板一样，创建系统整体状态仪表板时首先需要建立两个自定义变量，即集群名和服务名。不同的是，服务名可以是多选选项，将其设为隐藏即可。

创建一个状态面板，加入四个 PromQL（对应单个服务仪表板的四个状态面板，注意变量的使用），如图 7-36 所示。然后为每个指标分别设置阈值和链接，与标准化指标仪表板中的面板保持一致。

添加三个链接到标准化面板及分布式追踪系统，这里也同样需要使用变量值来生成链接。然后在 Repeat options（重复选项）部分设置基于服务名重复（图 7-37 中为 container_name），这样我们的系统整体状态仪表板就创建完成了。

图 7-36

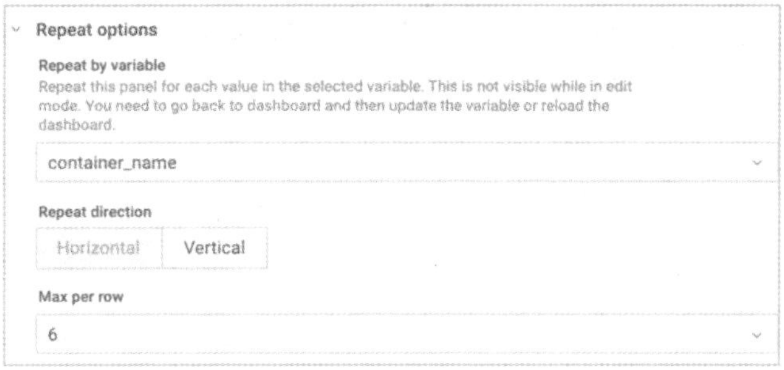

图 7-37

2. 业务监控

通用的微服务监控主要监控系统的健康状态，以便及时发现和解决问题。除此之外，每个服务也可以根据自己的业务建立自定义的仪表板来统计和分析服务的使用情况。我们的业务系统主要针对 B2B 业务，所以基于客户或功能的监控是最常见的，比如监控某个模块或功能的使用情况、某类或某个客户对系统的使用情况等。

图 7-38 展示了系统某个服务的业务监控仪表板，分为左右两部分，分别统计了两类客户对业务系统的使用情况。左边是发行人客户，右边是购买者客户。我们针对这两类客户分别统计了调用总数、时延、不同客户调用系统的分布情况等。

图 7-38

监控系统可以帮助我们主动发现问题，找到原因并最终解决问题。但是我们不可能 7×24 小时盯着监控系统，所以还需要搭建告警系统，在系统发生异常时及时通知。

7.5.2 告警系统的搭建

Peter Bourgon 在 2017 年提出了可观察性三大支柱之后，又在 2018 年的欧洲 Golang 语言开发者大会（GopherCon EU 2018）上再次讨论了指标、追踪和日志在工程中的深层次意义，其中提到了异常情况的灵敏度：指标对异常情况的感知是最灵敏的，日志次之，而追踪最多用在排障定位的场景。因此我们的告警系统主要建立在指标和日志数据之上，图 7-39 展示了我们团队搭建的告警系统架构。

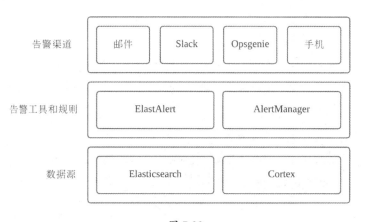

图 7-39

下面我们将分层级介绍它的各个部分。

1. 告警系统的分层

我们将告警系统从底向上分为三层，具体如下。

第一层是数据源，日志和指标数据经过清洗处理后分别被存入了 Elasticsearch 和 Cortex。

第二层是告警工具和规则，具体如下。

- 监控团队自研的 AlertManager 为指标的告警工具，ElastAlert 为日志的告警工具。
- 确定标准的告警规则，这是所有服务的基础，每个服务都必须建立这些告警规则，这些规则主要针对四大黄金指标。
  - 流量：流量异常告警，比如每分钟请求数超过 1000 则触发告警。

- 延迟：慢请求告警，比如 5 分钟内的响应时间中位数超过 1s 则触发告警。
- 错误：请求错误告警，比如 3 分钟内错误请求数超过 20 个则触发告警。
- 饱和度：主要是指系统资源异常告警，比如 Pod 的 CPU 使用率超过 90%则触发告警。
- 在标准告警规则之外，服务也可以根据自身的业务自定义告警阈值。

第三层是告警渠道，支持邮件、Slack 消息、Opsgenie 及手机消息（包括短信和电话）。

我们将告警分成了三个级别，每个级别分别对应不同的告警渠道及处理规则。

- 信息（Info）：只通知服务维护者，通常会发送邮件及 Slack 消息。
- 警告（Warning）：除了通知服务维护者，还会通知公司的网络运维中心（Network Operations Center，NOC）团队，NOC 工程师会提醒开发工程师团队及时处理这些告警。
- 紧急（Critical）：除了正常的邮件和 Slack 消息，还会通过发送邮件到 Opsgenie 的特定地址来触发 Opsgenie 的分级告警机制以确保告警被及时处理。
  - Opsgenie 会第一时间通过短信通知服务维护者。
  - 如果 3 分钟内告警没有被处理，将会打电话给服务维护者。
  - 超过 5 分钟内告警没有被处理，将会直接通知开发经理。

2. 使用 AlertManager 创建基于指标数据的告警

AlertManger 是公司监控平台底层支持团队自研的一个功能强大的、基于指标数据的告警管理平台，除了提供图形界面来帮助我们创建灵活的告警规则，它还能管理公司各个团队的告警规则，比如文件夹、Tag 等规则，如图 7-40 所示。同时它还支持对已经触发的告警进行确认收到（Ack）操作，以及在需要的时候（比如系统维护时）将告警静音一定的时间。本节将不会侧重于此告警管理平台的功能讲解，只简单介绍如何设置告警规则。

图 7-40

基于指标的告警主要集中在比较重要的指标上，比如与系统资源相关的指标，以下简单介绍针对某服务 Pod 异常状态进行的告警设置。图 7-41 展示了告警规则的一些基础设置，比如规则名、存储文件夹及数据源设置等。AlertManager 支持多种类型的告警任务，这里仅以标准告警为例。

图 7-42 展示了如何具体设置告警规则，包括如何查询运行状态不正常的 Pod 数目，以及对告警阈值和级别的设置，这里我们设置当返回数据大于 2 时触发警告告警，大于 4 时触发紧急告警。除此以外，还可以设置告警的消息体，这里不再赘述。

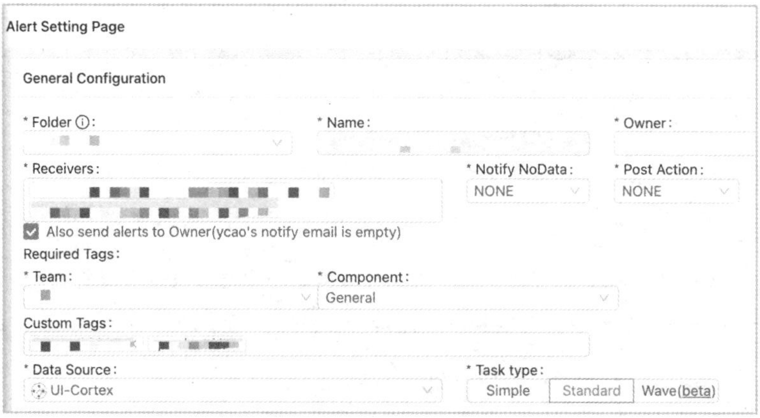

图 7-41

图 7-42

3. 使用 ElastAlert 创建基于日志数据的告警

ElastAlert 是 Yelp 公司开发的一款基于 Elasticsearch 的开源告警系统，主要功能是从 Elasticsearch 中查询出匹配预定义规则的数据进行告警，业务系统的日志数据经过处理后被保存于 Elasticsearch 中，这也是我们选择 ElastAlert 的一个主要原因。

ElastAlert 支持 11 种告警规则，以下是几种常用的规则类型。

- 频度（frequency）：Y 时间段内有 X 个事件。
- 呈平线（flatline）：Y 时间段内的事件数 X 小于一定值。
- 任意（any）：匹配任意符合过滤器的时间。
- 尖峰（spike）：匹配事件发生率上升或下降。

这里我们不会对每种告警规则做详细介绍，仅以最常用的频度规则为例简单介绍 ElastAlert 的告警规则设置，部分代码如下。

```yaml
# 规则名，必须是唯一的
name: xxxx Service 500 Error Frequency Alert - 5m

# 规则类型
# 某事件在一定时间窗口内发生的次数超过定义的阈值后，频度规则会发出告警
type: frequency

# 需要查询的索引，支持通配符
index: fw-xxxx-request-log-*

# 在自定义时间窗口内查询出的事件数超过这一数值时将触发告警
num_events: 10

# 时间窗口
timeframe:
  minutes: 5

buffer_time:
  minutes: 5

# 查询 Elasticserach 的过滤条件列表，这些过滤条件之间是"与"的关系
filter:
- query:
    query_string:
      query: "ErrorCode:\"Internal\" OR ErrorCode:\"Unknown\" OR ErrorCode:\"Unavailable\" OR ErrorCode:\"DeadlineExceeded\""
```

```
# 告警渠道
alert:
- "email"

# 告警标题，使用了模板化标题，占位符"@{0}"会被查询返回记录的 timestamp 字段替换
alert_subject: "[FAIL][PRD] xxxx Service 500 Errors @{0}[ElastAlert]"
alert_subject_args: ["@timestamp"]

# 告警消息体，包括收到告警后的处理步骤
# 当前服务对应的 Elasticsearch 索引及服务的维护者帮助收到告警的人快速处理
alert_text: "Action Items:\n\nFor NOC, please call xxxx UI ENG.\n\nFor ENG, please check
http://elk.fwmrm.net/app/kibana#/discover/5a740840-c028-11ea-8198-1d52d5d30c9c?_g=(time:(
from:now-7d,mode:quick,to:now)) \n\nOwner: @xxxx\n"
# 这些字段将会出现在告警消息体里
include: ["NetworkID", "ErrorCode", "ErrorMsg", "TraceID"]

# 告警需要被发到以下邮件列表
email:
- "eng-xxxx@example.com"   // 服务维护者，通常是一个邮件组
- "alerts@example.com"   // NOC 团队
- "xxx@slack.com"   // 统一通过邮件集成 Slack 告警通知
```

7.6 本章小结

本章我们主要介绍了服务的可观察性在业务系统的落地情况。在 7.1 节，我们详细阐述了可观察性在云原生领域的定义与运用，介绍了可观察性的三大支柱（指标、日志和追踪）及社区产品现状，并讨论了可观察性和传统监控的联系与区别。随后的 7.2 节至 7.4 节分别介绍了三大支柱在系统中的落地情况，这也是使服务具备可观察性的基础。最后在 7.5 节中，我们介绍了如何有机关联和使用可观察性三大支柱数据实现对业务系统的高效监控和告警。

在开发具有可观察性的微服务应用时，笔者建议各位读者根据自己产品的现状和需求，合理选择社区产品，最终搭建出适合自己的可观察性系统。

第 8 章 质量保证实践

对于采用微服务架构的应用,大量的服务间通信会导致系统复杂度上升,搭建一套完整可用的测试环境也变得更加困难。同时,冗长的调用链路也使得调试变得不便,通过传统的方法难以对复杂系统进行测试。

在过去的几年里,我们团队将单体应用改造成了基于微服务架构的应用。在这一章中,我们将主要探讨架构迁移过程中的质量保证实践,讲述团队如何通过完善的测试技术和混沌工程来构建云原生时代下的质量保证体系。

8.1 质量保证体系

瀑布模型(Waterfall Model)将软件测试与维护活动放在了程序编写之后,导致软件产品的质量保证实践成为软件产品交付之前的最后一道门槛。对于需求快速变化的产品来说,这样既不利于并行开发加速项目进度,也不利于在项目早期识别出问题。这是因为软件开发过程中出现的错误具有传递性,即需求分析阶段出现的错误如果没有被识别出来,它会依次被传递到产品设计和编码测试等后续阶段。正因如此,质量保证工作越早进入软件开发周期,相对发现及解决问题所需的成本就越低。

在过去几年的敏捷开发实践中,我们团队探索构建了一套适用于微服务架构的质量保证体系。通过在应用程序的各个生命阶段引入质量保证实践,大大降低了后期返工的可能性,同时在每一个阶段都设置了对应的验收标准,使每一步都有章可循。

8.1.1 质量挑战

微服务架构变革对质量保证提出了新的挑战,主要表现在以下几方面。

1. 交互大幅增加

从单体应用架构向微服务架构转型,需将一个大的应用分拆成若干个高内聚低耦合的小型服务,各个小型服务独立部署和运行,相互之间通过接口定义的契约进行通信。这使得整个应用可被拆分成小的模块来进行开发,降低了开发和维护的成本,提高了服务本身的灵活性与可伸缩性。但相对的,整个系统的架构拓扑关系也变得更加复杂。如何划分好各个微服务之间的边界、设计出合理的上下游调用关系等,成了架构设计者不得不思考的问题。

2. 服务组件化

微服务组件化的特点对团队的并行开发协作流程也提出了全新的要求,主要表现在以下三个方面。

- 服务间沟通成本增加:维护不同微服务的团队之间的沟通次数大大增加,尤其当不同的微服务存在不同的交付周期时。这时如果沟通出现了问题,整个应用的交付上线会受到影响。

- 服务间协作成本增加:系统内交互的增加使得搭建一整套测试环境的成本也相应提升。这也意味着需要等待各个子服务均开发完成才能进行整体联调,对整个系统开发的进度把控提出了更高的要求。

- 调试运维成本增加:当系统联调或上线后出现问题需要排查的时候,往往需要关联多个微服务维护团队的成员才能解决,无形中也增加了人力和物力成本。

此外,微服务的组件化使调用由进程内调用变为进程外调用,原本的本地事务变成了分布式事务,为了保证系统的可靠性,我们需要引入超时重试等措施。这些在前面章节中已有阐述,此处略去。

3. 传统测试方法不再适用

单体应用架构下常用的测试方法不一定适用于微服务架构。例如在单体应用架构下,测试人员往往只需要用端到端的测试即可实现对整体系统功能的验证。而在微服务架构下,测试人员大都来自不同的微服务团队,缺乏对整体系统的全面理解,这时候就需要对测试的策略进行调整,不仅需要验证整个链路的工作是否正常,还要保证各个微服务的接口实现也达到预期。

8.1.2 测试策略

微服务架构引入的新挑战对测试人员提出了新的要求,我们团队也在架构迁移的过程中总结出了新的测试策略，具体来说有以下几类。

1. 分层

Mike Cohn 提出的测试金字塔（Test Pyramid）揭示了测试分层的理念，但因为层数太少，面对微服务架构时显得有些力不从心。分层的理念如下：

> 针对不同层次编写不同粒度的测试。

> 层次越高，其测试数量应该越少。

这一理论可以作为搭建适合自身团队测试金字塔的指导。我们团队根据实际情况，最终确定了四层结构的测试金字塔模型用于日常业务开发，见图 8-1。

图 8-1

从底层到顶层依次为单元测试、集成测试、端到端测试和性能测试。具体测试实践会在下一节进行详细介绍。

2. 自动化

微服务本身的分布式特点，决定了测试用例也具有分布式的特点，对于单一微服务的测试人员而言，手动测试可能足够，但当微服务的数量急剧增加时，整个团队对于自动化测试的需求便会变得尤为迫切。

在微服务架构下，提升自动化测试的覆盖率对测试环境、测试技术和测试方法都提出了新的要求，具体如下：

- 对于测试环境，需要保证有专门的人员进行维护，避免当需要测试的时候没有环境可用，以及当环境出现问题时不知道找谁维护。

- 对于测试技术，我们需要根据不同微服务的特点选取合适的测试技术。但需要注意的是，技术的多样性会导致测试环境搭建和维护的成本增加，如果基于同样的技术栈，我们推荐在团队内部尽量使用同一套测试技术和编程语言。
- 对于测试方法，我们需要调整之前用于单体应用的测试方法，针对微服务的特点选取不同层次的测试方法来保证交付质量。

另外，自动化测试的顺利开展还有赖于持续集成与持续部署的基础设施建设，这部分内容可以参考本书的第 9 章，在此不做详述。

3. 渐进式调整

对于大多数的团队而言，从单体架构向微服务架构的演进不是一蹴而就的，因而测试策略也需要渐进式调整以适应开发团队架构演进的步调。例如对于刚开始推进微服务架构的团队，我们的推荐做法是先保持上层接口不变，这样原有单体应用的端到端测试依旧能发挥作用，同时在新的微服务架构里开始编写单元测试和集成测试，为以后的应用程序开发打下基础。

系统处于不同的生命阶段时会有不同的质量目标，测试策略也要做相应的调整。比如着急上线的系统，可以以端到端测试为先，保证对外服务的可用性，待到系统稳定之后再做单元测试、集成测试等，还上这一部分的"测试债务"。

8.1.3 构建质量保证体系

需要指出的是，在 8.1.2 节中我们提到了在实践中采用的测试策略，但测试终究只是质量保证体系中的其中一环而已。我们需要的是一个完整的质量保证体系来保障业务持续高质量发展。要想将质量保证的理念贯穿于整个产品的生命周期，就需要通过技术措施和管理流程手段将质量保证具象化、标准化，使之成为日常测试的行为规范，即打造适合团队自身的质量保证体系。在构建质量保证体系之前，我们需要先建立质量保证模型。

1. 建立质量保证模型

Paul Herzlich 在 1993 年提出了软件测试的 W 模型。相较于 V 模型，W 模型将测试行为与开发行为分开，并且允许这两类行为同步进行，从而让测试贯穿了整个软件开发周期。基于这个优点，我们借鉴 W 模型建立起质量保证模型，如图 8-2 所示。下面针对建立该模型的每一个阶段做详细介绍。

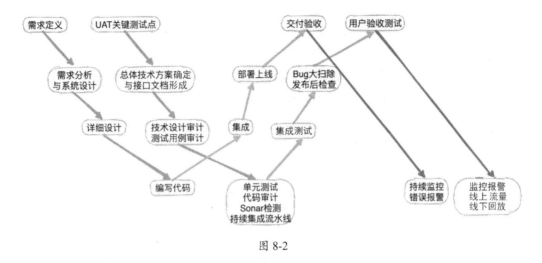

图 8-2

- 需求定义阶段：产品经理会给出用户验收测试（UAT，User Acceptance Testing）的关键测试点作为应用验收的标准。

- 需求分析与系统设计阶段：我们会召开技术方案评审会议（Tech Approach）来探讨几种技术实现方案的优劣，并确定最终的总体技术方案。对涉及多个微服务或多个应用的需求，我们会邀请对应团队的开发测试人员一起评审，并形成一份接口文档让各方"签字画押"（sign-off）。这样每个团队就可以基于接口文档各自进行开发测试。

- 详细设计阶段：我们会对应召开两类会议，技术设计审计会议和测试用例审计会议，分别讨论应用实现方案中的技术细节和测试用例设计。对涉及多个微服务或多个应用的需求，还会举行专门的集成测试用例评估会议。这个会议将再度邀请对应团队的开发测试人员一起参与，确认测试用例是否满足需求，并约定好在将来的某个时间点进行集成测试。

- 编写代码阶段：开发人员通过编写业务代码，撰写单元测试、回归测试来保证实现是符合预期的。我们通过代码审计、Sonar 检测、持续集成流水线的结果在这一环节检测代码的质量。

- 集成阶段：测试人员通过搭建好的测试平台，执行之前各方约定好的集成测试。

- 部署上线阶段：开发测试人员会在线上再进行 Bug 大扫除（Bug Bash）和发布后检查（Post-release Check），确保上线后的功能按预期运行。

- 交付验收阶段：产品经理会根据之前 UAT 确定的关键点进行用户验收测试，完成之后将产品交付给客户，同时借助持续集成流水线实现蓝绿部署、灰度发布等功能，使得交付更加灵活和可控。

- 持续监控错误报警阶段：开发测试人员会加上相应的监控报警来观察整个系统的运转情况，必要时会对线上流量进行收集并进行线下回放来满足离线调试、大数据测试等需求。

在整个模型的各个阶段，我们均有可能识别出新问题并调整产品设计，这个时候就需要产品经理、技术经理及时介入对当时应用开发状况进行风险评估，确定下一步计划。一般而言，这种情况下只要工程师对于需求本身的理解没有出现大的偏差，开发测试人员就都来得及回到之前的某个阶段重新修订设计并修改对应的代码。

2. 质量保证体系实战

质量保证模型的关注点主要在于一项业务从立项到交付过程中的线下与线上部分。在这之外，我们还要意识到测试框架、持续集成流水线等也扮演了重要的角色。团队本身的浓厚质量文化氛围对质量保证亦有助益。结合这些，我们构建了完整的质量保证体系，如图 8-3 所示。

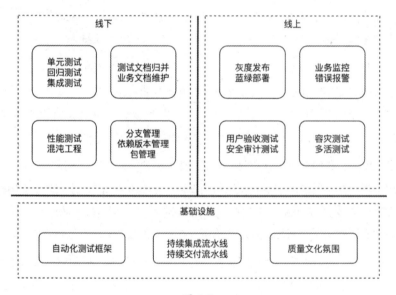

图 8-3

我们将质量保证体系分为线下、线上与基础设施三大部分，具体描述如下。

线下部分涉及开发阶段的质量保证相关操作。

- 基础测试实践：涵盖单元测试、回归测试、集成测试，笔者将在下一节进行详细介绍。
- 文档管理：伴随着架构演进和业务调整，测试文档需要进行归并，业务文档也需要及时维护。
- 性能测试与混沌工程：链路级的性能测试有助于团队对系统瓶颈进行评估，进而对可能遇到的问题提前准备预案。混沌工程则以随机实验的方式进行"故障演练",通过观察系统的反应来明确系统稳定工作的边界。

- 分支管理、依赖版本管理、包管理:在代码部署层面,我们需要维护开发、测试、预发布、生产等多种环境,因而开发测试也需要针对不同的分支进行。在此基础上,还需要管理好不同版本的依赖和安装包,保证它们在每个环境下都能正常运行。

线上部分涉及产品发布到生产环境之后进行的质量保证相关操作。

- 灰度发布与蓝绿部署:云原生应用必备技能,参见本书第 9 章。
- 业务监控与错误报警:参见本书第 7 章中关于系统可观察性的实践,在此不再赘述。
- 用户验收测试与安全审计测试:用户验收测试在前面介绍测试模型时已有介绍。安全审计测试将保证定期有审计人员对系统中使用的软件进行安全策略审查,确保没有漏洞和风险暴露。
- 容灾测试与多活测试:云原生时代的应用依然需要进行容灾与多活测试,以保证系统的可用性和可靠性。

基础设施用于助力质量保证体系的实现,例如测试工具、质量理念等,具体分为三类。

- 自动化测试框架:自动化测试框架有助于简化团队成员撰写各层次测试代码的难度,同时还能更快捷地提供诸如代码覆盖率等关键数据。
- 持续集成流水线与持续交付流水线:持续集成与持续交付的支持使微服务系统得以更快迭代,结合自动化测试可以帮助团队更快地发现问题和解决问题。
- 质量文化氛围:微服务架构下的系统迭代飞速,对质量的保证离不开团队里每个成员的努力。因此,在团队里建立起质量文化氛围是十分重要的一环。接下来的章节里有一些关于质量问题分享会、Bug Bash(Bug 大扫除)等实践的介绍。基于此,通过质量观念普及、亲身参与实践等方式,能够建立起自上而下的质量文化氛围。

8.2 测试实践

在测试金字塔里,从底端到顶端依次为单元测试、集成测试、端到端测试和性能测试。其中,越靠近底端,测试速度越快,反馈周期也越短,测试发现问题后更容易定位受影响的功能;越靠近金字塔的顶端,测试覆盖的范围越大,完成测试所需的时间越长,经过测试后,功能的正确性也更有保证。

在本节中，我们将具体介绍单元测试、集成测试和端到端测试实践，以及测试自动化。

8.2.1 单元测试与 mock 实践

"单元"是软件的最小可测试部件。单元测试就是软件开发中对最小部件进行正确性检验的测试，它是所有测试中的底层测试，由开发人员在开发代码时同步编写，是第一个也是最重要的一个测试环节。下面我们将介绍这个环节中的基础规则、表格驱动测试、mock 实践，以及常见问题。

1. 基础规则

Golang 语言自带一个轻量级的测试框架 testing，搭配 go test 命令进行使用，可用于单元测试和基准测试。该框架为测试文件定义了一些规则。

- 每个测试文件必须以 _test.go 为后缀进行命名，通常与被测试文件放在同一个包内。
- 单元测试的函数名必须以 Test 开头，为可导出的函数。
- 单元测试函数在定义时必须接收一个指向 testing.T 类型的指针作为参数，并且没有返回值。

例如测试函数名为 GenDatesSlice，对应的函数定义如下。

```
func TestGenDatesSlice(t *testing.T)
```

2. 表格驱动测试

在单元测试的编写过程中，经常需要重复指定一些输入输出对不同的用例进行测试。Golang 官方推荐使用表格驱动（Table Driven）的方式编写单元测试。通过在表格中列出输入、输出，循环遍历执行测试。

例如，对于以下工具函数的代码维护者而言，这种写法简单明了，向里面追加新的测试用例也只需增加表格中的一行。

```
// Round 实现浮点数的四舍五入功能
func Round(f float64, decimals int) float64 {
  d := math.Pow10(decimals)
  if f < 0 {
    return math.Ceil(f*d-0.5) / d
  }
  return math.Floor(f*d+0.5) / d
}
```

对应的表格驱动测试用例如下。

```go
func TestRound(t *testing.T) {
  type args struct {
    f        float64
    decimals int
  }

  tests := []struct {
    name string
    args args
    want float64
  }{
    {"0.000", args{0.000, 2}, 0.00},
    {"0.005", args{0.005, 2}, 0.01},
    {"-0.005", args{-0.005, 2}, -0.01},
    {"1.555", args{1.555, 2}, 1.56},
    {"-1.555", args{-1.555, 2}, -1.56},
  }

  for _, tt := range tests {
    t.Run(tt.name, func(t *testing.T) {
      if got := Round(tt.args.f, tt.args.decimals); got != tt.want {
        t.Errorf("Round() = %v, want %v", got, tt.want)
      }
    })
  }
}
```

3. mock 实践

编写单元测试时往往有独立性的要求，很多时候因为业务逻辑复杂，代码逻辑也随之变得复杂，依赖了很多其他组件，导致在编写单元测试时存在比较复杂的依赖项，如数据库环境、网络环境等，编写工作量大大增加。

解决这类问题的主要思路是使用 mock。笔者团队中存在两种 mock 实践。一种是和 mockery 命令结合使用的 testify/mock 实践，另一种是基于 mockgen 命令的 gomock 实践，下面我们分别介绍。

（1）testify/mock

testify 提供了一个优秀的 Golang 测试工具箱，包含了对断言、mock 等常见测试需求的支持。但在编写单元测试时，应用的接口中往往有大量的方法和函数需要模拟，逐个编写 mock 代码将是开发者的噩梦。此时我们选择借助 mockery 提供的快捷生成代码的能力。mockery 可以找到指定目录内所有的接口，然后在指定的文件夹下自动生成基于 testify/mock 的模拟对象。

例如，对于以下的接口，

```go
type NetworkDomain interface {
    GetNetworkById(networkId int64) (*mdproto.Network, error)
}

func (domain *networkDomain) GetNetworkById(networkId int64) (*mdproto.Network, error) {
    // ...
    return response, nil
}
```

调用 mockery 生成的代码如下。

```go
type NetworkDomain struct {
    mock.Mock
}

// GetNetworkById 提供 mock 方法
func (_m *NetworkDomain) GetNetworkById(networkId int64) (*proto.Network, error) {
  ret := _m.Called(networkId)
    // ...
    return r0, r1
}
```

对于如下的待测试文件，

```go
type dataRightDomain struct {
 networkDomain NetworkDomain
 // 在 mock 代码里使用 NetworkDomain
}
func (domain *dataRightDomain) GetDataRightWhitelist(all bool, searchQuery *types.SearchQuery) ([]*business.WhitelistItem, int32, error) {
    // ...
    partner, err := domain.networkDomain.GetNetworkById(item.Id)
    // 使用 mock 时从 mock 函数中获得返回值
    // ...
}
```

其测试文件如下。

```go
func TestGetDataRightWhitelist(t *testing.T) {
 // 初始化 mock
 networkDomainMock:= &mock.NetworkDomain {}
 // 设置 mock 函数预期返回值
 networkDomainMock.On("GetNetworkById", mock2.Anything).Return(nwRet, nil)
dataRightDomain.networkDomain = networkDomainMock
```

```
// 调用 GetDataRightWhitelist，dataRightDomain 的 networkDomain 已经被替换成 networkDomainMock
wItems, number, err := dataRightDomain.GetDataRightWhitelist(true, searchQuery)

    // ...
}
```

（2）gomock

gomock 是 Golang 官方维护的测试框架，通过自带的 mockgen 命令生成包含 mock 对象的.go 文件。它提供了两种模式来支持 mock 对象的生成：源文件模式和反射模式。

如果采用源文件模式，则可以通过-source 参数指定接口源文件，通过-destination 指定生成的文件，通过-package 指定生成文件的包名，示例如下。

```
mockgen -destination foo/mock_foo.go -package foo -source foo/foo.go
```

如果没有使用-source 指定接口文件，mockgen 也支持通过反射方式生成 mock 对象，它通过两个非标志参数生效：导入路径，以及用逗号分隔的接口符号列表。示例如下。

```
mockgen database/sql/driver Conn,Driver
```

此外，如果存在分散在不同位置的多个文件，为避免多次执行 mockgen 命令，mockgen 提供了一种通过注释生成 mock 文件的方式，这需要借助 Golang 自带的 go generate 工具来实现。例如，在接口文件中添加如下注释。

```
//go:generate mockgen -source=foo.go -destination=./gomocks/foo.go -package=gomocks
```

这种方法有一个好处是，对于还在探索 mock 实践的团队，可以通过这种方式来渐进增加 mock 文件，从而降低切换代码的成本和风险。

例如对于下面这样的嵌套了其他接口的接口，

```
type AvailableTelevisionNetworkBIO interface {
  // metadata service 是一个依赖，将其接口放到这里
  grpc.MetadataNetworkServiceInterface

  List(networkID, userID int64, req *proto.ListAvailableTelevisionNetworksRequest)
([]*TelevisionNetwork, error)
}
```

调用 mockgen 生成的 mock 文件如下。

```
// MockAvailableTelevisionNetworkBIO 是 AvailableTelevisionNetworkBIO 接口的实现
type MockAvailableTelevisionNetworkBIO struct {
   ctrl     *gomock.Controller
   recorder *MockAvailableTelevisionNetworkBIOMockRecorder
```

```go
}

// ...

// List 方法的 mock 实现
func (m *MockAvailableTelevisionNetworkBIO) List(networkID, userID int64, req
*proto0.ListAvailableTelevisionNetworksRequest) ([]*bio.TelevisionNetwork, error) {
    m.ctrl.T.Helper()
    ret := m.ctrl.Call(m, "List", networkID, userID, req)
    ret0, _ := ret[0].([]*bio.TelevisionNetwork)
    ret1, _ := ret[1].(error)
    return ret0, ret1
}
```

对于以下的待测试函数，

```go
// AvailableTelevisionNetworkDomainImpl 实现 Domain 层函数
type AvailableTelevisionNetworkDomainImpl struct {
    bio bio.AvailableTelevisionNetworkBIO
}

// List 返回当前客户的可用电视台记录
func (a *AvailableTelevisionNetworkDomainImpl) List(networkID, userID int64, req
*proto.ListAvailableTelevisionNetworksRequest)
(*proto.ListAvailableTelevisionNetworksReply, error) {
    // ...
    availTVNetworks, err := a.bio.List(networkID, userID, req)
    if err != nil {
        return nil, err
    }
    // ...
}
```

其测试函数如下。

```go
func TestAvailableTelevisionNetworkDomain_List(t *testing.T) {
    // ...
    m := NewMockAvailableTelevisionNetworkBIO(ctrl)
    m.
        EXPECT().
        List(
            gomock.AssignableToTypeOf(int64(0)),
            // 采用 int64 类型的 0 值，用 gomock 检查，确保输入必须是 int64 类型的
            gomock.AssignableToTypeOf(int64(0)),
            gomock.AssignableToTypeOf(&proto.ListAvailableTelevisionNetworksRequest{})
```

```
    ).
    Return([]*bio.TelevisionNetwork{}, nil).
    Times(1)

 // ......
}
```

4. 常见问题

在上述实践过程中,我们会遇到一些常见问题,下面结合具体案例来介绍相应的解决方案。

(1)如何管理生成的 mock 文件

在实践过程中我们倾向于将接口的 mock 文件作为独立的 mocks 包,生成后放置在对应接口所在的包内。这样每个包将相对独立,易于管理。以下为目前团队中一个微服务语言项目的常见结构,可以看到 handler 与 model 包各自内含对应的 mocks 包。

```
├── app.go
├── controller
│   ├── handler
│   │   ├── mocks
│   │   │   └── handler1.go
│   │   ├── handler1.go
│   │   └── handler1_test.go
├── model
│   ├── mocks
│   │   └── model1.go
│   ├── model1.go
│   └── model1_test.go
├── regression
│   ├── regression1_test.go
│   └── other_regressions_test.go
├── scripts
│   └── some_script_file
├── config
│   └── some_config
├── proto
│   └── some_proto
├── go.mod
├── go.sum
└── sonar-project.properties
```

(2)对一个接口定义时需要生成多少 mock 文件

上面介绍 gomock 实践时提到了渐进式增加 mock 文件的思路。如果没有测试文件依赖于某个接口，那么我们不推荐为其生成对应的 mock 文件。这样可以做到"随用随生成"，让每一次代码提交都有对应的使用场景。

另外，对于一个接口，我们推荐只使用一种 mock 方式来生成其 mock 文件。例如一个微服务已经采用了 testify/mock 实践，那么接下来应尽量延续这种方式。

（3）是否需要并行

不少关于 Golang 单元测试的文章里会提到通过并行方式进行优化。但在实践过程中我们发现：绝大多数的单元测试本身运行起来非常快（通常在毫秒级），这意味着通过并行带来优化的空间非常小，通常可以忽略；对开发人员而言，使用 t.Parallel 会带来一定的心智负担，例如需要捕获 for...range 语句的变量来规避测试结果覆盖的问题。基于这两点，我们不推荐在单元测试中使用 t.Parallel，除非对应的测试十分耗时。以下为并行运行示例。

```go
func TestGroupedParallel(t *testing.T) {
  for _, tc := range testCases {
    tc := tc // 捕获范围变量
    t.Run(tc.Name, func(t *testing.T) {
      t.Parallel()
      if got := foo(tc.in); got != tc.out {
        t.Errorf("got %v; want %v", got, tc.out)
      }
      ...
    })
  }
}
```

（4）何时需要添加基准测试

对大多数业务代码而言，添加基准测试的必要性不大，我们在实践中也很少添加基准测试。目前只有两种情况例外。

- 给一个基础库或工具库提交代码，如对请求的响应进行压缩的代码。
- 待测试代码对于性能有要求，例如一个业务上线后通过追踪发现运行某段代码非常耗时，这时就需要考虑通过基准测试来进行性能评估。

8.2.2 基于 Godog 的集成测试实践

集成测试在单元测试完成后进行，它将多个代码单元及所有集成服务（如数据库等）组合在一起，测试它们之间的接口的正确性。随着核心业务架构转向微服务架构的步伐加快，以及构建的服务越来越多，我们设计了适用于不同服务的集成测试用例，在构建新服务时可以最大限度地降低学习和测试成本。

图 8-4 描绘了集成测试的流程，主要包括四个阶段：准备测试数据、启动测试环境、运行测试用例、生成测试报告。

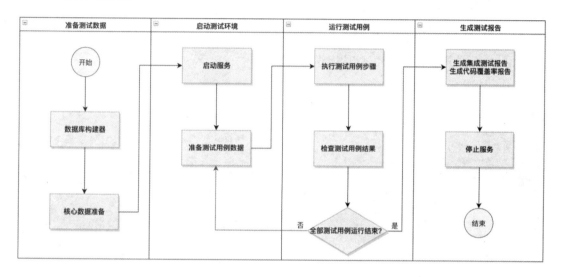

图 8-4

上述测试流程比较清晰，对于大多数团队都适用，在此不再详述。我们在实践过程中总结了几点经验教训，值得与各位读者分享。

1. 测试框架选型

选择好的测试框架能使测试事半功倍，因此在选型时需要综合考虑多种因素，比如以下几种。

- 是否贴合团队日常开发测试流程。
- 是否易于上手与维护。
- 是否有较高的投入产出比。

对于我们团队而言，一个自然而然的想法便是在 Golang 语言的生态里进行选型。

目前主流的 Golang 测试框架有三个：Ginkgo、GoConvey 和 Godog。其中，Godog 支持 Gherkin 语法，有两个优势。

- 作为一种行为驱动开发（BDD）风格的框架，编写语法接近自然语言，容易上手。

- 团队在单体应用时期采用的是 Cucumber 测试框架，因此积累的测试用例都是基于 Gherkin 语法编写的，从 Cucumber 迁移到 Godog 对团队十分友好。

所以我们最终选择使用 Godog 来编写测试用例。

2. 测试用例编写

在编写测试用例阶段，我们遵循以下步骤进行。

（1）在 feature 文件里描述测试用例行为

以下是一个测试用例的模板。

```
Feature: feature name

Background:
  Given some pre-conditions
  And some other state

Scenario: scenario name
  When perform some action
  And perform some other action
  Then should make an assertion
```

（2）实现行为

定义完 feature 文件，接下来便要实现文件场景中的每个步骤。

例如对于 Given using the "Advertising" service，我们可以抽象出^using the "([^"]*)" service$通用步骤（step），其中引号内部的内容是使用正则表达式对步骤中的变量进行的匹配描述。在实际运行过程中，Godog 会解析出 Advertising 的字段并传入相应的步骤，通过 usingTheService 方法执行相应的代码逻辑。

因此我们需要做两件事情。

第一件事：注册步骤表达式与方法之间的关系。代码如下。

```
func (a *APIFeature) RegisterSteps(s *godog.Suite) {
 s.Step(`^using the "([^"]*)" service$`, a.usingTheService)

 // 其他步骤注册
}
```

其中 APIFeature 是我们预先定义的结构体，用来存储一些公共数据，在不同的步骤之间使用，其结构如下。

```go
type APIFeature struct {
  FeatureBase
  ServiceHost   string
  RequestBody   string
  StatusCode    int
  ResponseBody  []byte
  Schemas       map[string]gojsonschema.JSONLoader
}
```

第二件事：编写代码，实现步骤预期的行为。

```go
func (a *APIFeature) usingTheService(service string) error {
  switch s := service; s {
  case "Advertising":
     a.ServiceHost = utils.Conf.AdvertisingService
  case "Other_Service":
     a.ServiceHost = utils.Conf.OtherService
  default:
     return fmt.Errorf("Undefined service: %s", service)
  }
  return nil
}
```

除去框架和用例，我们还需要一个主数据库来提供测试运行时的基础数据。在所有测试用例开始执行前，从主数据库中下载测试所需要的数据表，保存成临时 SQL 文件。在每一个测试用例运行结束之后便可以使用临时 SQL 文件来刷新数据库，使其回到初始状态，整个过程如图 8-5 所示。

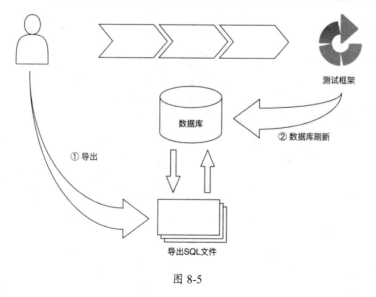

图 8-5

采用这种策略使得每一个测试用例都能基于相同的数据库状态进行测试，规避了测试用例之间的干扰。同时，使用同一份公共数据源降低了各个团队生成数据的成本，也使得数据本身能被多个团队共同审核，以确保准确性和时效性。

但在实践过程中我们发现，伴随着测试用例的增多，刷新数据库到初始状态所花费的时间占据整个集成测试时间的比重越来越高。因此对于之前的刷新策略需要进行优化。最初，我们通过引入标记（tag）机制来区分需要刷新数据库的测试用例。这里借助的是 Godog 自带的 tag 功能，通过在 Scenario 上指定一个或多个以@开头的单词，表征被修饰对象，示例如下。

```
@db_need_refresh
Scenario: create an advertiser
  When ...
  Then ...
```

但这种思路有两个缺点，具体如下。

- 治标不治本，只读的测试用例在整个测试集里占比不高。

- 维护困难，开发人员不仅要记得为只读测试用例加上对应的标记，还要在该测试用例里引入写操作及时删去标记，否则就会造成测试用例运行失败。

后来我们迭代出了一套新的策略，过程如图 8-6 所示。对每一个测试用例，针对每次数据库写操作，生成对应的回滚 SQL 语句。当测试用例运行完毕，使用回滚 SQL 文件进行数据回滚。

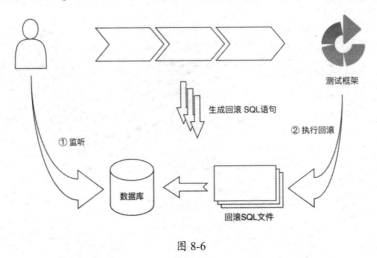

图 8-6

这种策略带来了两个好处。

- 高性能，因为只需要针对改变的数据生成回滚 SQL 语句，用局部更新替代了全局更新。

- 不再需要进行测试用例标记，因为对于只读的测试用例，不会有任何回滚 SQL 语句生成。

采用这种策略后，我们挑选了一个微服务的测试集进行了对比测试。这个测试集中包含 1772 个场景，16117 个步骤。测试结果如图 8-7 所示。对比结果显示，测试时间开销降低至原来的 30% 左右。

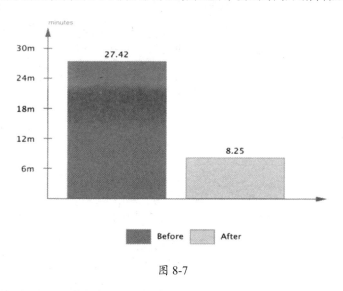

图 8-7

8.2.3 基于 Cypress 的端到端测试实践

端到端测试是站在用户使用角度进行的测试，它将要测试的软件视为黑盒，无须了解其内部具体实现细节，只关注输出结果是否符合预期。下面我们将介绍端到端测试实践经验。

1. 框架选型

在我们团队的微服务架构生命周期中，端到端测试环节具有更广的应用范围和更高的地位，是确保整个产品线质量的最后一道防线。在以前的单体架构中，我们采用了 Capybara、RSpec 和 Selenium 组合的方式进行端到端测试，但这种测试方式逐渐暴露出很多问题。

- 测试框架搭建与维护复杂，对持续集成流水线不友好。
- 框架依赖 Ruby 技术栈，与团队主要使用的语言 Golang、JavaScript 相悖。
- Selenium Webdriver 性能太差，经常出现测试失败的情况。
- Selenium 对无头（headless）模式的支持不友好。

为了更好地在当前的微服务架构中进行端到端测试，我们进行了一些探索。最终 Puppeteer 和

Cypress 引起了我们的关注。如表 8-1 所示，我们对 Puppeteer 和 Cypress 进行了多维度的对比。

表 8-1

	Puppeteer	Cypress
安装搭建难度	低，只需要安装 Node.js	低，只需要安装 Node.js
技术栈匹配程度	基于 JavaScript，与团队所使用的前端技术栈相匹配	基于 JavaScript，与团队所使用的前端技术栈相匹配
性能	直接调用浏览器封装底层 API，充分利用 V8 带来的性能优势	对性能有特定的优化
是否支持失败测试归总	需要安装相应的插件来支持	自带视频录制和时间穿梭功能
测试稳定性	稳定性高	稳定性高
开销	开源方案，依赖社区生态发展，很多功能需要自研（调研时 Puppeteer 发布不久，社区尚处于早期建设阶段）	核心代码开源，提供收费解决方案
浏览器兼容性	Chrome、Firefox（调研时 Puppeteer 发布不久，仅支持 Chrome）	Chrome、Firefox（调研时 Cypress 只支持 Chrome）

基于 Puppeteer 的自动化测试框架是一个优秀的解决方案，但在我们调研的时期，Puppeteer 项目尚处于早期迭代阶段，其核心 API 不稳定，社区生态也处于襁褓状态，因此我们团队最终决定以 Cypress 作为端到端测试框架基础。

2. Cypress 实践

选型确定之后，我们团队实现了一个基于 Cypress 的端到端测试框架，可以同时支持 Web UI 和 API 的自动化测试，以下为该测试框架的几个重要功能。

（1）支持 fixture

fixture 是在软件测试过程中为测试用例创建其所依赖的前置条件的操作或脚本，这些前置条件通常会根据端到端测试环境的变化而变化。在笔者团队的开发测试流程中，至少有三个阶段需要进行端到端测试。

- 本地测试：当代码位于自定义分支尚未被合并到主干分支时，需要进行端到端本地测试，开发人员通过添加新的端到端测试用例来完成功能检测。
- 回归测试：功能代码合并到主干分支后，需进行端到端回归测试。

- 发布后检查测试：功能发布到线上环境之后，需进行端到端测试实现发布后检查，以确保该功能在线上环境仍能按预期工作。

基于上述情况，为了最大化端到端测试用例的可重用性，并考虑构建本地端到端测试环境的复杂性，我们将对 fixture 的支持添加到了测试框架中。例如，假设现有一测试场景：检查一个特定订单的状态，而订单编号在线上环境和开发环境中可能有所不同，除了订单编号，与订单相关的一些其他信息也可能不同。此时就可以使用 fixture，代码如下。

```
// fixture 用来表明在什么环境下执行测试用例
const fixture = {
  prd: {
    networkInfo: Cypress.env('prdTestNetWorkInfo'),
    orderID: 26341381
  },
  stg: {
    networkInfo: Cypress.env('stgTestNetWorkInfo'),
    orderID: 26341381
  },
  dev: {
    networkInfo: Cypress.env('localNetWorkInfo'),
    orderID: 133469319
  }
};
const { networkInfo, orderID } = fixture[Cypress.env('TEST_ENV')];
```

（2）tag 功能

在将 fixture 用于每个测试流程之后，还需要考虑一种情形，即不同环境下需要运行的测试用例可能不同。对于线上环境的发布后检查测试，需要运行最高级别的测试用例，这部分用例数量少但覆盖了整个系统的核心功能。对于日常的端到端回归测试，则需要运行更大范围的测试用例。为满足此要求，团队为框架添加了 tag 功能，以对测试用例进行分类。

```
// tag 用来表明这是一个 P1 级别的测试用例
Cypress.withTags(describe, ['p1'])(
  'Create order', function() {
    // 测试 case 代码
  }
);
```

（3）测试用例

一个典型的 Cypress 测试用例如下，分别需要提供 before 和 after 的钩子进行数据初始化和数据清扫，再在 it 语句里编写核心的测试逻辑。

```
Cypress.withTags(describe, ['p1'])(
  'Create IO', function() {
    before(function() {
      cy
        .loginByUI(networkInfo, `/campaigns/${campaignId}/edit `)
        .waitUntilLoaded();
    });

    it('Create an empty order', function() {
      cy.createEmptyOrder()
        .get('{order_id}:eq(0)')
        .invoke('text')
        .then(order_id => {
          orderID = order_id;
        });
    });

    after(function() {
      cy.deleteOrder({ orderID });
    });
});
```

（4）无头模式运行

Cypress 自带对无头模式的支持，比如，执行 cypress run 命令则默认启动自带的 Electron 浏览器，用无头模式运行测试，如果添加 --headed 参数就会正常启动 UI 来运行；而执行 cypress open --browser 命令则会根据用户配置的参数来启动相应的浏览器 UI 来运行测试，例如我们常见的配置便是 cypress open --browser chrome。

端到端测试能保证通过测试的产品满足用户的需求，但其测试粒度太大，对于测试环境与测试数据要求很高，导致维护成本居高不下。所以每编写一个端到端测试用例，都要思考是否有必要。

8.2.4　测试自动化

为了提高开发效率，及早发现问题，减少重复性劳动，实现测试自动化，我们集成了 Jenkins 流水线来实现持续集成与持续部署。持续集成与部署的具体实践将在第 9 章进行详细介绍，此处仅简单描述。

1. 持续集成阶段

持续集成流水线的触发点一般有两个。

- 代码合并到主干分支前会触发持续集成测试，测试通过后，代码才允许被合并到主干分支。

- 代码合并到主干后会触发持续集成测试，目的是检验主干分支是否符合质量预期。

图 8-8 是由 Groovy 脚本定义的 Jenkins 流水线的 blue ocean 效果图，下面将结合具体案例对测试相关的几个重要阶段进行分析，包括单元测试与覆盖率报告阶段（UT & Coverage）、集成测试与覆盖率报告阶段（Regression，Combine Coverage），以及代码覆盖率通知阶段。

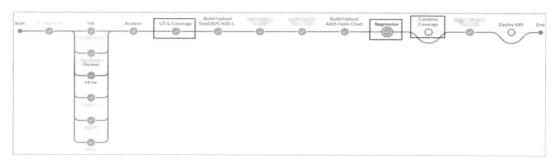

图 8-8

（1）单元测试与覆盖率报告阶段

只需要在 Groovy 脚本中指定单元测试使用的脚本，并将生成覆盖率的开关打开，即可获得测试覆盖率报告，方法如下。

```
stage('UT & Coverage'){
 …//some code…
 environment {
   core_common = get_core_common(serviceFullName)
   // 获得 UT 测试覆盖率报告
   ut_cobertura_report_file = get_ut_cobertura_report_file(serviceFullName)
 }
 steps {
   //specify shell script to execute ut cases
   sh(returnStdout: true, script: "sh ${WORKSPACE}/shell_scripts/unit_coverage.sh")
 }
 post {
   success {
     // 如果成功，生成 HTML 格式的 UT 测试覆盖率报告
     archiveArtifacts allowEmptyArchive: true, artifacts: ut_cobertura_report_file, fingerprint: true
     sh 'echo "ci.ut.result=PASS" >> ${WORKSPACE}/env.props'
   }
 }
}
```

（2）集成测试与覆盖率报告阶段

获取集成测试覆盖率报告的方式与单元测试类似，只需要在 Groovy 脚本中指定回归测试使用的脚本，持续集成流水线就会将生成的结果输出，方法如下。

```
stage('Regression'){
  environment {
    …//some code…
    html_report_dir = get_report_dir(serviceFullName)
    // 获取 Regression 测试覆盖率报告
    regression_cobertura_report_file = get_regression_cobertura_report_file(serviceFullName)
    diff_files = "${WORKSPACE}/diff/*"
  }
  steps {
    sh '''
      mysql -uroot -proot -h127.0.0.1 -e "source ${WORKSPACE}/sql/ui_permission_sql.sql"
      // Regression 测试数据准备
      ${WORKSPACE}/integration_test_data/bin/initDB.sh
      // Regression 测试环境准备
      ${WORKSPACE}/shell_scripts/regression_init.sh
      if [[ ! -d ${html_report_dir} ]]; then
        mkdir ${html_report_dir}
      fi
    '''
    // 指定 Regression 测试用例的执行脚本
    sh "${WORKSPACE}/regression_scripts/${serviceFullName}_regression.sh"
  }
  post {
    success {
      …// some code…
    }
  }
}
```

（3）代码覆盖率通知阶段

FreeWheel 的产品以面向企业级客户为主，出于保证产品质量的考虑，公司层面设定了 90% 的代码覆盖率目标。这个值是将单元测试和集成测试的覆盖率合并之后的结果。为了达到这一目标，我们采取了逐步提升覆盖率的方式，对单元测试和集成测试分别设定各自达标的时间线。在每个新产品版本的开发周期，通过 Groovy 脚本设置该版本需要达到的测试覆盖率目标值。对于测试失败或覆盖率没有达标的代码，其合并请求均不能通过，并且会通过 Slack 通知相关人员。

```
stage('Coverage & Analyze'){
  …//some code…
  post {
```

```
    success {
      // 判断是否达到测试覆盖率目标
      cobertura autoUpdateHealth: false, autoUpdateStability: false, coberturaReportFile:
combined_cobertura_report_file, conditionalCoverageTargets: '70, 0, 0', failUnhealthy: false,
failUnstable: false, lineCoverageTargets: '80, 0, 0', maxNumberOfBuilds: 0,
methodCoverageTargets: '80, 0, 0', onlyStable: false, sourceEncoding: 'ASCII',
zoomCoverageChart: false
      archiveArtifacts allowEmptyArchive: true, artifacts: "${html_report_dir}/*.json",
fingerprint: true
    }
  }
  post {
    failure {
      // 如果没有达到，则通过 Slack 发送信息通知相关人员
      slackSend channel: "#${slack_channel}",color: "danger", message: "AWS Build FAIL! :bomb:
${serviceFullName} <${BUILD_URL}|${BUILD_DISPLAY_NAME}> ${currentBuild.description}"
    }
  }
}
```

如图 8-9 所示，每周我们还会将单元测试和集成测试的测试覆盖率结果收集并通过邮件发送通知，敦促相关微服务团队及时补上相应的测试，使覆盖率达标。

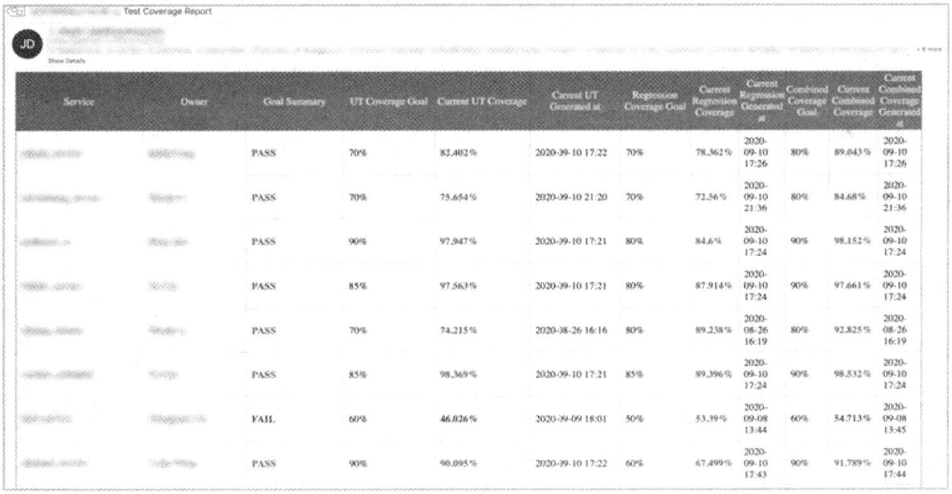

图 8-9

2. 持续部署阶段

产品被部署到线上之后，可通过流水线关联触发功能，触发端到端测试的 Jenkins 任务，进行产品上线之后的相关测试。前文提到，我们的端到端测试采用了 Cypress 作为框架基础，它支持与 Jenkins

进行集成。我们在持续部署的脚本里可以设置将测试结果同时通过邮件和 Slack 发出，极大地降低了出错测试用例的响应时间，提高了产品质量。以下脚本代码展示了测试成功和失败后的处理逻辑。图 8-10 展示了通过邮件和 Slack 收到的通知结果。

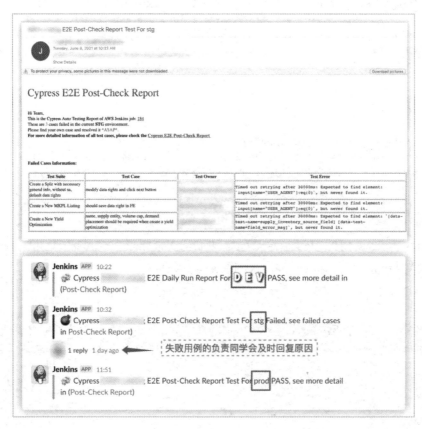

图 8-10

```
pipeline {
  post {
    success {
        publishReport()
        notifySuccess()
        sendMail()
    }
    // 如果端到端测试失败，则发送邮件和 Slack 信息通知相关人员
    failure {
        publishReport()
        archiveArtifacts artifacts: 'screenshots/**, videos/**'
```

```
            notifyFail()
            sendMail()
        }
    }
}
```

8.3 混沌工程

微服务这样的分布式系统总是面临着稳定性方面的考验。尽管监控和告警能为故障处理提供帮助，但这都是故障发生之后的补救措施。所谓救火不如防火，提前了解应用在什么时候会出问题至关重要。混沌工程是在分布式系统上进行实验的学科，目的是建立系统抵御生产环境中失控情况的能力及信心。本节会介绍混沌工程的核心理念，以及我们团队在这方面的实践。

8.3.1 混沌工程的核心理念

Netflix 公司的混沌工程团队在"混沌工程原则"网站（principlesofchaos.org）上对混沌工程做出了下面的定义：

> 混沌工程是一门在系统上进行实验的学科，目的是建立系统抵御生产环境中失控情况的能力及信心。

通俗地说，混沌工程的意义就是在系统上进行实验，根据实验结果发现系统有哪些缺陷，然后找到应对方案来避免故障，或者在发生故障时将损失降到最低。通过不断进行迭代实验，我们可以建立起稳定可靠的系统，这样不仅可以很好地给客户提供服务，还能减少工程师们半夜被叫起来处理故障的次数。

混沌工程实验（以下简称混沌实验）与传统的测试有很大的区别。传统测试会提前定义好输入和输出，如果不满足期望结果，测试用例就不会通过。混沌实验不是，实验会产生什么样的结果是不确定的。比如网络延迟、CPU 过载、内存过载、I/O 异常等会对系统产生什么样的影响，有些我们可以预料，有些则不然，只有发生了才会知道。混沌实验最好能够成为团队日常工作的一部分，这样每一位团队成员都可以担任混沌工程师的角色，并有机会从实验结果中学到知识。

下面我们将从混沌工程的发展史、原则、成熟度模型等方面进一步介绍混沌工程。

1. 混沌工程发展史

混沌工程已经历了 10 多年的演进。业内实施混沌工程比较好公司包括 Netflix、阿里巴巴、

PingCAP 和 Gremlin。其中 Netflix 最具代表性，他们自从 2008 年将数据中心迁到云上就开始构建某种形式的弹性测试，后来称之为混沌工程。此后他们在混沌工程领域不断探索和进化，为混沌工程的发展做出了很大的贡献。混沌工程发展的时间线如图 8-11 所示。

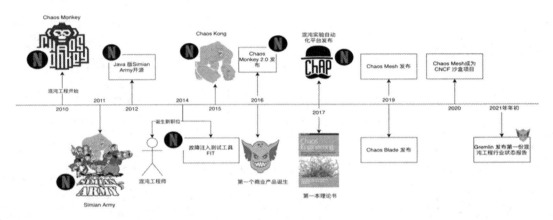

图 8-11

- 2010 年，Netflix 开发了 Chaos Monkey，这个工具可以随机禁用 AWS EC2 实例。Chaos Monkey 项目是混沌工程的开始。

- 2011 年，Netflix 提出了猴子军团工具集（Simian Army）。该工具集中除了 Chaos Monkey，还包括另外七种猴子，比如延迟猴子（Latency Monkey）可以在 RESTful 请求中引入人为延迟来模拟服务降级，通过调节延迟时长来模拟服务宕机；再比如守候猴子（Janitor Monkey）可以用来监测不需要的资源，并将其回收。

- 2012 年，Netflix 向社区开源了 Java 版本的猴子军团工具集，其中包括 Chaos Monkey 1.0，现在已经不再维护。

- 2014 年，Netflix 设立了混沌工程师（Chaos Engineer）这个职位。同年 10 月，Netflix 提出了故障注入测试（FIT），这是一个基于猴子军团的工具，可以让开发人员从更细的粒度来控制混沌实验的范围。

- 2015 年，Netflix 发布了 Chaos Kong，可以模拟 AWS 区域失效的故障，并且在社区正式提出了混沌工程的指导思想——混沌工程原则。这些原则成为指导我们做混沌实验的准则。

- 2016 年，Gremlin 成立，混沌工程开始有商业产品。Gremlin 的创始人是前 Netflix 的混沌工程师。同年 Netflix 发布了 Chaos Monkey 2.0。

- 2017 年，Netflix 发布了混沌实验自动化平台（ChAP），该平台可以被视为故障注入测试工具的加强版，在实验的安全性、节奏和范围控制上都有所提高。第一本介绍混沌工程理论的书也在这一年问世。
- 2019 年，PingCAP 发布了云原生开源项目混沌工程平台 Chaos Mesh，阿里巴巴也开源了一款混沌工程工具 Chaos Blade，此工具是基于阿里巴巴近十年的故障测试实践开发的。
- 2020 年 7 月，Chaos Mesh 平台成为 CNCF 的沙盒项目。
- 2021 年年初，Gremlin 公司发布了第一份混沌工程行业状态报告。

相信随着云原生的发展，国内的公司会越来越重视混沌工程，也会有更多的人认可混沌工程的理念，混沌工程将得到进一步发展。

2. 混沌工程的原则

混沌这个词常常被用来形容糊里糊涂的样子，但是混沌工程却不是杂乱无章的，相反，它有完善的指导思想。从定义中我们可以看出，混沌工程是一门有关实验的学科，混沌工程有一套理论体系，就是被大家认可的"混沌工程原则"，这些原则是 Netflix 在实施混沌工程时总结出来的经验和最佳实践。

在运行混沌实验时，有五大原则需要遵循：定义稳定状态、定义改变现实世界的事件、在生产环境中运行、使实验可以自动化连续运行、最小化爆炸半径。下面我们分别介绍。

（1）定义稳定状态

稳定状态是指一个系统正常运行时的状态，比如系统资源的使用率在设定范围内、客户流量保持稳定等，这种状态简称稳态。这就如同我们的体温，高于 37℃我们会觉得发热，需要通过休息和大量饮水来使体温恢复正常，而体温一旦高于 38.5℃，我们可能就需要借助药物或其他治疗手段帮助身体恢复正常。给系统定义稳态也如此，需要依赖可以量化的数据指标。

通常我们将指标分为系统指标和业务指标，系统指标可以用来表征系统健康与否，业务指标可以用来表示客户对系统是否满意。

获得系统指标相对容易，可以通过监控系统得到 CPU 负载、内存使用比例、网络吞吐量、磁盘使用量等数据，对这些数据进行分析并设定一个阈值，可将这个阈值当作稳态的系统指标，一旦指标不在阈值范围内，我们就认为稳态遭到了破坏，稳态破坏后往往会引起监控系统报警。

与系统指标对比，业务指标就不那么容易获得了，要根据具体情况来具体分析。以生成订单为例，根据历史数据可以得到一个粗略的订单转化率，或一个周期性变化的订单转化率，再加上对未来市场的预测，我们可以给生成订单这个功能定义一个稳态下的转化率，如果突然出现订单转化率过高或过低的情况，就可以认为稳态被破坏了。不过不能一味地认为稳态破坏是一件坏事，这也是我们学习系统行为的一个机会。我们在实践中发现，往往业务指标的获得需要靠一些其他的技术手段来实现。

（2）定义改变现实世界的事件

改变现实世界的事件是指系统在运行中可能会遇到的各种各样的问题，比如硬件故障、网络延迟、资源耗尽、服务突然停止等。在运行混沌实验时，无法模拟所有可能的故障，因为种类繁多。需要参考这些故障发生的频率和影响范围，然后选择那些容易频繁发生且影响范围大的故障。在我们的实践中，我们会首选那些曾经引起过故障和多次出现 Bug 的事件，比如网络延迟在系统中是最容易引发问题的一个事件。

（3）在生产环境中运行

看到这一原则，大家会误以为混沌实验只能在生产环境中运行。实际并非如此，直接在生产环境中运行混沌实验反而是不负责的表现。刚开始运行混沌实验最好选择测试环境，随着实验不断迭代，我们在生产环境中运行实验的信心会增强，直到我们有足够的信心时，就可以在生产环境运行混沌实验。

2021 年年初，Gremlin 在混沌工程行业状态报告中统计，到目前为止只有 34%的参与者表示有信心在生产环境中运行混沌实验。由此可见，在生产环境中运行混沌实验运行目前还不是很成熟。

混沌工程之所以将"在生产环境中运行"作为一个重要的原则提出来，是因为测试环境往往与生产环境有极大的差别，无论从资源配置还是业务数据上看，测试环境都很难模拟生产环境，而混沌工程的目标就是保证生产环境中的业务连续不中断，因此在生产环境中运行混沌实验更容易使我们建立弹性系统。随着云原生技术的发展，越来越多的系统构建在云平台上，搭建类生产环境变得快捷方便，进而使得我们可以更频繁地运行混沌实验以增强信心，也能加快我们在生产环境中运行混沌实验的步伐。

（4）使实验可以自动化连续运行

手动运行实验具有不可靠性，且难以持续，一定要将混沌实验实现为可自动化运行的。在系统版本的不停迭代中，持续自动的混沌实验能够保证业务的连续性。

自动化包括三个方面：自动化运行实验、自动化分析实验结果和自动化创建实验。

自动化运行实验可以通过自动化平台（如 Netflix 的 ChAP 平台）实现，也可以借助一些成熟工具（如 Jenkins）来实现，比如我们在实践中将混沌实验集成到 CI/CD 流水线中，定期自动运行。

自动化分析实验结果包括：监控系统数据，检测到异常则自动终止实验；提出会造成系统故障的问题。能够做到自动化运行实验和自动化分析试验结果已经算是优秀的混沌实验实践方案了。

自动化创建实验是混沌实验的高级阶段。值得一提的是，路径驱动故障注入（Lineage-Driven Fault Injection，LDFI）技术被提出，它可以被运用到自动化创建实验过程中。这项技术是由圣克鲁斯加利福尼亚大学的 Peter Alvaro 教授研发的。在 2016 年的 QCon London 上，Peter Alvaro 分享了采用这项技术与 Netflix 合作的成功案例，这次合作为 Netflix 找到了一条自动化故障注入测试的全新路径，也为我们研究自动化创建实验提供了方向。

（5）最小化爆炸半径

运行混沌实验就是为了探索会造成系统故障的未知问题。在寻找这些未知的问题时，我们希望既能够曝光这些问题又不会因意外事件造成更大规模的故障，这个要求被称为"最小化爆炸半径"。

之所以有这个要求，是因为混沌工程是存在风险的，最大的风险就是可能会导致系统崩溃，对客户造成影响，这也是在运行混沌实验的过程中会遇到的阻力。每一次实验都采用循序渐进的方式，从实验规模和对客户影响这两个方面来控制混沌实验带来的风险。

比如首先进行最小规模的实验，只针对非常少的用户或流量，只向一小部分业务注入故障。一旦小规模实验成功，下一步便要扩散实验，依然选择对小流量注入故障，只是要按照正常的路由规则，使实验在整个生产环境中均匀分布。进一步可以进行集中实验，比如在特定节点上设置延迟等故障，这样可以保证对客户的影响是可控的。为了降低对客户的影响，我们应尽量选择流量较低且工程师都在办公的时间运行混沌实验。混沌工程师有责任和义务确保风险最小化，一旦实验造成过多危害，要能够随时停止实验。

以上原则是 Netflix 工程师通过实践总结出来的，对于指导我们运行混沌实验非常有帮助。

3. 混沌工程成熟度模型

众所周知，软件能力成熟度模型（Capability Maturity Model，CMM）是对软件成熟度的度量体系，用来定义和描述软件在开发实践的各个阶段都应该具备什么样的能力。混沌工程在发展过程中也形成了一套理论模型，可以用来衡量混沌工程的实施情况，指导混沌实验的发展方向。这个模型就是《混沌工程：Netflix 系统稳定性之道》一书中提到的混沌工程成熟度模型（Chaos Maturity Model）。该模型从两个维度来评判混沌工程的实施情况：熟练度（Sophistication）和接纳度（Adoption）。Netflix

还对这两个维度进行了等级划分。

（1）熟练度等级

熟练度用来反映实验的有效性和安全性。根据实践经验，Netflix 将熟练度分为四个等级，等级越高表示混沌实验的有效性和安全性越有保障。表 8-2 从不同的角度对这四个等级进行了描述。

表 8-2

熟练度等级	1级（入门）	2级（简单）	3级（熟练）	4级（高级）
描述	常见于刚刚开始接触混沌工程的组织，属于萌芽状态	基本反映出这个组织已经开发或者使用了一些工具来辅助混沌实验的完成	达到熟练级别就说明这个组织已具备在生产环境做实验的信心	就目前混沌工程发展的状况而言，这一级别是运行混沌实验的最高水平
实验环境	只敢在开发和测试环境运行实验	在与生产环境高度接近的环境运行实验	在生产环境中运行实验	可以在任意环境运行实验
实验自动化能力	全部手动操作	自动化运行实验，但需要手动查看监控指标，手动终止实验	实验的运行和终止，及监控都是自动完成的，但是结果分析需要人工介入	全部实现自动化，包括实验过程发生异常也可以自动终止
事件选择	注入简单故障，比如杀掉进程、断掉网络等	注入较高级的事件，如网络延迟、网络丢包	注入组合式故障	注入的事件更复杂，更细节，比如改变系统的状态或者改变返回结果等
实验指标设计	实验结果只反映系统状态	实验结果可以反映单个应用的健康情况	实验结果反映聚合的业务指标	可以在实验结果和历史结果之间进行对比
实验工具	无工具	采用实验工具	实验框架和持续发布工具集成	实验工具支持交互式对比
实验结果处理能力	人工整理、分析和解读实验结果	通过实验工具可以持续收集实验结果，但仍需人工分析和解读结果	实验工具可以持续收集实验结果，且可以做简单的故障分析	根据实验结果，实验工具不仅可以进行故障分析，还可以预测收入损失，进行容量规划，区分出不同服务实际的关键程度
对系统的信心	没有信心	对部分功能有信心	有信心	弹性系统，信心十足

（2）接纳度等级

混沌实验的接纳度等级反映了团队对混沌工程的认知程度和对系统的信心。和熟练度等级一样，

Netflix 将接纳度也分为四个等级。等级越高表示团队对混沌工程的认识越深刻，对系统的信心也越足，如表 8-3 所示。

表 8-3

接纳度等级	1 级（在暗处）	2 级（官方批准）	3 级（成立团队）	4 级（成为文化）
实验合法性	实验不被批准	实验被官方批准	官方成立专门的团队进行混沌实验	混沌实验成为工程师日常工作的一部分
实验范围	少量系统	多个系统	大多数核心系统	所有核心系统
实验参与者	个人或几个先行者	部分工程师，来自多个团队，兼职进行混沌实验	专业团队	所有工程师
实验频率	偶尔尝试	不定期运行	定期运行	常态化

结合混沌工程实验的熟练度等级和接纳度等级，Netflix 将混沌工程成熟度模型绘制成了一个地图，熟练度为纵坐标，接纳度为横坐标，图分成四个象限，如图 8-12 所示。

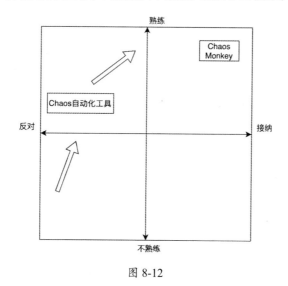

图 8-12

团队可以在地图上很容易地定位到当前混沌工程的现状，并且能看到其未来的发展方向。比如某团队开发出了一个混沌实验自动化运行工具，根据混沌工程熟练度等级将这个工具放到了图上合适的位置，从图上可以看出该工具本身使用起来很方便，但是在接纳度上有待改进，这样在后面的工作中，混沌工程师就可以将重点工作放在该自动化工具的推广上。

随着技术的发展和进步，以及对混沌工程认识的提高，越来越多的团队会对自己的系统进行混沌实验。混沌工程成熟度模型给大家指出了当前混沌实验的发展方向，能够帮助大家了解什么是更成熟、更稳定的实践。

8.3.2 如何运行混沌实验

运行混沌实验是为了发现系统中存在的未知问题，不是为了对已知问题进行验证，所以在运行混沌实验之前，要确保系统中存在的已知问题已经解决了。从混沌工程社区里的交流和讨论来看，不是只有大型互联网公司才可以运行混沌实验，任何一个团队都可以根据自身状况选择合适的发展路线，迭代推进混沌实验。混沌实验本身就是一个持续迭代的闭环体系，运行时可以分为七个步骤。图 8-13 给出了运行混沌实验的七个步骤。

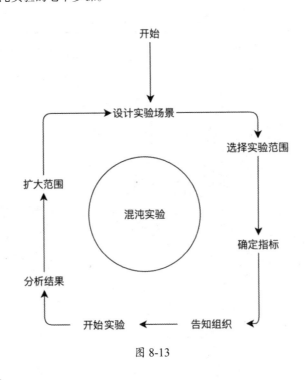

图 8-13

1. 设计实验场景

在开始实验之前，首先要明确的就是要做什么实验。我们通常用提问的方式来设计实验场景，比如，如果 Redis 的主实例宕机会不会导致整个系统不可用？进程突然被杀死，用户正在浏览的页面会怎样？下面我们用一个真实的应用场景来举例。我们有一个预测服务，客户可以通过调用该服务的一个 API 触发预测功能，还可以通过调用另一个 API 获取预测数据。从监控数据来看，客户几乎不停地在调用这两个 API。基于以上情况，我们选择的实验场景如表 8-4 所示。

表 8-4

场景描述	会发生什么
运行该服务的所有 Pod，CPU 使用率达到 100%	客户是否还可以正常使用该服务，是否需要对客户限流
运行该服务的所有 Pod，CPU 使用率从 100%恢复到常态	该服务的能力是否也可以恢复到常态，需要多长时间才能恢复
运行该服务的一部分 Pod，CPU 使用率比常态更高	该服务是否会自动扩容

不同的业务场景或架构设计会产生不同的实验场景，表 8-5 列举了一些在混沌实验中常用的场景，读者可以在设计实验时参考。

表 8-5

实验场景	举例
应用层故障	进程异常死亡、流量激增
依赖关系故障	依赖服务宕机、数据库主实例死亡
网络层故障	网络延迟、网络丢包、DNS 解析故障
基础资源故障	CPU 过载、内存耗尽、磁盘故障、I/O 异常

2. 选择实验范围

一旦确定好实验场景，接下来就需要确定实验范围。选择实验范围需要遵循混沌工程中的"在生产环境中运行"和"最小化爆炸半径"原则。在混沌实验不成熟的条件下，笔者建议大家不要贸然在生产环境中尝试，应该选择适合自己的节奏，逐步向生产环境推进。如果是在非生产环境中运行混沌实验，可以采用模拟生产环境流量的方式，做到尽可能地与生产环境相似，保证实验的有效性。

接着步骤 1 中提到的场景，我们来介绍团队是如何选择实验范围的。

我们根据图 8-14 搭建了一个实验环境，在这个环境中，数据和请求都来自生产环境。通过对业务代码进行分析，我们了解到获取预测数据的 API 仅仅对服务的数据进行读取，即便实验中发生异常，也不会产生脏数据，对整个系统影响很小，所以这个 API 将作为我们实验的首选目标。通过观察线上日志，我们还发现客户在使用这个 API 的时候有重试机制，这也为我们运行混沌实验增强了信心。希望读者在选择实验范围时可以通过分析业务实现和用户使用习惯来做出合理的选择。

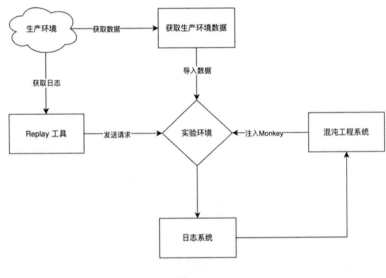

图 8-14

3. 确定指标

锁定实验场景和实验范围,可以分析出用来评估实验结果的指标。这些指标就是在混沌工程原则中提到的用来定义系统稳态的指标。

在步骤 1 中提到预测服务,我们给客户承诺该服务每一个请求的返回时长不会超过 3s。通过分析客户的访问量和系统指标,我们从业务角度定义出了一个稳态指标,如表 8-6 所示。

表 8-6

	峰 值	平 均	稳 态
请求量	30TPS	20TPS	> 30TPS
CPU	23%	20%	≤100%
响应时间	< 3s	< 3s	< 3s

当流量过高时,请求如果不能在 3s 内返回,就是打破了稳态,会影响客户的业务。在确定了这些指标后,还需要对"意外"有一个清晰的定义,一旦实验带来的影响比预期严重,那么就要立刻停止实验。针对这个实验,我们明确指定,一旦发现客户的流量有 5%不能在 3s 以内响应,则需要立刻停止实验,恢复系统资源。

4. 告知组织

如果是在生产环境中运行混沌实验的，这一步在最开始时将非常重要，需要让大家知道我们在做什么，为什么要这样做，以及可能会发生什么。这个过程可能需要很多的面对面的沟通，确保组织成员能够理解混沌实验要做的事情。当实验成为常态后，大家就会习以为常，沟通的成本也会降下来。这时也许只需要发邮件通知团队成员即可。最终理想的状况是，运行混沌实验变成团队日常工作的一部分，不再需要在每次运行实验前通知组织成员。

5. 开始实验

如果在预发布环境中运行实验，则混沌工程师可以自行决定什么时候运行实验。如果在生产环境运行实验，最好选择上班时间，一旦有意外发生可以找到相关人员来处理。实验的辅助工具有很多，可以使用一些开源的工具，比如 Chaos Mesh，也可以选择商用软件，比如由 Gremlin 开发的混沌工程平台，还可以自己研发适用于自身业务的工具。如果你并没有打算在混沌工程上投入太多，只想简单地做个实验，使用 kill 命令是一个不错的选择。

我们在实践中开发了一套适合云原生平台的混沌实验工具。步骤 1 中提到的实验场景使用了我们工具中的 BurnCPU 功能，实现原理会在后面的章节中详细介绍。

6. 分析结果

实验完成后，需要对收集到的数据进行分析。混沌实验暴露的问题往往不是单个服务的问题，大多会涉及服务之间的交互，因此需要将结果及时反馈给开发团队，由大家共同分析并改进。实验结果除了会反映系统的缺陷，也会反映实验本身存在的问题，这有助于混沌工程团队对混沌系统及进行实验的步骤等做进一步的改进。

在我们的实验中，日志是通过公司内部的监控系统收集的。图 8-15 和图 8-16 展示了我们收集到的结果。其中每一幅图的开始和结束部分都是没有运行 BurnCPU 的数据，中间响应时间增加的部分是运行了 BurnCPU 后的结果。图 8-15 展示了系统吞吐量 TPS 为 20 个请求/s、CPU 占用率为 100% 时的响应时间。图 8-16 展示了 TPS 增加到 60、CPU 占用率为 100%时的响应时间。我们发现，TPS 达到 60 时，有一些请求已经不能在 3s 内返回。

因此我们可以得出结论，CPU 负载很高时，如果要保证客户的业务不被影响，就需要对系统进行限流。至于限流到多少，需要通过多次实验得到。从图 8-15 和图 8-16 中我们还可以观察到，CPU 负载恢复后，响应时间也迅速恢复。

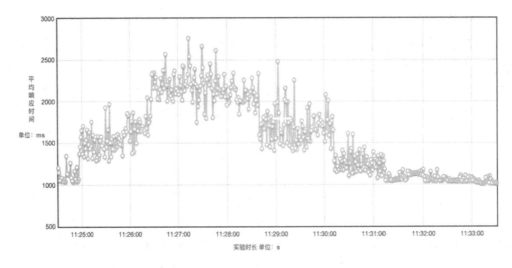

图 8-15

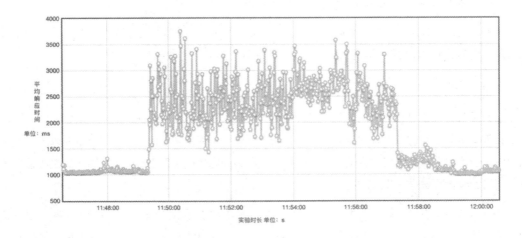

图 8-16

7. 扩大范围

一旦从小规模的实验中获得了一些经验和参考数据，我们就可以扩大实验范围。扩大实验范围有助于发现在小规模实验中难以发现的问题。比如还是针对步骤 1 中提到的实验，我们可以扩大到针对两个接口，甚至针对多个接口进行实验，以此来观察多个接口之间的影响。也可以选择对该服务的上下游服务进行资源耗尽实验，进而观察服务之间的影响。

我们的系统不会因为一次混沌实验就变得更有弹性，但是每一次实验都是发现系统弱点的好机会。团队成员也会在一次次混沌实验中不断增强对系统的信心。经过迭代运行混沌实验，最终我们能建立起弹性十足的系统。

8.3.3 系统资源类故障注入实验

云平台为应用提供了理论上无限扩展的能力，但其实大到实例，小到容器都存在资源限制。常见的系统资源包括 CPU、内存、网络、磁盘等。本节将基于我们的实践，从三个方面介绍在云原生环境中如何对容器中的系统资源进行故障注入。

1. 系统资源类故障注入工具

在实际开发中，我们遇到的系统资源故障几乎都是资源耗尽类的，比如 CPU 过载、内存爆满等。有不少成熟的工具可以用来模拟这些故障，比如常用的 stress 和 stress-ng。stress-ng 是 stress 的加强版，且完全兼容 stress。stress-ng 支持几百个参数，配置这些参数会产生各种压力。笔者更推荐大家使用 stress-ng。stree-ng 参数众多，不一一列举。下面介绍一些在系统资源类混沌实验中经常用到的参数（参数前半部分是缩写形式，后半部分是完整写法）。

- -c N，--cpu N：N 表示启动的进程个数，每个进程会占用一个 CPU，超出个数时，进程将互相竞争。
- -t N，--timeout N：N 表示 timeout 时间，超出这个时间进程会自动退出。
- -l N，--cpu-load N：N 表示要给 CPU 施加的压力，-l 40 表示 40%。
- -m N，--vm N：N 表示启动的进程个数，系统会为每个进程持续分配内存。
- --vm-byptes N：N 表示每个进程分配到的内存大小。比如--vm 8 --vm-bytes 80%表示启动 8 个内存消耗进程，一共消耗 80%的可用内存，每个进程会消耗 10%的内存。
- -i N，--io N：N 表示启动的进程个数，每个进程会持续调用 sync 命令写磁盘。
- -B N，--bigheap N：N 表示启动的进程个数，每个进程快速消耗内存，内存耗尽，系统会将这些进程杀死。

例如，模拟 CPU 负载到 40%的参数为 stress-ng -c 0 -l 40，模拟内存消耗 80%且持续 1 小时的参数形式为 stress-ng --vm 8 --vm-byptes 80% -t 1h。

使用 stress-ng 可以对 CPU、CPU-cache、设备、I/O、文件、内存等很多资源进行故障模拟。除了使用这样的工具，有时为了更方便地与组织内部其他系统集成，也可以自行研发一些工具。比如下面的代码展示了我们自研的功能——通过不停进行运算消耗 CPU。

```go
package main

import (
  "runtime"
  "github.com/spf13/cobra"
)
var (
  bigNumber = 2147483647
)
func getRunCmd() *cobra.Command {
  var number int
  var runCmd = &cobra.Command{
    Use:   "run",
    Short: "start to burn CPU",
    Run: func(cmd *cobra.Command, args []string) {
      runtime.GOMAXPROCS(number)
      for i := 0; i < number; i++ {
        go func() {
          for {
            for i := 0; i < bigNumber; i++ {
            }
            runtime.Gosched()
          }
        }()
      }
      select {} // wait forever
    },
  }
  runCmd.Flags().IntVarP(&number, "number", "n", runtime.NumCPU(), "how many logical CPUs you want to burn")
  return runCmd
}
```

2. 如何在容器中进行故障注入实验

因为容器的不可变基础设施特性，在容器中进行故障注入不能修改业务代码。笔者在实践中用到了三种方式：一是将故障注入工具拷贝进容器，直接在容器内执行；二是通过 nsenter 命令从远端进入容器的命名空间，然后远程执行故障注入工具；三是将故障注入工具打包成镜像，以 Sidecar 模式将工具和业务部署到同一个容器内。

下面我们详细介绍前两种方式，第三种方式只是在部署上与第一种方式稍有差异，可以参看第 9 章的内容，这里不详细介绍。

（1）将故障注入工具拷贝进容器，直接在容器内执行

通过 Kubernetes 命令直接将可执行工具拷贝进容器执行，方式如下。

```
# 拷贝故障注入工具
kubectl cp ./burncpu fw25048a/target-spa-http-7d8cc7b7cd-psdmz:/opt/ -c target
# burncpu 是模拟 CPU 耗尽的故障注入工具
# fw25048a 是 Kubernetes 集群中的一个 namespace
# target-spa-http-7d8cc7b7cd-psdmz 是 Pod 的名字
# target 是容器的名字

# 进入容器
kubectl exec -it -n fw25048a target-spa-http-7d8cc7b7cd-psdmz --container target /sh
# 执行故障注入工具
  cd /opt && ./burncpu
```

通过这几条命令就可以在业务容器里进行 CPU 满负荷运行的故障注入实验。

也可以调用 Kubernetes 的 API 来操作故障注入工具，比如采用 Kubernetes client-go 开发库里的 remotecommand 工具远程执行命令，过程如图 8-17 所示。拷贝、执行、停止的操作方法与此类似，区别在于传入的命令不同。

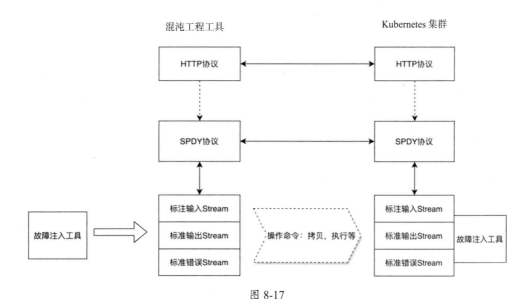

图 8-17

下面的 Golang 示例代码展示了如何使用 remotecommand 工具实现故障注入。

```
import k8s.io/client-go/tools/remotecommand
```

```go
func (*DefaultRemoteExecutor) Execute(method string, url *url.URL, config *restclient.Config,
stdin io.Reader, stdout, stderr io.Writer, tty bool, terminalSizeQueue
remotecommand.TerminalSizeQueue) error {

    exec, err := remotecommand.NewSPDYExecutor(config, method, url)
    if err != nil {
        return err
    }

    return exec.Stream(remotecommand.StreamOptions{
        Stdin:             stdin,
        Stdout:            stdout,
        Stderr:            stderr,
        Tty:               tty,
        TerminalSizeQueue: terminalSizeQueue,
    })
}
```

method 表示 HTTP 的方法，比如 POST、GET。URL 里面需要包含 namespace、resource、container 和命令，config 为 kubeconfig 对象，是用来访问 Kubernetes 集群的钥匙。下面的伪代码展示了如何获取 URL。

```go
import (
    k8sCorev1 "k8s.io/api/core/v1"
    k8sSchema "k8s.io/client-go/kubernetes/scheme"
)

cmds := []string{"/opt/" + "burncpu"}
baseReq := coreclient.RESTClient().
    Post().
    Namespace(i.Namespace). // namespace
    Resource("pods").       // 资源，如 pods
    Name(i.Name).           // 资源名字，如 Pod 名字
    SubResource("exec")
execReq := baseReq.VersionedParams(&k8sCorev1.PodExecOptions{
    Container: containerName,
    Command:   cmds,
    Stdin:     true,
    Stdout:    true,
    Stderr:    true,
    TTY:       false,
}, k8sSchema.ParameterCodec)
// 获取 URL
url := execReq.URL()
```

这种方法非常适用于将故障注入工具集成到混沌工程平台的场景。

（2）通过 nsenter 命令从远端进入容器的命名空间，然后远程执行故障注入工具

下面以我们在混沌实验中的尝试为例来介绍如何使用 nsenter 命令。如图 8-18 所示，我们在集群中部署一个混沌实验 DaemonSet 服务，通过这个服务对集群中的其他业务 Pod 进行故障注入实验。该服务的镜像以 Linux 镜像为基础，比如可以选择 debian:buster-slimDocker 镜像，nsenter 位于 util-linux 包中，可以直接使用。在打包时可以安装 stress-ng，便于后续进行故障注入实验。

```
# Dockerfile 示例
FROM debian:buster-slim
RUN apt-get update && apt-get install -y stress-ng
```

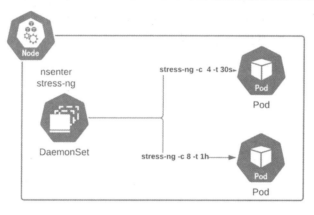

图 8-18

可以参考第 9 章的部署方法部署 DaemonSet 服务，接下来通过 Kubernetes 命令进入 DaemonSet 容器，在容器里执行 nsenter 命令。如下所示，CPU 负载为 60%，持续 20s。

```
nsenter -t 99258 stress-ng -c 0 -l 60 --timeout 20s --metrics-brief
# -t 99258 是容器的 PID
```

在 Kubernetes 集群中获取容器 PID 的方法如下。

```
# 获取容器 ID，即 containerID
kubectl get pod podName -o template
--template='{{range .status.containerStatuses}}{{.containerID}}{{end}}'
# 通过 containerID 获取 PID
docker inspect -f {{.State.Pid}} containerID
```

这种方式尤其适合将故障注入工具集成到混沌工程平台的场景。

3. 如何将故障注入工具集成到混沌工程平台

我们通常会通过自动化手段将故障注入工具集成到混沌工程平台，通过平台来启动和停止实验。

下面介绍构建混沌工程平台的两种方法,供读者参考。

(1)插件式构建混沌工程平台

故障注入工具和混沌工程平台是独立的,这种构建方法适用于需要将混沌工程平台和业务集群隔离的情况。其中混沌工程平台 UI 主要负责交互式操作,包括对实验的启动、停止等。混沌工程平台 Server 主要负责接受来自 UI 的请求,根据请求选取合适的故障注入工具,并将工具拷贝进业务容器及后续实验。

我们采用上面介绍的 Kubernetes client-go 中的 remotecommand 工具实现混沌工程平台 Server 与 Kubernetes 集群的交互。故障注入工具集是上面提到的各种工具的集合,是一组可执行的二进制集合。混沌工程平台 Server 通过配置文件来获取每一个工具的操作方法,如图 8-19 所示。

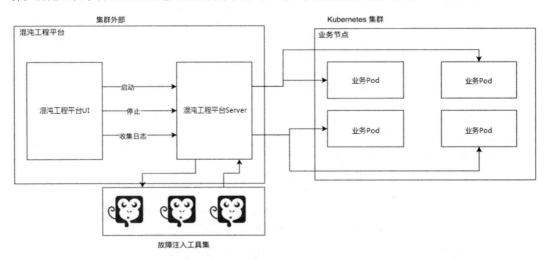

图 8-19

(2)通过云原生方式构建混沌工程平台

通过云原生方式构建混沌工程平台的原理如图 8-20 所示。这种构建方法来自 PingCAP 团队,是基于 Kubernetes 的自定义资源 CRD 构建的。使用自定义资源 CRD 可以定义出各种混沌实验,比如针对 Pod 的混沌实验、网络混沌实验等。

在 Kubernetes 领域,CRD 是用于实现自定义资源的成熟解决方案,并且还有非常成熟的配套工具,如 kubebuilder 工具。该工具可用来自动生成管理 CRD 实例控制器的代码。图 8-20 中的混沌实验控制器就是通过 kubebuilder 生成的。该混沌工程平台中包含对通过 CRD 生成的各种混沌实验对象的定义、混沌工程平台 UI、混沌实验控制器和混沌实验 DaemonSet 服务。

混沌实验对象定义文件为 yaml 文件，其中定义了每一类实验需要的参数，如下面的资源故障注入实验定义所示。混沌工程平台 UI 用于跟用户交互，实现对实验对象的增删改查操作。混沌实验控制器用来接受来自混沌工程平台 UI 的请求，将请求转化成混沌实验实例，进而运行混沌实验。如果是直接对 Pod 进行的实验则直接与业务 Pod 交互，比如 kill Pod 这样的实验。如果要对 Pod 内部的容器运行混沌实验，则需要向对应 Node 节点上的混沌实验 DaemonSet 服务发送请求，由 DaemonSet 服务完成混沌实验。比如运行容器内的内存占满实验，可由 DaemonSet 服务通过 nsenter 完成对容器内存的远程操作。

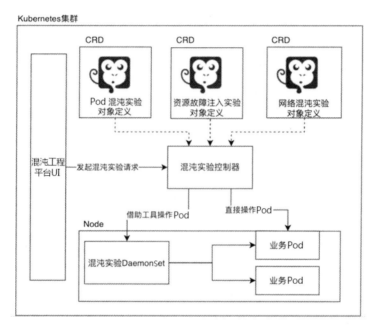

图 8-20

以下代码展示了如何定义故障注入实验对象。

```yaml
# 故障注入实验对象定义，截取了部分重要字段
---
apiVersion: apiextensions.k8s.io/v1beta1
kind: CustomResourceDefinition
metadata:
  annotations:
    controller-gen.kubebuilder.io/version: v0.2.5
  name: stresschaos.fw.bsap.chaos
spec:
  group: fw.bsap.chaos
```

```yaml
names:
  kind: StressChaos
scope: Namespaced
validation:
  openAPIV3Schema:
    description: StressChaos is the Schema for the stresschaos API
    properties:
      apiVersion:
        type: string
      kind:
        type: string
      metadata:
        type: object
      spec:
        properties:
          containerName:
            type: string
          duration:
            type: string
          selector:
            properties:
              labelSelectors:
                additionalProperties:
                  type: string
                type: object
              pods:
                additionalProperties:
                  items:
                    type: string
                  type: array
                type: object
            type: object
          stressngStressors:
            type: string
          stressors:
            properties:
              cpu:
                properties:
                  load:
                    type: integer
                type: object
              value:
                type: string
          required:
          - mode
          - selector
```

```
    type: object
```

下面简单介绍故障注入实验的实施方法，以 Chaos Mesh 为例。

首先，准备实验环境。Chaos Mesh 要求 Kubernetes 版本在 1.12 以上，且要开放 RBAC 功能。首先需要搭建一个符合条件的 Kubernetes 集群，并将业务服务部署到集群中。

然后，安装 Chaos Mesh。推荐使用 Helm3 来部署 Chaos Mesh，代码如下。

```
# 添加 Chaos Mesh repo
helm repo add chaos-mesh https://charts.chaos-mesh.org
# 创建 namespace，把 Chaos Mesh 部署到 chaos-testing namespace 下
kubectl create ns chaos-testing
# 使用 Helm3 安装 Chaos Mesh
helm install chaos-mesh chaos-mesh/chaos-mesh --namespace=chaos-testing
# 查看 Chaos Mesh 是否安装成功
kubectl get pods --namespace chaos-testing -l app.kubernetes.io/instance=chaos-mesh
```

最后，运行混沌实验。Chaos Mesh 安装好之后，可以直接定义实验对象，通过 kubectl 命令创建实验，代码如下。

```
# forecast-network-delay.yaml
apiVersion: chaos-mesh.org/v1alpha1
kind: NetworkChaos
metadata:
  name: forecast-delay
spec:
  action: delay # 执行网络延迟实验
  mode: one # 每次一个 Pod
  selector: # Pod 选择条件
    namespaces:
      - fw
    labelSelectors:
      "app": "forecast"  # 业务 Pod 上的标签
  delay:
    latency: "10ms" # 网络延迟时间 10ms
  duration: "30s" # 网络延迟持续 30s
  scheduler: # 每 60s 执行一次
    cron: "@every 60s"
kubectl apply -f forecast-network-delay.yaml -n chaos-testing
```

实验过程中如果遇到问题可以直接停止实验，命令如下。

```
kubectl delete -f forecast-network-delay.yaml -n chaos-testing
```

Chaos Mesh 还提供了从 UI 上直接操作实验的功能，如图 8-21 所示。你可以单击 "+ NEW EXPERIMENT" 按钮来创建混沌实验，比如创建模拟 Pod 故障或网络故障的实验。还可以单击 "+ NEW

WORKFLOW"按钮来编排混沌实验，达到串行或并行执行多个实验的目的。新用户可以单击"TUTORIAL"按钮了解 Chaos Mesh 的使用方法。

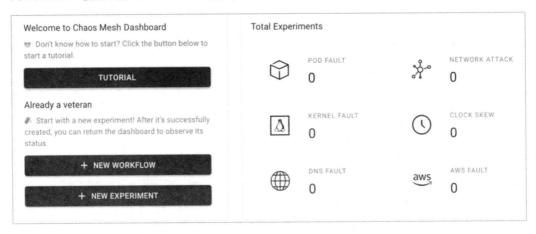

图 8-21

系统资源类故障是比较常见的故障。很多时候遇到这类问题，我们的第一反应就是重新启动业务程序。通过混沌实验提前模拟这种故障，提前找到应对方案，减少盲目重启服务的次数，可使服务更加稳定可靠。

8.3.4 基于服务网格的网络流量故障注入方法

在云原生环境下，容器编排器可以很快地修复单点故障，比如 Kubernetes 可以通过创建新的 Pod 来替换出现故障的 Pod，进而保证业务正常运行。但是随着微服务规模的扩大，服务之间的依赖关系变得错综复杂，服务之间的连通性出现故障的概率也会变大。Kubernetes 是不能自动修复这类问题的，因此我们要提前模拟这类故障来测试系统从错误中恢复的能力。本节主要介绍基于服务网格的网络流量故障注入方法，以 Istio 和 Linkerd 为例。

1. 基于 Istio 的网络流量故障注入方法

Istio 的使用原理可参考第 4 章的内容，本节只介绍 Istio 的网络流量故障注入方法，如图 8-22 所示。服务 A 发送请求到服务 B，网络流量故障注入是通过服务 B 的 Envoy Proxy 劫持流量实现的。

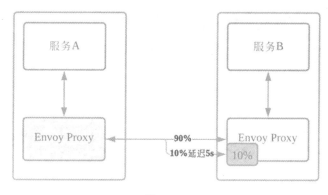

图 8-22

Istio 提供了网络延迟和网络中断两种故障注入方式。延迟主要模拟网络延迟或过载,中断主要模拟上游服务崩溃。这两种故障注入都是通过配置 Istio 的 Virtual Service 中的 HTTP 节点实现的。

(1)模拟网络延迟的配置

我们先来介绍模拟网络延迟的配置,参数描述如表 8-7 所示。

表 8-7

参数	描述
fixedDelay	Envoy 向应用转发流量之前的固定延迟时间,格式为 1h/1m/1s/1ms,最小值是 1ms,是必填字段
percentage	流量发生延迟的比例,范围[0.0, 100.0]。0.1 表示有 0.1%的请求会产生网络延迟

网络延迟示例如下,每 100 个请求中会有一个请求发生 5s 的延迟。

```
fault:
  delay:
    percentage:
      value: 1
    fixedDelay: 5s
```

(2)模拟网络中断的配置

再来介绍模拟网络中断的配置,参数描述如表 8-8 所示。

表 8-8

参数	描述
httpStatus	被中断的请求的 HTTP 状态码
percentage	发生中断的请求的比例,范围[0.0, 100.0]

网络中断示例如下，每 100 个请求中有一个请求返回 404 状态码。

```
fault:
  abort:
    percentage:
      value: 1
    httpStatus: 404
```

这两种故障注入方式都可以通过配置 Virtual Service 的 http.match 来实现。表 8-9 列举了在故障注入中比较常用的配置参数。

表 8-9

参　　数	描　　述
uri	匹配 URI，有三种方式：exact 精确匹配，prefix 前缀匹配，regex 正则匹配。如 prefix: /foo 匹配以 foo 为前缀的 URI 请求
authority	匹配 HTTP Authority 值，方式同 URI 匹配 URI
headers	匹配 HTTP Header 值，匹配方式同 URI，比如：headers:\ 　x-fw-network-id:\ 　exact: 57230
queryParams	匹配请求参数，如?id=12，使用方法同匹配 headers，但是匹配时只支持 exact 和 regex 两种匹配方式
withoutHeaders	跟 headers 意义相反，匹配不包含这个配置的请求

下面给出一个在实践中使用 Istio 配置延迟故障注入示例，它会使发送到 adunit.fw43320.svc.cluster.local 的流量中以"/list"为前缀的请求延迟 7s。

```
apiVersion: networking.istio.io/v1alpha3
kind: VirtualService
metadata:
  name: network-delay
  labels:
    use.istio: "true"
spec:
  hosts:
    - adunit.fw43320.svc.cluster.local
  http:
    - match:
        - uri:
            prefix: /list
      fault:
        delay:
          percentage:
            value: 100.0
```

```
        fixedDelay: 7s
   route:
   - destination:
       host: adunit.fw43320.svc.cluster.local
       port:
         number: 3450
```

2. 基于 Linkerd 的网络流量故障注入方法

Linkerd 也是一种服务网格解决方案，在故障注入方法上，Linkerd 与 Istio 有所不同。Linkerd 采用流量拆分 API（Traffic Split API）方式来模拟网络故障。图 8-23 展示通过 Linkerd 进行故障模拟的方式，流量从服务 A 到服务 B，在服务 B 中进行拆分，一部分流量通过 Linkerd Proxy 被转发到故障模拟服务中。

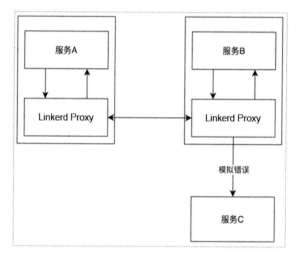

图 8-23

使用这种方式进行网络流量故障注入分两个步骤：一是在集群中创建故障模拟服务，二是创建流量分割资源（TrafficSplit）。

（1）在集群中创建故障模拟服务

故障模拟服务可以根据需求自行选择，Linkerd 的官方文档中采用了 Nginx 作为故障模拟服务。不管采用什么样的服务，都有两个注意事项：一是 Linkerd 对流量拆分发生在 Kubernetes 服务层，需要正确部署服务的 Service 对象；二是需要指定该服务接收到请求的后续行为。我们来看具体示例。

Nginx 配置，接收到请求后返回 500 状态码，代码如下。

```
http {
    server {
      listen 8080;
      location / {
          return 500;
      }
    }
}
```

Nginx 在 Kubernetes 集群中的 Service 对象配置如下。

```
apiVersion: v1
kind: Service
metadata:
  name: network-chaos
  namespace: chaos
spec:
  ports:
  - name: service
    port: 8080
  selector:
    app: network-chaos
```

（2）创建流量分割资源

通过在集群中创建流量分割资源（TrafficSplit），Linkerd 就可以将一部分流量转发到故障模拟服务。配置代码如下，Linkerd 接收到的是 adunit 的请求，会将 90% 的请求发送到 adunit 服务，将 10% 的流量发送到第一步创建的 Nginx 故障模拟服务。

```
apiVersion: split.smi-spec.io/v1alpha1
kind: TrafficSplit
metadata:
  name: error-split
  namespace: chaos
spec:
  service: adunit
  backends:
  - service: adunit
    weight: 90
  - service: network-chaos
    weight: 10
```

本节介绍的这两种网络流量故障注入方法都是基于应用层实现的。在 Istio 中，Envoy 可以直接对请求做出延迟和停止的响应，而在 Linkerd 中需要借助第三个服务才能达到这个目的。

8.4 类生产环境的质量保证

传统的软件测试主要参考本地测试结果，但随着应用上云，本地测试结果越来越难以代表生产环境的实际状况。因此最近几年，生产环境的质量保证这一话题得到了更多人的关注，诸如蓝绿部署、金丝雀发布、灾备等，都是业界为了保证生产环境的质量所做的一些尝试。

FreeWheel 的一部分客户会选择在预发布环境（类生产环境）进行测试，所以对我们团队来说，保障预发布环境的稳定可用和保障生产环境稳定一样重要，这两类环境相较于本地测试环境有着以下特点。

- 用户行为真实：这两类环境都有真实的用户在使用，因而很多测试行为受限，例如压力测试可能会导致系统不可用。
- 系统更为完整：在本地测试时，很多外部依赖可能采用 mock 方式来解决，但这两类环境中的产品是由多个系统集成的完整产品，测试环境复杂度比本地测试环境要高得多。
- 数据复杂度高：线上数据源自真实用户业务，远比测试环境模拟的数据复杂。
- 访问限制：线上系统有着特定的安全与审计要求，一些服务器和数据并不能直接访问，给问题排查带来了难度。
- 反馈周期长：开发团队的修改需要经过一轮完整的测试周期才能最终触达客户。

这些特点决定了我们在保障类生产环境下的产品质量时，需要采用一套不同的解决方法。在这一节，笔者会介绍一些具体实践。

8.4.1 线上服务的监测与分析

针对线上环境的特点，我们需要采取不同的策略来实现对系统的质量保证，具体如下。

1. 监控与报警

在第 7 章，我们介绍了服务的可观察性。通过收集服务的日志、对请求进行追踪和定义度量指标，我们可以清楚地了解线上服务的实时状态。对于类生产环境，我们可以根据需求定制对应的监控仪表板，从而对线上环境状况有一个直观的了解。

如图 8-24 所示，仪表板显示了线上微服务的实时运行状况，使得工程师可以对整个系统的实时状态有初步的了解。

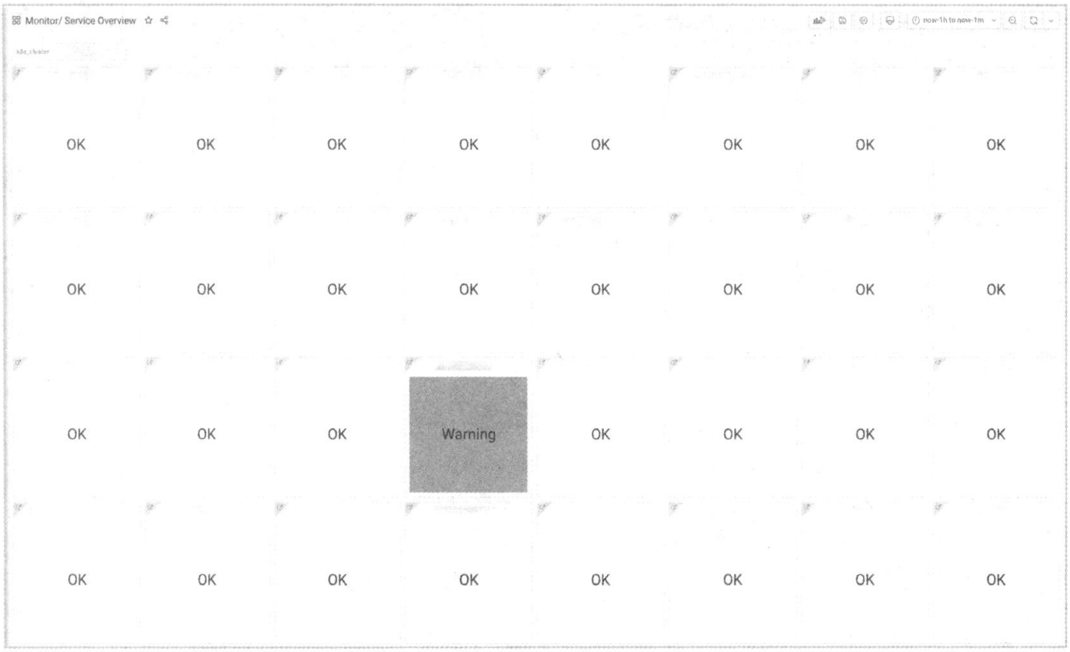

图 8-24

2. 页面分析工具

对于客户端产品，还可以运用一些特定的页面分析工具来收集线上服务的使用数据。例如在我们团队，对于网站页面端的使用情况，我们引入了 Sentry 服务对其进行实时监控反馈。Sentry 主要用于错误上报、监控、分析、报警，其反馈界面如图 8-25 所示，错误信息中包含错误描述、调用栈、程序运行环境、网络请求、用户标识等信息。

3. 用户反馈

用户作为系统的使用者，对系统改动的感知更为敏感。基于用户行为的反馈有如下作用。

- 可以帮助团队设计更合理的测试用例。
- 可以更准确地界定当前改动的影响范围。
- 可以让系统在后续改进中更好地满足用户需求。

4. 测试多样化

从分层的角度看，线上环境的测试与端到端测试最为接近，因而我们不建议编写太多自动化测试脚本来实现线上环境测试。相对应的，可以针对线上环境的特点采用诸如 Bug 大扫除（Bug Bash）、发布后检查（Post-release Check）等方式来进行质量保证。

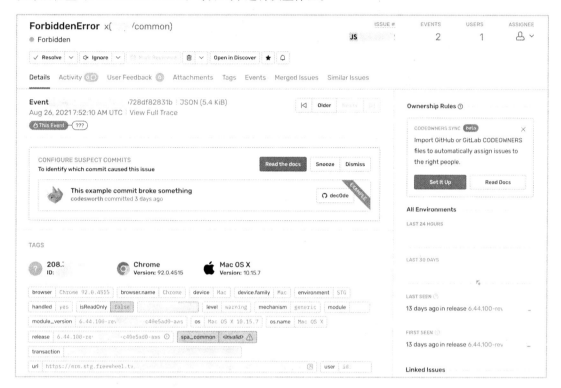

图 8-25

8.4.2 Bug Bash 实践

Bug Bash（Bug 大扫除）是团队从 2015 年便开始开展的一项测试工程实践，在每次新版本上线前举行。每个微服务业务开发团队都会在上线前举行 Bug Bash，邀请其他组的开发人员来参加，以便发现功能开发者很难觉察到的问题。活动结束后会依据找到 Bug 的数量和质量进行评比，并给予一定的物质奖励（如咖啡券）。

Bug Bash 已经成为团队开发流程中的重要一环，我们的产品质量也因此改善，不少严重的 Bug 在上线前都是在这一活动中被发现和修复的。图 8-26 对 Bug Bash 的主要阶段进行了展示。本节将按照图 8-26 中的阶段对 Bug Bash 的实践进行介绍。

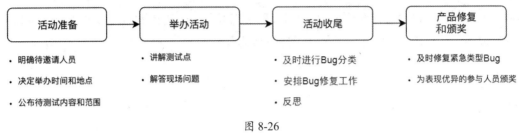

图 8-26

1. 活动准备

产品上线前都会先被部署到预发布环境，经历两周测试才会被部署到生产环境。这段时间里，各个业务团队会以 2 小时左右的会议形式来开展 Bug Bash 活动。

每个业务团队邀请的都是非本组的同事，意在通过集思广益、交叉测试来帮助发现更多的 Bug。对于一些横跨多个部门的大项目，还会考虑邀请其他部门的同事一起来找 Bug。这种安排有很多好处。

- 帮助发现很多意想不到的 Bug。
- 增加大家的业务知识，了解自身工作范畴之外的业务功能。
- 促进团队建设，增进不同业务团队、不同部门之间同事的沟通交流。

除去上述安排，每个业务团队还需要在活动举行之前完成如下准备工作。

- 测试环境与数据准备：有一些功能需要预先开启，还要准备好数据，这样才能进行测试。
- 测试点罗列：每个版本都会有不同的改动，每个业务团队要准备自己的改动列表，帮助前来参加活动的同事明确测试的主要内容和方向。
- Bug 界定规则定义：确定一套清晰的标准来帮助参加活动的同事明确什么类型的问题属于 Bug。

2. 举办活动

每个业务团队的 Bug Bash 活动都以会议的形式来举行，会安排专人来主持。主持人的主要工作包括两点。

- 讲解本次上线项目及重要测试点。
- 解答其他参与人员在现场提出的问题。

此外，业务团队其他成员需要随时关注活动的情况，及时帮助其他参与人员确认 Bug 情况、重现 Bug 现场等。

3. 活动收尾

每次活动结束后，各业务团队需要安排一次内部会议，主要完成以下几件工作作为 Bug Bash 活动收尾。

- 对每个 Bug 进行严重程度分类，重复的 Bug 需要关闭。
- 对每个 Bug 的修复时间做出安排，非常严重的 Bug 需要在上线前修复，图 8-27 展示了一次活动需要修复的 Bug 列表。
- 反思此次活动的得与失。

Ticket	Priority	Summary	Reporter	Assignee	Status	Fix Versions	Components
FW-70	Should Have	The message for update operations is disappeared automatically	Guo	Ren	Done	6.44	Biz - UI - Programmatic
FW-70	Should Have	[Schedule Builder] ad industry export view should not display "(): ():"	Xu	Chen	To Do	6.45	Biz - UI - HyLDA & Linear Schedule Ingest
FW-70	Should Have	[SA] export file name should cover channel along with UI change	Xu	Jiang	Done	6.44	Biz - UI - Inventory

图 8-27

4. 产品修复和颁奖

为了对 Bug Bash 活动的结果进行统计，Bug Bash Tools 应运而生。它根据不同的指标对发现的 Bug 进行统计，旨在通过对这些数据的分析提炼出一些有助于提高产品质量的方法。以下为具体的指标。

（1）单次结果统计

图 8-28 展示了单次 Bug Bash 活动的统计结果。我们会从三个维度去分析此次活动的效果。

- 左上角的饼状图展示的是找出的 Bug 严重程度的对比。这里主要看重的是 Must Have（必须修复）和 Should Have（应该修复）的比重，如果这两个类别的 Bug 占比过高，意味着在质量保证的前置环节做得不够好，需要对此进行反思和调整。
- 右上角的饼状图则从修复时间的占比方面评估找出的 Bug 的修复紧迫程度。如果活动结束后提交的当前版本的修复占比高，就意味着这次活动发现了很多较为紧迫的问题。从好的方面来说，这意味着我们赶在客户使用新版本产品之前发现了需要修复的问题；但从需要提高的方面来说，这也反映出质量保证的前置环节做得仍有不足。
- 最下面的柱状图则反映了一个排名情况。我们会对每个参与人员找出的 Bug 按照严重程度进行加权算分，之后即可根据分数高低得到一个排名柱状图。对于名列前茅的同事，团队会给予丰厚的奖励，提高大家找 Bug 的积极性。

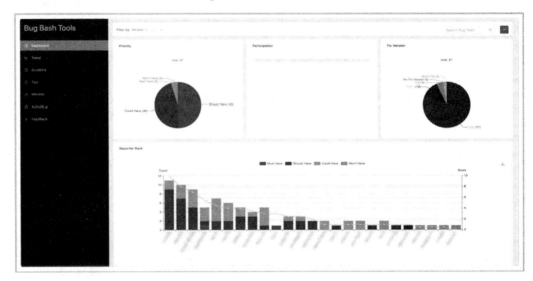

图 8-28

（2）趋势统计

除了单次结果统计，我们还会合并多次统计结果，试图从趋势里发现一些值得关注的结论。图 8-29 展示的便是过去 4 年来数十次活动中找出的 Bug 的严重程度趋势变化。从中也可以看出，在进行后端服务化改造和前端单页面应用改造的过程中，我们团队也经历了一段阵痛时期，但随着时间推移，整体 Bug 数量在减少。

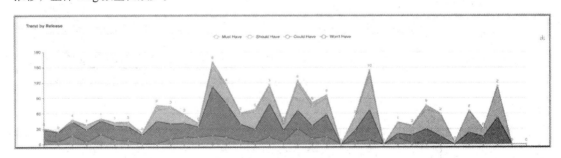

图 8-29

在这么多次的 Bug Bash 活动后，我们总结出了一些经验。

- 对于各业务团队而言，Bug Bash 不是必须举行的活动。各个团队应该根据自身情况合理安排举办活动的频率。

- 不必拘泥于线下形式，只要前期材料准备充分，也可以选择举办线上的 Bug Bash 活动，让更多的同事能够加入进来。
- 做好 Bug 的记录工作，对于现场发现的问题及时采用录屏、截图等方式记录下来，方便后期开发人员进行分析调查，不然容易造成 Bug 复现步骤不明确、无法界定 Bug 严重程度等问题。

8.4.3 Post-release Check 实践

产品成功部署到线上环境后，并不代表着万事大吉。这个时候仍要谨慎地对功能进行线上检验，也就是发布后检查（Post-release Check，简称 Post Check）。

1. 基本原则

在前面的环节里，我们已经做过非常细致的测试检查了，因此这一环节的测试追求的是尽可能用最低的成本覆盖最多的产品功能，换言之便是，以乐观路线（Happy Path）为主，保证用户基本功能的使用不受阻碍，以其他路线为辅，包括悲观路线测试、压力测试等。

2. 自动化

随着服务化进程的不断推进，发布后检查的自动化测试用例逐步统一到了端到端测试的 Cypress 框架体系内。发布后检查有两个步骤。

- 与持续部署流水线绑定：每次线上部署就会自动触发，节省触发和回测的人力。
- 区分测试用例优先级：测试用例分 P1、P2 两种不同级别，对于 P1 测试用例，一旦没运行通过就要求对应测试用例的负责人立即查看原因并予以回复。

图 8-30 展示了一次部署后触发流水线的结果邮件。

3. 数据统计

除了对单次部署的结果进行展示，我们还可以将这些数据落盘并通过一个**发布后检查工具**（Post Check Tool）展示出来，如图 8-31 所示。这样做带来了两个好处。

- 分析历史数据趋势找出潜在问题：传统业务的测试用例都比较稳定，所以我们可以通过观察同一个测试用例的时间趋势变化，捕捉可能存在的问题。例如某个测试用例在最近几次版本发布时成功运行花费的时间都比之前的平均值高出 30%，那就很有可能是最近几次版本发布的改动所导致的。

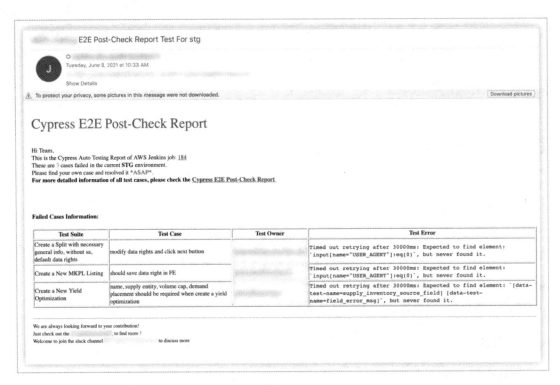

E2E Post-Check Report Test For stg

Tuesday, June 8, 2021 at 10:33 AM

Show Details

To protect your privacy, some pictures in this message were not downloaded. Download pictures

Cypress E2E Post-Check Report

Hi Team,
This is the Cypress Auto Testing Report of AWS Jenkins job: 184
These are 3 cases failed in the current **STG** environment.
Please find your own case and resolved it *ASAP*.
For more detailed information of all test cases, please check the Cypress E2E Post-Check Report

Failed Cases Information:

Test Suite	Test Case	Test Owner	Test Error
Create a Split with necessary general info, without sa, default data rights	modify data rights and click next button		Timed out retrying after 30000ms: Expected to find element: `input[name="USER_AGENT"]:eq(0)`, but never found it.
Create a New MKPL Listing	should save data right in FE		Timed out retrying after 30000ms: Expected to find element: `input[name="USER_AGENT"]:eq(0)`, but never found it.
Create a New Yield Optimization	name, supply entity, volume cap, demand placement should be required when create a yield optimization		Timed out retrying after 30000ms: Expected to find element: `[data-test-name=supply_inventory_source_field] [data-test-name=field_error_msg]`, but never found it.

We are always looking forward to your contribution!
Just check out the , to find more !
Welcome to join the slack channel to discuss more

图 8-30

Case Summary

Case Name	Path	Owner	Failure Count	Total	Failure Rate	Tags	Latest Failure	Latest Pass
MKPL Order Extension E2E Case mkpl order extension decline order extension	spec/ui/mkpl/order		1	13	7.69%		2021-08-17T02:39:11Z	2021-08-31T07:05:49Z
Exchange Listing Creation & Copy & Edit Create a New Exchange Listing should successfully create the exchange listing	spec/ui/mkpl/listing/		1	13	7.69%		2021-08-17T02:34:38Z	2021-08-31T07:06:37Z
Yield Optimization Create & Edit & Deactivate Create a New Yield Optimization create yield optimization with inventory order supply and global control	spec/ui/mkpl/settings		1	13	7.69%		2021-08-17T02:34:35Z	2021-08-31T07:06:37Z
Inventory Split Creation Create a Split with necessary general info, without sa, default data rights could create without standard attributes in inventory step	spec/ui/mkpl/listing		2	28	7.14%		2021-08-16T09:12:06Z	2021-08-31T07:34:12Z
VCBS Insertion Order Form Add New Insertion Order	spec/new_ui/order/insertion_order.		1	14	7.14%		2021-08-24T00:58:17Z	2021-08-31T05:17:21Z
Inventory Split Edit Edit the existed inventory split, inventory split by brand&endpoint edit in split step	spec/ui/mkpl/listing		1	14	7.14%		2021-08-18T03:32:50Z	2021-08-31T07:34:12Z
Inventory Split Creation Create a Split with necessary general info, with multiple brands and endpoint owners, custom data rights should create with split by programmer and brand	spec/ui/mkpl/listing		1	18	5.56%		2021-08-30T05:26:24Z	2021-08-31T07:34:12Z
Check Inventory Insights Performance Tab Check if all widgets works without error	spec/ui/insights/inventory_insights.		0	2	0.00%	NEED TO CHANGE CASE OWNER		2021-08-23T11:14:15Z
Check Inventory Insights Performance Tab Check filters	spec/ui/insights/inventory/		0	1	0.00%	NEED TO CHANGE CASE OWNER		2021-08-25T10:47:24Z
Check Inventory Insights Performance Tab Check if all widgets works	spec/ui/insights/inventory		0	1	0.00%	NEED TO CHANGE CASE OWNER		2021-08-25T10:47:24Z

图 8-31

- 找出不稳定测试用例：作为端到端测试，有一定概率因为某条测试链路不稳定导致失败。但如果一个测试用例经常运行不通，那么这里面就一定有改进的空间——框架自身不够稳定，

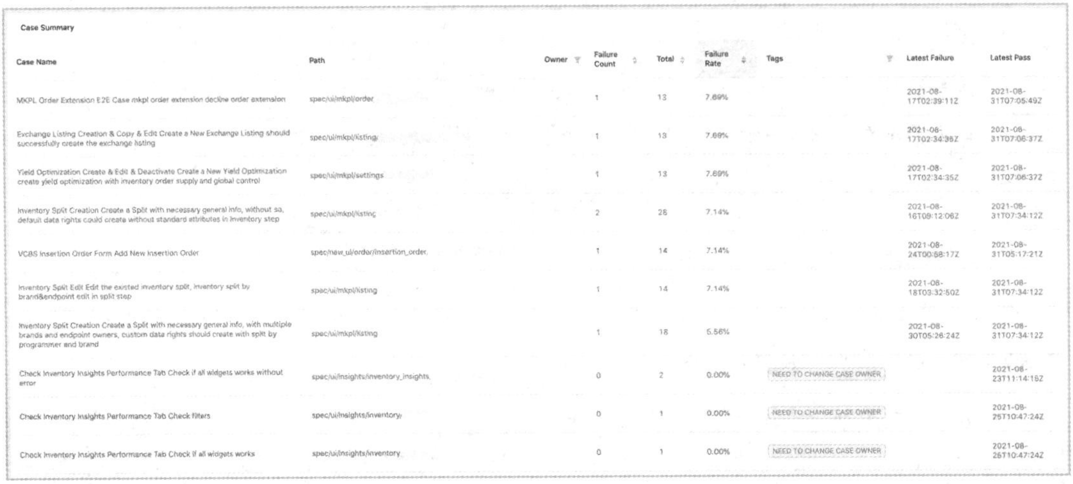

或者测试用例本身不够稳定。通过统计失败的概率可以筛选出这样不稳定的测试用例，然后再让对应的测试用例负责人改进，直到测试用例稳定。

8.4.4 灾备策略与实践

灾备是灾难备份的简称，其中包含两层含义：灾难前的备份与灾难后的恢复。云灾备是灾备的云端实现形式，通过结合云计算、云端存储等诸多技术来实现灾备，同传统的灾备模式相比，减少了企业在 IT 基础设施上的投入，提供了更快的响应速度和更高的恢复质量。

1. 基础概念

在确定灾备策略和解决方案前，需要先明确两个关键指标：故障恢复时间目标（RTO，Recovery Time Objective）和故障恢复时间点目标（RPO，Recovery Point Objective）。

- 故障恢复时间目标：指灾难发生到系统完全恢复时间点的这段时间长度。这个数值越小，意味着系统恢复越快。

- 故障恢复时间点目标：IT 系统崩溃后可以恢复到某个历史时间点，这个时间点就是可恢复数据历史时间点，该时间点到灾难发生这段时间存在一部分实际数据丢失，所以该指标反映了数据恢复的完整程度。这个数值越小，业务数据丢失越少。

图 8-32 展示了这两个指标之间的关系。

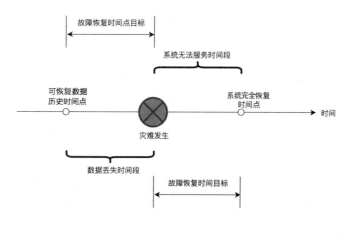

图 8-32

2. 基本策略

灾备一般分为数据级、应用级和业务级三个等级。其中数据级和应用级的灾备在 IT 系统的范畴内可以通过专业的灾备产品实现。业务级灾备在数据级、应用级的基础上，还需要对 IT 系统之外的因素进行保障，比如办公地点、办公人员等。

从图 8-32 可见，系统完全恢复时间点和灾难发生之间的时间间隔越小，对业务的影响也就越小，简单来说就是，要让系统尽快正常运行。越核心的业务越需要保证 RPO 和 RTO 趋近于 0，相应投入自然也就越大。因此，企业可根据不同业务的重要程度安排不同的灾备恢复等级，在 RTO、RPO 和成本之间达到一个平衡。

3. 灾备实践

基于上述策略，我们团队实践并总结出了一些灾备经验。

（1）进行数据库灾备

数据的灾备分为备份与恢复两部分。并非所有的数据都需要备份，我们的经验是备份当灾难发生时需要恢复的数据，例如客户的应用数据。有一些数据可以通过简单的操作重新生成，这些数据就不需要进行备份。例如，客户每天的报表数据可以通过再次触发报表的发布操作生成。

FreeWheel 的 OLTP 数据库采用的是 AWS Aurora DB，使用主从架构作为灾备策略。不同数据中心的应用向主数据库写入数据，主数据库会实时同步数据到从数据库。这两个数据库是跨数据中心的，目前我们的部署方式是将主数据库部署在美国东部节点，将从数据库部署在美国西部节点。由于美东美西的网络传输时延较大，我们并没有采用双活架构。

此外，FreeWheel 还有一些数据是存放在 Key-Value 类型的数据库中的。例如视频文件的元数据、网站的源信息等。对此类数据，我们选用的是 AWS 的 DynamoDB 数据库，该数据库支持 Global Table 功能。在创建数据库的阶段就可以指定多个数据中心，由数据库产品本身来保证数据的同步。当应用程序将数据写入一个区域中的数据库时，DynamoDB 会将写操作自动传播到其他 AWS 区域中的数据库。

（2）进行无状态应用灾备

对于无状态的应用程序，我们采用异地多活的策略进行多数据中心部署。当灾难发生面临数据中心切换时，应用程序不需要额外的启动时间即可继续向客户提供服务。

为了达到这个目标,我们通过持续部署流水线提供了简单便捷的部署操作。每次部署都默认针对多个数据中心进行,保证多个数据中心的应用程序运行的代码版本相同。图 8-33 显示,可以选择 AWS_EAST 和 AWS_WEST 两个数据中心。

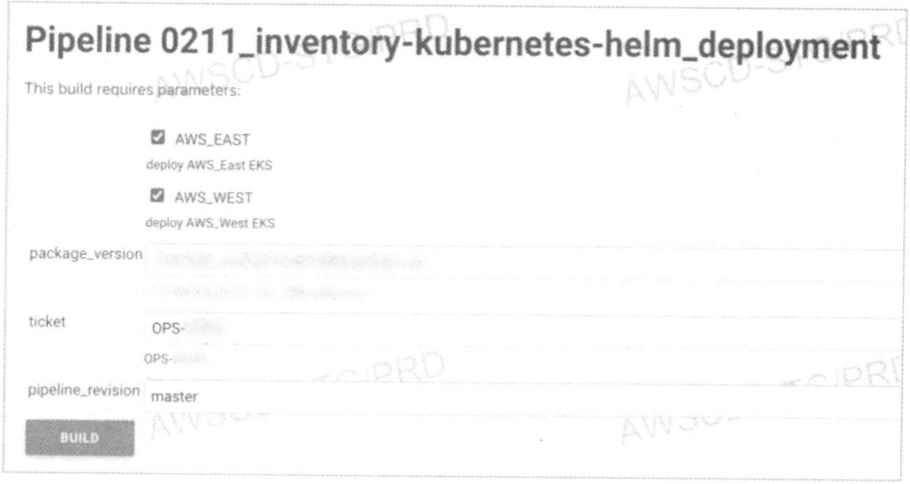

图 8-33

(3)流量切换与恢复

FreeWheel 主要有两个官方域名的流量入口:一个是公司官网,另一个是 Open API。

如果当前服务的数据中心正好发生灾难,我们需要将对应的流量转发到其他数据中心。目前我们通过 AWS 的 GSLB 服务来实现不同数据中心目标 IP 地址的解析与切换。在平常只有主数据中心的 IP 地址处于可用状态,其他数据中心的 IP 地址处于禁用状态。

当灾难发生时,GSLB 发给主数据中心的健康监测信号将反馈异常,GSLB 会分析异常并采取对应的策略。如果 GSLB 认为主数据中心已不可提供服务,便会将灾备数据中心的 IP 地址设为可用,从而实现迅速切换和业务恢复。以上过程如图 8-34 所示。

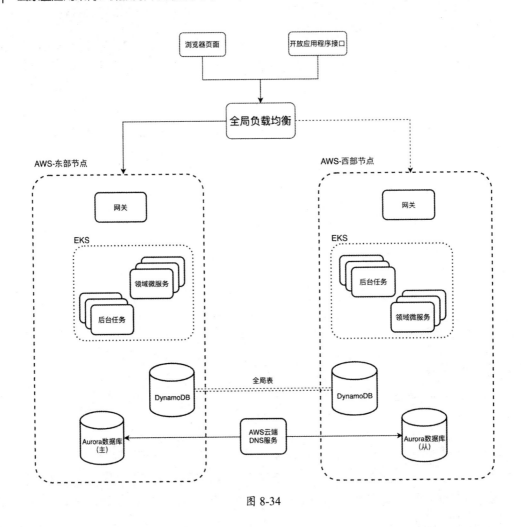

图 8-34

8.5 本章小结

本章从构建质量保证体系出发，介绍了笔者团队的一些落地实践，其中详细探讨了单元测试、集成测试、端到端测试、测试自动化、混沌工程等内容，还介绍了针对类生产环境的质量保证实践。

保证产品质量不只是测试人员的职责，也是整个团队的职责。微服务架构对从开发到上线的整个链路提出了更高的协同要求，这意味着整个链路内的每一位参与人员——开发、测试、运维工程师等，都需要为其所交付的成果负责。而这一切实践归根结底都在为业务价值服务。在业务的发展过程中，团队应根据实际情况合理调整质量保证策略与实践方式，构建最适合自身的质量保证体系。

第 9 章
持续集成和持续部署

随着云计算技术和平台的普及,以高效方式构建应用程序成为应用上云的关键。持续集成和持续部署作为加速器,成了开发流程中不可或缺的部分。它们不仅是 DevOps 思想的落地产物,更是为开发应用程序提供强有力支持的技术和工具集合。

在这一章中,我们会结合团队的实践,从持续集成的自动化触发、差异化执行、产物归档等方面谈起,介绍经过微服务改造后的产品发布规划、云原生部署框架,以及持续部署对微服务应用全生命周期的支持。

9.1 基于 Git 的持续集成

在现代软件工程领域中,无论是通过服务化的方式进行架构设计,还是使用敏捷开发流程,主要目的都是提高开发效率,因此应用构建和部署也要跟上迭代的脚步。

Grady Booch 在《面向对象分析与设计》一书中提到了持续集成(Continuous Integration,CI)的概念,并且提倡每天多次集成。2006 年,Martin Fowler 给出了持续集成相对正式的定义:"在软件工程中,持续集成是将所有开发人员的工作成果,每天多次合并到共享主线中的做法。"到今天为止,持续集成的理念仍在不断地被实践和优化,并落地到日常的工程化开发工作中。

经过团队多年的实践积累,在持续集成方面我们确定了如下的流程。

- 软件工程师每次从个人开发分支向代码主干分支提出代码评审及提交请求(Pull Request)时,会自动触发 Jenkins 前置流水线(SubCI pipeline)。这类流水线的成功执行是代码进入主干分支的前提条件。如果执行失败代码就不能进入主干分支。

- SubCI 通过后，代码会经过人工评审并合并到主干分支，同时自动触发后置的完整流水线（FullCI）。这类流水线如果执行成功，说明当前代码可以基于主干分支正常运行。否则就需要找到出错原因并及时解决问题。

为了支持上述流程，需要完成一些准备工作。

- 对 Git 及 Jenkins 进行统一配置，实现提交及合并代码后流水线的自动化触发。
- 编写好 CI 流水线所需的脚本文件，实现代码拉取、测试执行、打包上传等功能。
- 新建 Jenkins 任务，将 CI 过程以任务形式展示出来。

当然，在具体实施过程中可能还会有一些细节作为补充，我们会在后面的内容中再描述。

持续集成的基础运行环境主要涉及 GitHub、Jenkins、Docker、Artifactory 等。搭建和维护这些支撑工具是 CI 能够高效执行的基石。多年来，业内提供的持续集成平台和工具不断推陈出新，涌现出如 TeamCity、Travis CI、Buddy、Drone、GoCD、CircleCI、Codeshop 等产品。在搭建 CI 基础环境时，我们建议从自身需求出发，结合工具的特点进行技术选型。

9.1.1 自动触发流水线

在 CI 中我们希望将不同分支开发的代码合并到主干分支时实现测试自动化，即自动触发相应的流水线进行代码测试。在实际的开发工作中，我们一般会遇到以下几类需求。

- 一旦工程师提交代码，就需要自动触发流水线运行单元测试。
- 某一个服务更新后，和它有调用关系的其他服务也需要运行测试流水线。
- 基于 GitHub 的仓库（Repositories）或组织（Organization）进行整体代码管理。这两种类型都需要抽象流水线，并根据代码仓库或组织实现不同层次的自动化触发。
- 如果变更的是测试数据和工具代码，要基于测试粒度和成本综合考量，周期性地触发流水线。
- 对于包含多个上下游依赖关系的微服务应用，下游更新后，需要自动触发下游的流水线。

针对上述需求，我们确定了以下的解决方案。

1. 基于代码仓库的自动触发方案

持续集成团队通过以下步骤来实现基于代码仓库的自动触发。

（1）配置 GitHub

在 GitHub 上进行相关配置的操作如下。首先设置分支保护规则，如图 9-1 所示，勾选适当的分支保护规则，并使其在指定分支上生效。

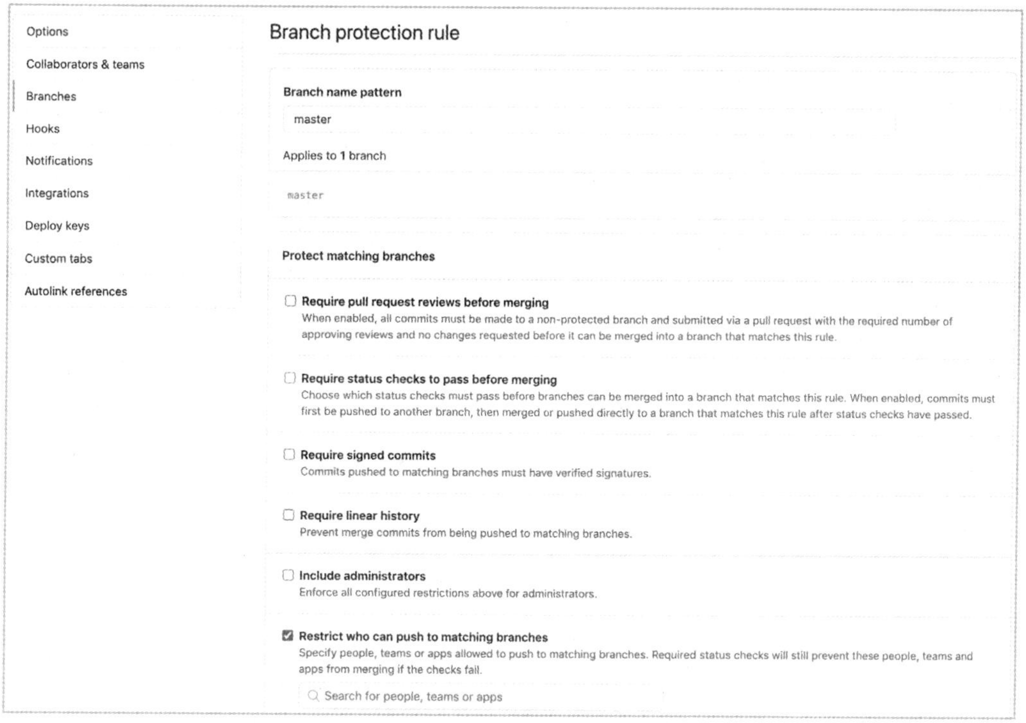

图 9-1

接下来管理 Webhook。如图 9-2 所示，设置 Payload URL，比如将 Jenkins 处理 GitHub 事件请求的 URL 填写在这里。具体的事件一般包括代码轮询、代码推入仓库（Push）、代码提交申请（PR）、代码评审、分支创建、基于仓库标签创建和编辑、Wiki 更新等。CI 可以提供基于这些事件的自动化触发能力。我们需将代码提交申请作为自动化触发的标志事件。

图 9-2

最后进行账户设置，如图 9-3 所示，添加对代码仓库有读写权限的账户，用于 Jenkins 的授权配置。

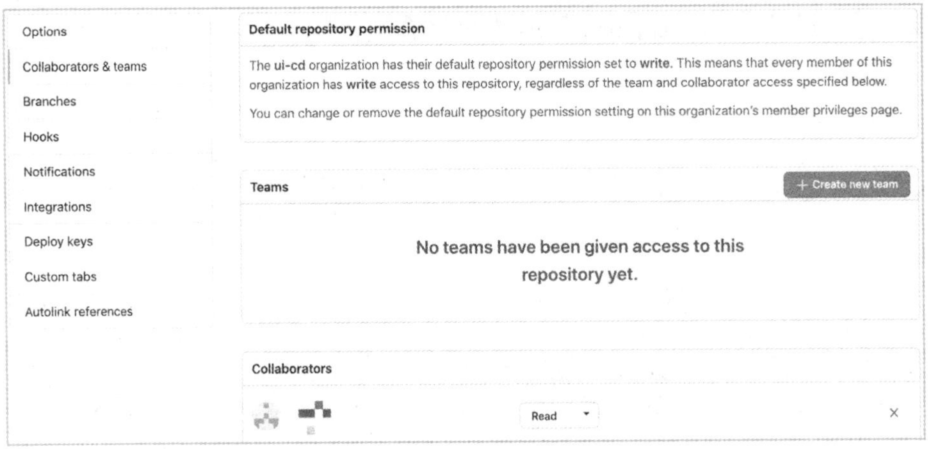

图 9-3

（2）配置 Jenkins

Jenkins 的配置工作包括下面几个步骤。

首先，配置 Jenkins Credential，如图 9-4 所示。为上面设置的有读写权限的账户生成 Credential。

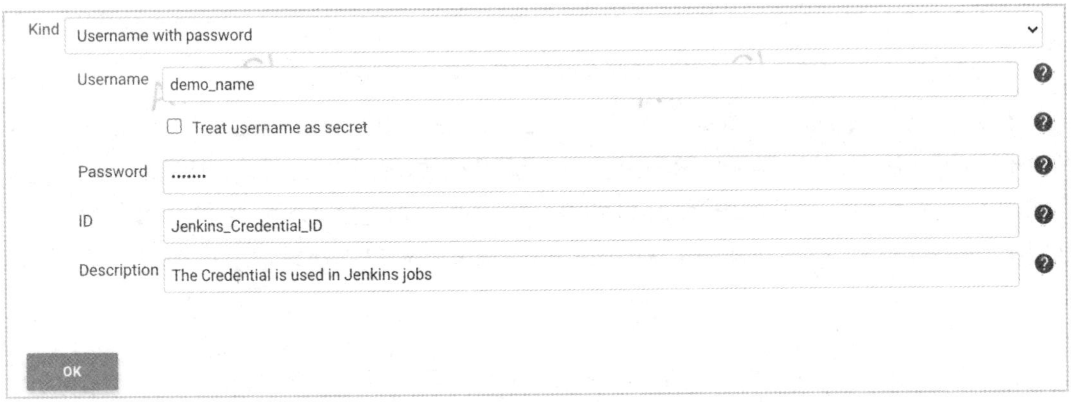

图 9-4

然后配置 Jenkins MultiBranch Pipeline。其中 Branch Sources 的配置如图 9-5 所示，Build Configuration 的配置如图 9-6 所示。

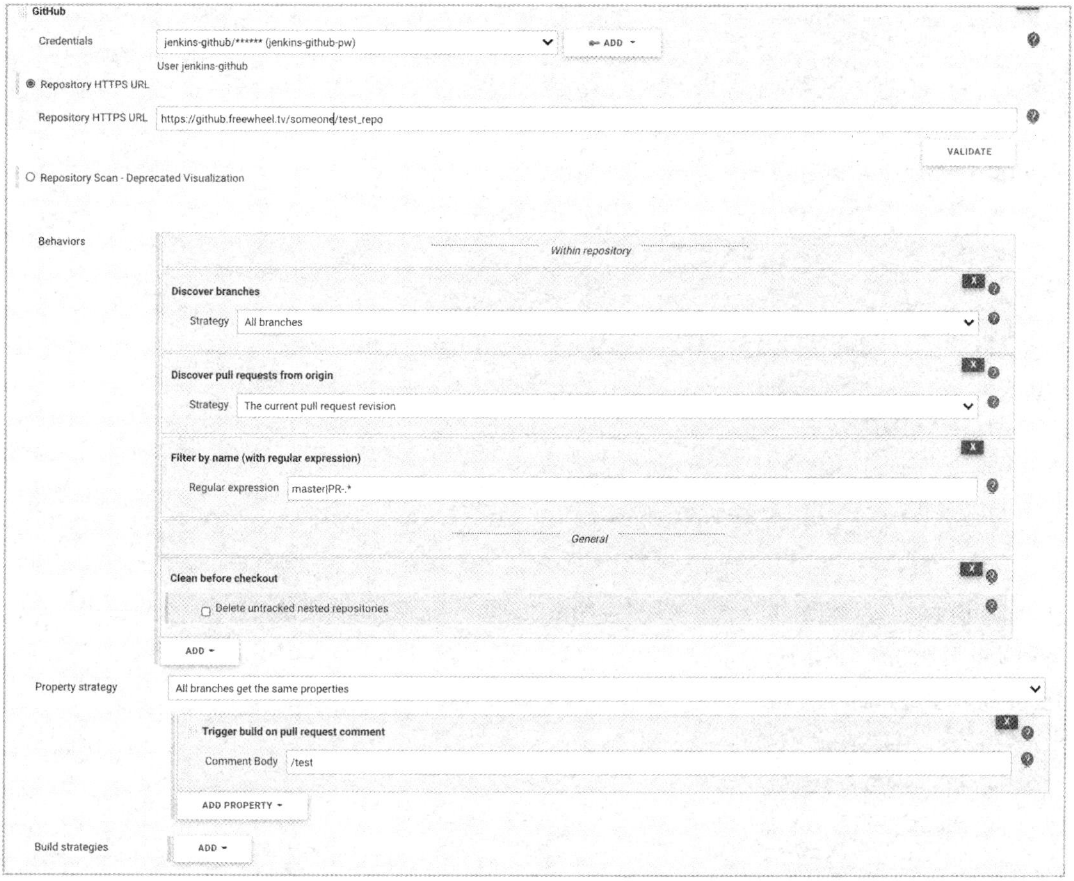

图 9-5

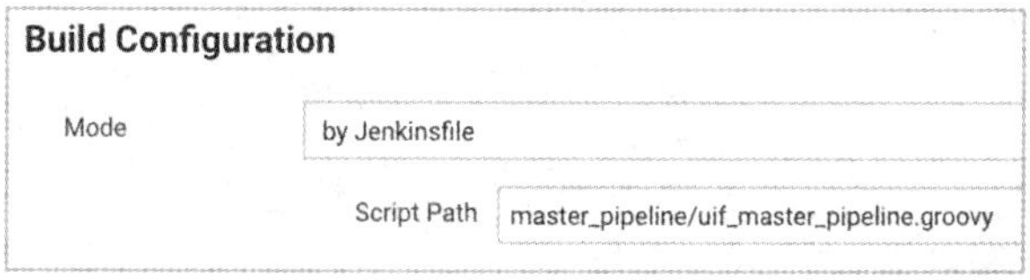

图 9-6

（3）编写 Jenkinsfile

为了实现自动触发依赖服务流水线的需求，我们将与当前服务有依赖关系的服务的流水线作为子流水线，通过执行父流水线自动触发子流水线，并将这种关系以配置文件的形式添加到代码仓库中，配置文件 MP_Configure 的内容如下。

```yaml
ui_demo_ci_before_merge:
  is_pr: "true"
  pr_trigger_type: "merge"
  owner: "owner"
  include:
    - src/go/src/demo_service/
  child_pipeline:
    - "UI/UI_CI/demo_service/demo_PR"

ui_demo_ci_after_merge:
  is_pr: "false"
  owner: "owner"
  include:
    - src/go/src/demo_service/
  child_pipeline:
    - "UI/UI_CI/demo_service/groovy_pipeline"
    - "UI/UI_CI/demo_job/groovy_pipeline"
```

同时，在内容上，我们需要将多个服务的流水线抽象出来，将 Jenkinsfile 添加到代码仓库中并在 Jenkinsfile 中读取流水线关系配置文件，用来实现服务更新，以及自动触发自身测试流水线及有依赖关系服务的测试流水线，代码示例如下。

```groovy
import groovy.json.JsonOutput

List<List<?>> mapToList(Map map) {

    return map.collect { it ->
        [it.key, it.value]
    }
}

def slack_notification(){
}

def cleanBuildWs(){
}

def createCompileJob(Module,Job_Name,Parameters,Module_Owner) {
    //触发子任务，处理运行结果
}

def mpconfig_parser(MP_Configure,Change_List,Trigger_Jobs) {
    //配置文件解析
}

def env_init(){
```

```
}
return this
```

基于上述步骤，由 PR 触发的自身流水线和相关流水线的运行关系如图 9-7 所示，即随着父流水线的执行，与当前服务有调用关系的子流水线也会被执行。

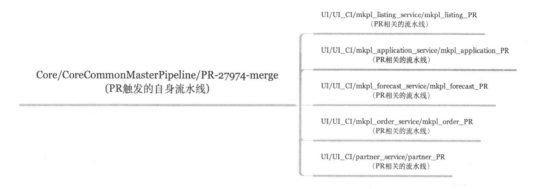

图 9-7

2. 基于 GitHub 代码组织的自动触发方案

不同的代码管理方式需要配合不同层次的流水线触发方案。使用 Jenkinsfile 的基本方法没有变，但是基于 GitHub 代码组织管理方式，如何在创建代码仓库的同时也自动化创建 Jenkinsfile 脚本，如何在 Jenkins 中自动创建 MultiBranch Pipeline 及其配置？这些问题都是实施过程中的重点和难点。经过研究，我们确定了如下的解决方案。

（1）自动创建 Jenkinsfile 脚本

首先，我们需要对 GitHub 组织进行抽象，创建出适配所有代码仓库的 Jenkinsfile 模板文件，并定义新建不同代码仓库时需要传入的定制化参数（代码模板如下）。在自动创建代码仓库时，开发团队会基于 Jenkinsfile 模板文件和定制化参数生成适用于当前代码仓库的 Jenkinsfile。

```
@Library('jenkins-shared-library@master')

def Triggered_Build

def getServiceName(GIT_URL){
}

def getSSHGitUrl(GIT_URL){
}
```

```
pipeline{
 agent {
 }
 environment {
 }
 stages {
  stage('Env Init') {
  }

  stage("Bingo_CI_Trigger") {
    //触发流水线，处理运行结果
  }
 }
 post {
  cleanup {
    cleanWs()
  }
 }
}
```

（2）自动创建 MultiBranch Pipeline 及其配置参数

经过调研，团队决定引入 Jenkins 中的 Github Organization Project 功能。该功能可以自动发现代码组织中的所有仓库，为它们自动配置 MultiBranch Pipeline，并且可以通过代码组织级别的 Webhook 实现从 GitHub 到 Jenkins 任务的自动触发。具体的实现方法也需要在 GitHub 和 Jenkins 上配置，与前面介绍的内容类似，这里不再赘述。

以上两种解决方案的区别主要有两点。

- 配置级别不同：前者是在 GitHub 的代码仓库级别进行配置的，后者是在 GitHub 的代码组织级别进行配置的。

- 自动化程度不同：前者因为是仓库级别的代码管理方式，因此需要手动进行 GitHub 和 Jenkins MultiBranch Pipeline 配置；后者是 GitHub 代码组织级别的管理方式，所以采用手动方式完成 GitHub 代码组织和 Jenkins Github Organization Project 配置后，会自动新建 MultiBranch Pipeline 功能，实现手动配置和自动配置相结合。

在该问题的解决过程中，开发团队和持续集成团队打破组织结构的壁垒，通力协作，践行了 DevOps 思想。同时也说明了持续集成不仅需要在代码和工具层面满足开发需求，更需要开发团队的积极介入,开发人员会提供细节实现上的建设性提议。

3. 其他解决方案

对于周期性触发需求,我们主要的解决方案是通过 Jenkins 上的周期触发功能,自定义触发条件,如图 9-8 中的"Build periodically"选项。

对于基于上下游关系的触发需求,我们需要了解基于上下游关系触发流水线和微服务中的父子流水线的主要区别:子流水线执行结果的成功与失败,会影响父流水线的执行结果,而上下游流水线的重点仅在于前后相连,下游流水线的执行结果不影响上游流水线的执行;另外,父子流水线的脚本实现形式利于版本控制和检索,而上下游关系流水线通常直接在 Jenkins 图形界面上进行配置,如图 9-8 中的"Build after other projects are built"选项。当然,配置 Jenkins 流水线是通过图形界面还是代码,应该根据具体需求进行分析和选择。

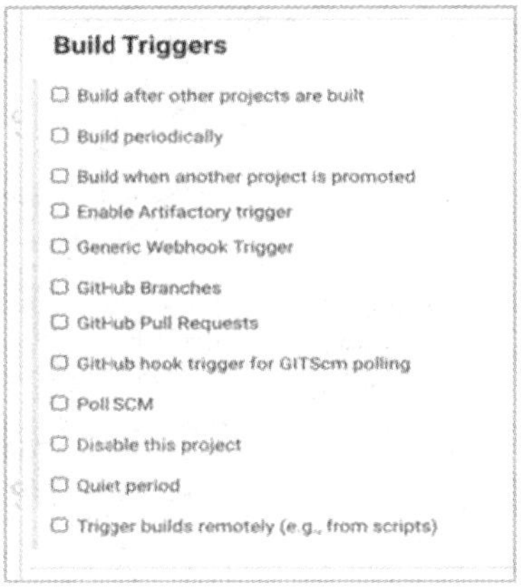

图 9-8

最后,从图 9-8 中可以看到,Jenkins 提供了多种多样的流水线触发方式,我们需要结合实际需求进行灵活选择,不能为了使用而使用,要遵循让工具服务核心业务的原则。

9.1.2 流水线差异化与统一协作

9.1.1 节介绍了流水线的触发方式,本节将根据我们的实践,从持续集成流水线的功能角度出发,介绍它在软件开发各个阶段的差异化与统一协作。

1. 流水线的差异化

首先,从代码合并的角度和流水线自身功能的角度来说,流水线可以分为全局流水线(Master

pipeline）、前置的部分流水线（SubCI pipeline）和后置的完整流水线（FullCI pipeline）。前置和后置，是相对于代码合并到主干分支这一事件而言的。

全局流水线的功能主要是根据代码当前所属分支判断下一步需要执行的是 SubCI，还是 FullCI。如果当前所属分支不是主干分支，就执行 SubCI，如图 9-9 所示。

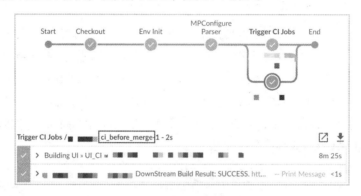

图 9-9

如果当前所属分支是主干分支，就执行 FullCI，如图 9-10 所示。

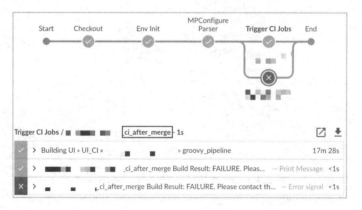

图 9-10

从命名上可以看出，SubCI 的主要目的是在代码合并到主干分支前进行必要的测试，以保证代码变更的质量。所以，它通常是 FullCI 的子集，一般包括代码拉取、单元测试、代码编译验证等功能。

FullCI 的功能较为丰富，有代码拉取、单元测试、功能测试、回归测试、集成测试、冒烟测试等。它还负责部署包的生成和上传，如图 9-11 所示。在后面的章节中，我们会对部署包进行详细介绍。

图 9-11

当然，根据不同的需求，在 CI 流水线中也能集成一些定制化的功能。只要它们遵循 CI 原则、符合 DevOps 思想，我们都愿意以开放的心态进行尝试。

其次，从代码类型来看，流水线可以分为业务逻辑代码流水线和辅助工具类代码流水线。业务逻辑代码流水线重要程度高，需要优先创建。辅助工具类代码包含的范畴就非常广泛了，可以是测试工具的代码、管理应用数据的代码，或维护环境的代码等。这些代码的流水线因为对应的内容不同，功能也不尽相同。

随着应用程序的不断完善，这些辅助工具类代码的流水线也越来越多。比如 mock 测试工具的 CI 流水线，主要完成 mock 工具的测试、编译和容器镜像的上传归档。在业务流水线中，程序执行环境的更新也可以通过 CI 流程来把控。比如我们会创建 PostCheck 流水线，执行应用级别的测试用例，将测试结果通过邮件和即时消息方式发送给负责人。在应用上云的过程中，我们基于 Packer 构建了 AWS AMI 镜像的 CI 流水线、对回归测试数据库进行数据维护的 CI 流水线，周期性完成了更新测试数据的任务。而测试环境的 CI 流水线，既可以完成基于 Docker Compose 的测试环境的搭建，也可以添加测试数据，并同步更新回归测试数据库。

2. 流水线的统一协作

在某个固定时间点、按某一固定频率触发周期性流水线，就能够保证这种流水线的产物被周期性地按需应用到其他流水线中，这就是统一协作的一种表现。

在形式上，无论是父子关系流水线还是上下游关系流水线，都是统一协作的一种表现。另外，基于多分支的流水线间也存在统一协作关系，如图 9-12 所示。

- 当开发人员基于一个分支创建 PR 时，GitHub 会发送一个带有 PR 信息的 Webhook 给 Jenkins。
- Jenkins 接收 PR，然后自动创建一个针对该分支的流水线，它使用当前流水线的 Jenkinsfile 执行各个环节的任务。这时 PR 合并将被阻塞，直到 Jenkins 返回构建状态。
- 一旦构建完成，Jenkins 将更新 GitHub 上的 PR 状态。如果流水线执行成功，就可以合并代码了。如果想检查 Jenkins 构建日志，可以在 PR 状态中找到 Jenkins 构建日志链接。

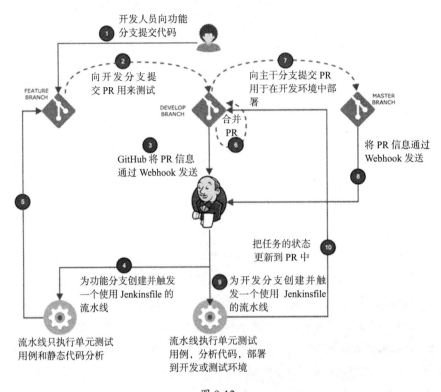

图 9-12

流水线运行在 Jenkins 工作空间（Workspace）内，不同测试环节中的多组件之间也是统一协作的。

- 在单元测试环节，主要测试数据流水线的数据产物对单元测试的支持。
- 在回归测试环节，要求为被测服务搭建最小依赖关系的测试环境。这类测试环境中至少包含多个微服务及测试数据流水线的数据产物，还可以包含 mock 测试工具流水线的工具产物，它们之间同样需要统一协作。

从整体上看 CI 环境，从 EC2 的 AMI 到 Docker-Runner 镜像，再到 Jenkins 工作空间里的各个组件，不同层次中都有 CI 流水线的产物，这也是流水线统一协作的表现。

9.1.3　流水线产物存储规划

不同流水线执行后输出的静态产物，不仅可以为质量保证提供数据，还可以为产品发布提供可溯源的部署包。所以，我们需要对流水线产物进行存储规划。

1. 流水线产物

流水线产物一般可以分为三类。

- 质量保证数据。
- 辅助工具产物。
- 部署文件（含镜像和部署包）。

与应用程序相关的流水线产物主要有代码静态分析数据，单元、功能、回归测试覆盖率数据，测试日志文件，应用程序的二进制文件，部署包等。与辅助代码开发工具相关的流水线产物主要有测试数据集和测试工具等。

在我们的实践中，应用程序打包后会以二进制文件的格式被制作成 Docker 镜像，再通过 Helm Chart 形式发布，Dockerfile 示例如下。

```
FROM alpine:3.5

RUN mkdir -p /opt/demo/tlog && \
    adduser demo

USER demo

WORKDIR /opt/demo/current
COPY ./bin /opt/demo/current/bin

CMD ["/bin/sh","-c","/opt/demo/current/bin/demo_service start -c /opt/demo/current/env-config/demo.yml -G true"]
```

Helm Chart 文件目录结构如图 9-13 所示。

图 9-13

2. 产物存储规划

质量保证数据是在产生该数据的流水线执行之后才被展示的。而部署文件和辅助工具产物需要频繁应用到多个环境中,所以要存放到仓库中。Artifactory 是用来存放流水线产物的仓库,它本质上是一种 Maven 仓库的服务端软件,支持多种开发语言,支持任意维度的元数据检索、跨语言正反向依赖分析等功能,还支持深度递归、异地灾备等企业级特性。

微服务应用内的每个服务都采用统一的部署方式,都有对应的 Docker 镜像和 Helm Chart 部署包。随着代码每次更新,Docker 镜像和 Helm Chart 部署包的版本也会发生变化,所以我们在规划产物存储时要遵循以下几个主要原则。

- 部署产物分类存储。
- 部署产物具有唯一标识。
- 部署产物可溯源。
- 部署产物上传时进行权限控制。
- 部署产物定期清理。

应用会根据产物的文件类型将其分类保存在仓库中,主要有镜像类、部署 Helm 包类、npm 类等。同一个流水线的产物也会被保存到不同类别的路径下,如图 9-14 所示。

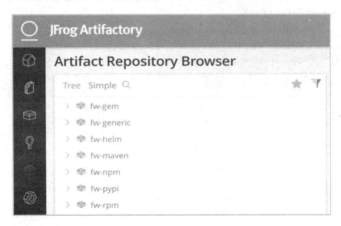

图 9-14

服务通过唯一的命名标识来区分包文件的版本,同一个服务中会有多个包文件,如图 9-15 所示。版本的命名规则是,服务组件名称-主版本号.子版本号.流水线构建号-生成日期-当前代码提交哈希值缩写-AWS 标签,比如,demo-services-6.36.12-rev20200628-9b2f261646a-aws.tgz。

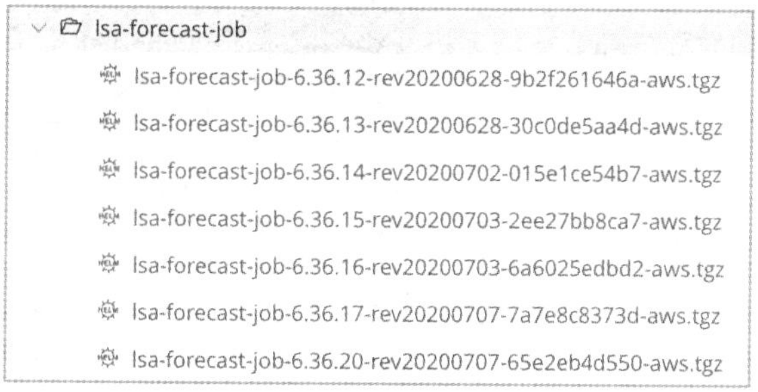

```
∨ 📁 lsa-forecast-job
    ❄ lsa-forecast-job-6.36.12-rev20200628-9b2f261646a-aws.tgz
    ❄ lsa-forecast-job-6.36.13-rev20200628-30c0de5aa4d-aws.tgz
    ❄ lsa-forecast-job-6.36.14-rev20200702-015e1ce54b7-aws.tgz
    ❄ lsa-forecast-job-6.36.15-rev20200703-2ee27bb8ca7-aws.tgz
    ❄ lsa-forecast-job-6.36.16-rev20200703-6a6025edbd2-aws.tgz
    ❄ lsa-forecast-job-6.36.17-rev20200707-7a7e8c8373d-aws.tgz
    ❄ lsa-forecast-job-6.36.20-rev20200707-65e2eb4d550-aws.tgz
```

图 9-15

通过唯一标识，我们可以找到产物来源于哪条流水线的哪一次构建任务，从而确定该版本对应的源代码版本，达到溯源的目的，以便进行代码追踪与定位。

我们对产物上传的权限也进行了控制，既保证有效产物能上传到 Artifactory 仓库，阻拦无效上传，也能合理利用 Artifactory 仓库，避免仓库资源被过度使用。另外，仓库中的文件也需要定期清理。不过需要注意的一点是，清理的是流水线产物而不是生成产物的源代码或脚本。也就是说，删除产物后能否由源代码或脚本重新生成该产物，是安全清理的前提。

9.2　基于 Helm 的持续部署

持续集成的重点在于将代码合入主干分支时进行质量保证；而持续部署（Continuous Delivery，以下简称 CD）的重点则在于将 CI 流水线的打包产物自动部署到生产环境。CI 是 CD 的前提，CD 是 CI 的目的。一般来说，与 CI/CD 有关的开发步骤如下。

- 开发人员实现功能并完成本地测试后，通过 CI 流水线完成质量全面测试并生成部署包。
- 按照发布计划，开发人员使用 CD 流水线将部署包发布到预发布环境和生产环境，并进行功能验证。

为了支持上述流程，实现持续部署时需要考虑以下重点。

- 结合系统架构、部署环境、发布时间等因素进行部署工具的选型和规划。
- 编写 CD 流水线所需要的脚本文件，内容包括获取部署配置、Helm 发布版本、部署后的必要测试等。
- 新建 Jenkins Job，将 CD 过程以 Job 的形式展示出来。

在上云过程中，我们的部署环境从物理机迁移到了基于 Kubernetes 的云服务器，部署包也从 RPM/TAR 包变成 Helm 包，这就要求 CD 流水线中的脚本也要不断更新以满足上云需求。

持续部署的基础运行环境主要涉及 Kubernetes 集群、Jenkins、Docker、Artifactory 等。它们不仅是 CD 的依赖，更重要的是，这些服务的稳定与否直接关系到生产环境的服务级别协议（Service-Level Agreement，SLA）能否达成。本节将重点介绍在 CD 过程中针对微服务上云实现的部署规划和流水线发布等内容。

9.2.1 部署规划

实施持续部署，需要在应用的系统架构、部署环境、发布时间这三个主要方面进行分析，综合考量后进行部署工具的选型和规划。

1. 系统架构

在微服务应用中，每个服务实现的业务各不相同，但编译及产物形式是一致的，它们都会将编译完成的二进制文件及配置打包为 Docker 镜像。这样每个服务都可以独立部署，这种统一的应用形态也有利于部署步骤的统一。

如果基于 Kubernetes 集群来部署应用，首选的部署工具是 Helm 或 Kustomize。考虑到要对应用程序生命周期和版本进行管理，我们选用了 Helm 这个 Kubernetes 包管理器作为部署工具。因此，我们在每个服务的代码结构中都添加了 Helm Chart 目录，并在 CI 流水线中完成了 Helm 的打包和上传，在 CD 流水线中使用 Helm 包来发布应用。

2. 部署环境

目前，我们主要的部署环境是预发布环境和生产环境。它们分别有三个集群，如图 9-16 所示。

- 基于 EKS 的美国东部集群（AWS-EAST:EKS）。
- 基于 EKS 的美国西部集群（AWS-WEST:EKS），与东部集群互为灾备集群。
- 原有基于物理机搭建的 Kubernetes 集群（NY5:K8S Cluster），正在按计划逐步下线。

应用中所包含的微服务通常集中部署在集群中的同一个命名空间（namespace）内，便于维护。在其他 namespace 中，还部署有服务网格、监控等基础设施组件。

针对上述部署环境，流水线需要具备将应用发布到不同环境的能力，也需要具有将应用部署到同一环境中不同集群的能力。另外，因为微服务多达数十个，要求部署步骤的逻辑框架高度抽象并模板化。这样才能满足不同服务、不同环境、不同集群的需求。

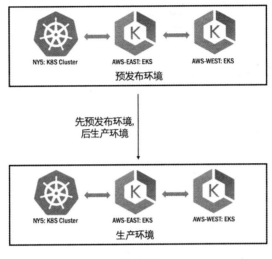

图 9-16

3. 发布时间

应用的发布周期通常为四周。前两周进行开发,之后需将版本部署至预发布环境,接下来两周运行测试,第四周将版本发布至生产环境。

另外,如果线上发现了影响用户的 Bug 需要及时修复,评估风险并通过审批后可随时部署,不用遵循既定的发布周期。为保险起见,部署时仍需要先部署到预发布环境再部署到生产环境。

9.2.2 不同环境下多集群的部署框架

应用需要部署到不同环境下的多个 Kubernetes 集群。部署包在 CI 流水线中生成。首先,开发人员提交代码到 GitHub,自动触发 CI 流水线;部署包在流水线中生成并被上传到 Artifactory,具体可以参考 9.1 节。然后 CD 流水线从 Artifactory 中下载部署包,并将其部署到不同环境的集群中。整体流程如图 9-17 所示。

图 9-17 中的持续部署采用 Jenkins 任务执行,部署框架是基于 Helm 的,部署后自动执行 Pod 级别和服务功能级别的验证。

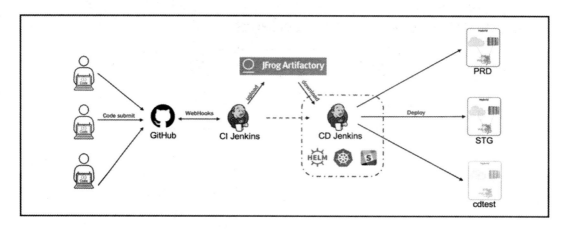

图 9-17

1. Helm 简介

Helm 是 Kubernetes 应用程序的包管理工具，我们主要通过 Helm Chart 来定义、安装和升级复杂的 Kubernetes 应用程序。从架构上来看，它是由客户端和服务端组成的 C/S 结构，服务器是集成在 Kubernetes 集群中的，叫作 Tiller，Helm 3 之后 Tiller 已被废弃。

Helm 中还有三个重要概念：Chart、Release 和 Repository。Helm 客户端获取 Repository 中的 Chart 并将部署文件交由 Tiller 处理，生成 Kubernetes 资源清单，Tiller 与 Kubernetes API 服务器交互，请求资源并将应用安装到 Kubernetes 集群。在这个过程中，Kubernetes 集群上运行的 Chart 实例就是 Helm 定义的 Release。Helm 与 Kubernetes 集群的交互流程如图 9-18 所示。

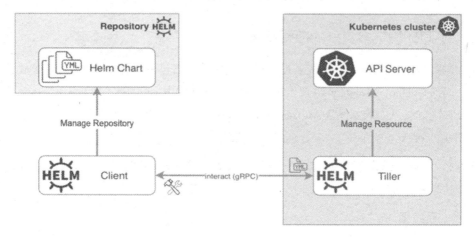

图 9-18

2. 按环境和集群划分 Jenkins 任务

服务部署任务是面向开发环境、预发布环境和生产环境的。因此，我们将这些 Jenkins 任务划分到对应的三个文件夹 ESC-DEV、STG 和 PRD 中，以达到分类管理和预防部署误操作的目的。在每种环境对应的文件夹中又有四个子文件夹。以预发布环境的文件夹 STG 为例，其中的四个子文件夹分别是 STG-AWS，STG-AWS-WEST，STG-NY5 和 STG_Both_NY5_AWS（包括 NY5、AWS 两种环境），如图 9-19 所示。

图 9-19

其中，STG_Both_NY5_AWS 子文件夹存放部署父任务，用来触发部署到当前环境的三个集群中的子任务，使它们并行执行。其他三个子文件夹分别存放当前环境中不同集群的部署子任务，执行 AWS-EAST-EKS、AWS-WEST-EKS 和 NY5-K8S Cluster 集群中的部署任务。

比如，STG_Both_NY5_AWS 文件夹中有 demo-kubernetes-depoyment 这样的父任务，那么其他三个子文件夹中就有同名的 demo-kubernetes-depoyment 子任务。在预发布环境部署 demo 服务时，只需执行 STG_Both_NY5_AWS 文件夹中的 demo-kubernetes-depoyment 父任务，就可以自动触发子任务，由子任务进行实际的部署操作，实现通过一个父任务完成多个不同集群中的部署。

以 STG_Both_NY5_AWS 文件夹和 STG-AWS-WEST 文件夹中的部署任务为例，图 9-20 展示了一个父任务的子任务列表。

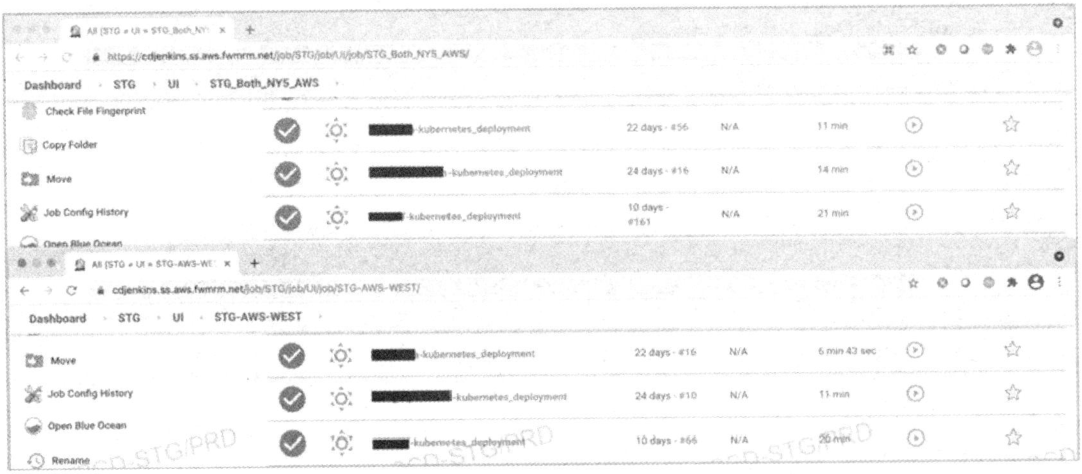

图 9-20

当然，父任务和子任务也支持人工触发和执行，图 9-21 展示了父任务和子任务的配置界面。

左侧为父任务配置界面，可选参数有目标集群、部署包名、审批凭证和部署代码分支。父任务的主要功能是根据参数触发指定的子任务，并将这些参数传递给子任务。

右侧为子任务配置界面，可选参数有目标集群、部署包名、审批凭证、部署步骤和部署代码分支。子任务的重点功能是根据参数读取配置文件，执行 Helm 部署命令及部署完成后的基本验证，这就是部署框架的核心内容。服务部署使用的任务是基本的 Jenkins 任务，任务参数可以按需添加，主要功能在 Groovy 文件中实现。需要注意的是，不允许同时执行部署任务，要保证部署是串行执行的。

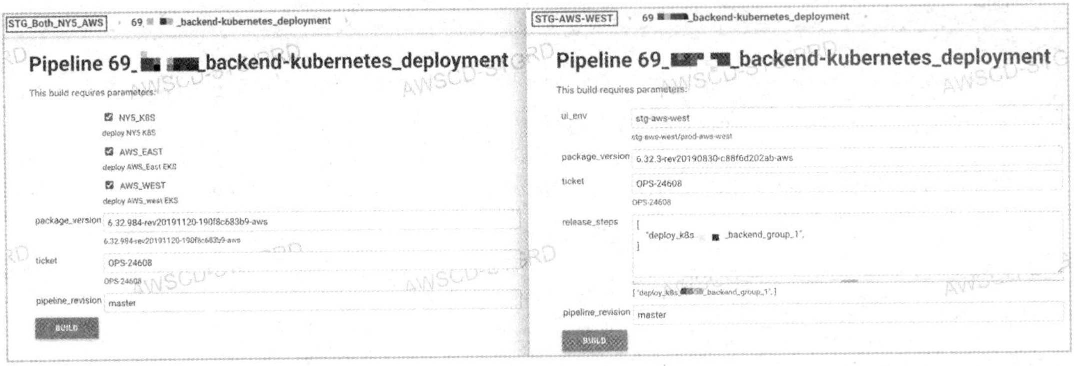

图 9-21

3. 部署框架

部署框架会根据微服务的配置进行部署和验证操作，其结构如图 9-22 所示。服务部署子任务直接执行部署入口的 Groovy 文件，在通用部署单元中解析任务的参数并调用 Python 脚本，然后在 Python 中根据服务配置文件执行 Helm 命令进行部署，再调用 Kubectl 命令进行 Pod 级别的部署验证。

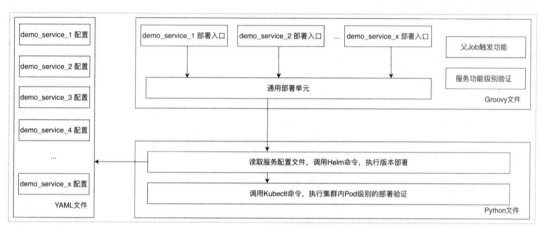

图 9-22

首先，每个服务对应一个配置文件，配置文件中明确列出了不同环境下的不同集群中需要执行的部署操作和基本验证点，如下。如果要支持新增服务的部署，需添加新服务对应的配置文件。

```
cdtest-ny5:
  ... ...
cdtest-aws-east:
  ... ...
cdtest-aws-west:
  ... ...
stg-ny5:
  ... ...
stg-aws-east:
  deploy_steps: deploy_k8s_demo
  postcheck:
    check_pod_image_version: demo
    check_pod_number: demo!1
    check_pod_status: demo!Running
stg-aws-west:
  ... ...
prod-ny5:
  ... ...
prod-aws-east:
```

```
... ...
prod-aws-west:
    ... ...
```

然后，在完成配置文件解析和 Jenkins 任务参数判断后，通过 Helm 命令可进行服务部署，代码如下。

```
def deploy_k8s_soa_service_package(service,env,version,jira_result):
    ### 通过 Helm 命令进行服务部署
    helm_install_command = "helm upgrade " + Helm_release_name + chart_version + " --install --wait --timeout 1200"
    (status,output) = execute_command_shell(helm_install_command,jira_result)
    ... ...

    return ret,jira_result
```

最后，在 Helm 部署成功之后，使用 Kubectl 命令进行 Pod 级别的部署验证，代码如下。

```
def check_pod_image_version(**dictArgs):
    (status,output) = execute_command_shell("kubectl describe pod " + pod_name + "-" + version + " | grep -oP \"Image:\s+[\w\.-]+[\w\./]+[\w\.-]+[\w\]+:[\w\.-]+\"|grep " + pod_name + "|cut -d: -f3 ",jira_result)
    ... ...
    return ret

def check_pod_number(**dictArgs):
    (status,output) = execute_command_shell("kubectl get pod -a -o wide | grep -P ^" + pod_name + "-" + version,jira_result)
    ... ...
    return ret

def check_pod_status(**dictArgs):
    (status,output) = execute_command_shell("kubectl get pod -a -o wide | grep -P ^"+ pod_name + "-" + version +"|awk '{print $3}'",jira_result)
    ... ...
    return ret
```

4. 部署后进行服务功能级别的验证

在执行 Jenkins 父任务的过程中，除了触发子任务进行实际部署，还可以触发服务功能级别的验证。这些验证操作也是 Jenkins 子任务，图 9-23 展示了一个与测试相关的子任务界面。

验证的内容是服务功能的测试用例。如果测试用例执行失败，可以通过邮件或即时消息进行通知，图 9-24 展示了一个使用邮件来通知任务失败的示例。

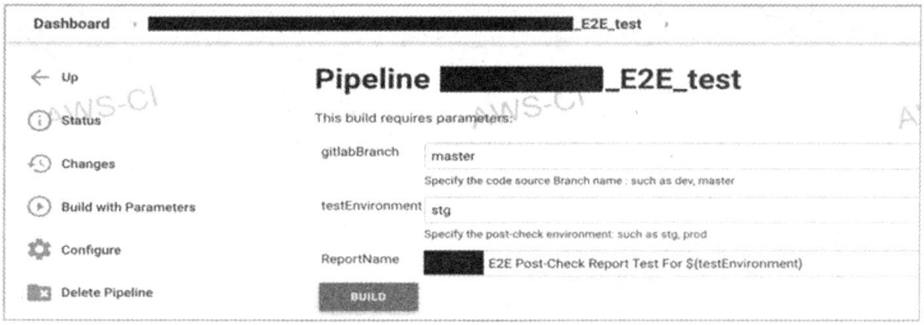

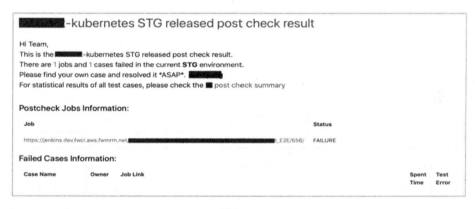

图 9-23

图 9-24

9.2.3 云原生的支持和任务维护

持续集成和持续部署所用的 Jenkins 工具全部部署在 AWS EC2（Elastic Compute Cloud）上，AMI（Amazon Machine Images）和 Docker 镜像由脚本生成，获取后可重复使用。目前，微服务不同环境下多个集群的部署需要两百多个 Jenkins 任务的支持，我们对这些任务的维护也实现了自动化。

1. Jenkins 对云原生的支持

执行持续部署的 Jenkins 节点使用 AWS 提供的 EC2，需要支持 Helm、Kubectl、Slack 和 Jira。这些工具对 CPU 等系统资源要求较低。EC2 上运行的 AMI 基于 Packer 工具，通过流水线执行脚本生成。流水线的创建与之前介绍的类似，不同点在于执行的 Groovy 文件和 packer.json 文件，Groovy 文件内容如下：

```
pipeline {
  agent {
    label 'ui-slave-base'
```

```
    }
    options {
      }
      environment {
          AMI_Name = "${ami_name_prefix}"+"-"+"${ami_name_postfix}"
      }
      stages {
          stage('Validate Packer File'){
          //对 packer.json 进行有效性验证
          }
          stage('Build AMI'){
              ... ...
              //使用 Packer 进行 AMI 制作
              ./packer build –var
               \"AMI_Name=${AMI_Name}\" ./${ami_name_prefix}/packer.json
              ... ...
          }
      }
}
```

packer.json 文件内容如下，主要用于描述构建的 AMI 中需要安装的工具集及 Packer 运行所需的 AWS 的环境。

```
{
 "_comment": "Used by xxxxxx label",
 "variables": {
   "AMI_Name": "xxxxxx"
 },
 "builders": [{
   "ami_name": "{{user `AMI_Name`}}",
   "ami_users": ["xxxxxx","xxxxxx"],
   ... ...
   },
   "tags": {
      ... ...
   },
   "run_tags": {
      ... ...
   },
   "ami_block_device_mappings": [
     {
      ... ...
     }
   ],
   "source_ami": "xxxxxx",
   "region": "us-east-1",
```

```
    ... ...
  }],
  "provisioners": [
    {
      "type": "shell",
      "inline": [
        "## install kubectl",
        "## install helm 2.13.1",
        "## install jira client",
        ... ...
      ]
    }
  ]
}
```

执行部署后，进行服务功能级别验证的 Jenkins 节点需要支持测试用例的执行，因此要在 Jenkins 节点上运行基本的测试环境。我们采用的方式是将测试用例及执行环境构建成 Docker 镜像，将 EC2 作为宿主机，在宿主机上运行 Docker 镜像，从而达到验证目的。流水线的创建与之前介绍的类似，不同之处在于 Groovy 文件和 Dockerfile 文件，Groovy 文件内容如下。

```
pipeline {
    agent {
        docker {
            image 'arti.freewheel.tv/xxxxx/demo:latest'
            label 'demo-slave-post-check'
            args '-u root xxxxxx xxxxxx --network="host"'
        }
    }
    ... ...
}
```

Dockerfile 文件内容如下，用于完成测试用例依赖环境的安装和配置。

```
FROM centos:centos7
# 安装并配置需要的软件包
... ...
RUN /bin/bash -l -c "nvm install 12.16.3 && npm install -g newman yarn"

CMD ["/bin/bash", "-D"]
```

2. Jenkins 任务的维护

Jenkins 任务的日常维护包括创建、更新、删除及报警处理。新服务上线时，需要创建任务；服务下线时，需要删除对应的任务。维护工作主要是指对任务参数的批量更新和报警处理。批量更新通过 Jenkins API 结合 Python 多线程脚本来实现，代码如下。

```python
def update_config(base_job_name):
    ... ...
        job = server.get_job(full_job_name)
        config=job.get_config()
        new_config = config.replace('old_para', 'new_para')
        job.update_config(new_config)
    ... ...

if __name__ == '__main__':
    jenkins_host = 'https://cdjenkins.demo.net/'
    base_job_names=[
    'demo-kubernetes_deployment',
    ... ...
    ]
    ... ...
    server = Jenkins(jenkins_host, username = 'XXXXXXXX', password = 'XXXXXXXXX')
    for base_job_name in base_job_names:
      job_para_update = MyThread(update_config,args=(base_job_name, ))
      job_para_update.start()
      threads.append(job_para_update)

    for i in threads:
      i.join()

    for i in threads:
      ret += i.get_result()

    print(" ret = %d" % (ret))
```

我们通过人工分析 Jenkins 任务日志来处理报警。首先，我们维护的 Jenkins 任务是具有实时报警功能的。一旦任务出错，Jenkins 会马上向执行任务的工程师多次发送即时消息，并在消息中提示报警的部署环境和版本信息，直到任务被处理。工程师可以根据报警链接直接跳转到 Jenkins 任务，再通过分析错误日志来诊断真正的报警原因。如果是 Jenkins 任务的参数错误，需要停止当前任务并重新触发；如果是 Jenkins 本身的问题（比如无法分配对应的 Jenkins 服务器），就需要对 Jenkins 服务进行排查；如果是 Jenkins 任务中的 Helm 部署失败，则需要根据提示继续分析失败原因。

9.3 基于 Kubernetes 的持续部署实践

我们构建的微服务应用基于 Kubernetes 集群、以服务为粒度进行部署。为了更好地服务客户流量并降低部署成本，每个服务的 Helm Chart 在 Kubernetes 资源配额的基础上都使用了自动水平扩缩功能。此外，从服务首次上线、升级，再到最终下线的过程中，我们需要按照固定的流程进行处理。如果遇到部署失败的情况需要具体问题具体分析。

9.3.1 Pod 资源配额及水平扩缩

多个微服务一般会共享具有固定节点数目的集群资源。为了保证各个服务都能分配到合适的资源，我们使用了 Kubernetes 提供的资源配额工具。

资源配额通过 ResourceQuota 对象定义，通过命名空间的资源消耗总量来进行限制。在命名空间中可以限制某种类型的对象的总数目上限，也可以限制 Pod 使用的计算资源的上限。比如在计算资源（如 CPU 和内存）配额被启用后，每个服务必须为这些资源设定请求值（request）和约束值（limit），否则因为配额的限制，Pod 将无法被成功创建。

我们使用 Helm Chart 的 deployment.yaml 和 values.yaml 实现应用的部署，示例如下。

```yaml
# 在 deployment.yaml 中指明 container 限用的资源
apiVersion: apps/v1
kind: Deployment
metadata:
  ... ...
spec:
 strategy:
   type: RollingUpdate
   rollingUpdate:
     maxUnavailable: 0
     maxSurge: 3
 replicas: {{ .Values.replicaCount }}
 ... ...
 template:
  metadata:
    ... ...
  spec:
    serviceAccountName: {{ $name }}
    volumes:
    ... ...
    containers:
    - name: {{ .Chart.Name }}
      image: ... ...
      livenessProbe:
        ... ...
      readinessProbe:
        ... ...
```

```
      volumeMounts:
        ... ...
      resources:
        # 引用 values.yaml 文件中的内容
        {{- toYaml .Values.resources | nindent 10 }}
      ... ...
{{- end }}

# 在 values.yaml 中写明 container 限用的具体数值
replicaCount: 3
... ...
resources:
  limits:
    cpu: 1
    memory: 1Gi
  requests:
    cpu: 10m
    memory: 128Mi
```

在某些时段内，应用的访问量会急剧增加。为了提高服务的可用性和可伸缩性，同时降低部署应用的运维成本，我们采用了 Pod 自动水平扩缩（Horizontal Pod Autoscaler，HPA）功能。它可以根据 CPU 利用率或内存占用情况自动扩缩 Pod 的数量。除此以外，HPA 还可以根据自定义度量指标来执行自动扩缩操作。当然，如果 Kubernetes 中的某些对象（比如 DaemonSet）本身不支持扩缩，HPA 就不适用了。

Pod 自动水平扩缩是通过定义 HorizontalPodAutoscaler 对象并将其添加到 Helm Chart 中实现的，示例如下。

```
apiVersion: autoscaling/demo
kind: HorizontalPodAutoscaler
metadata:
  name: demo
  labels:
  ... ...
spec:
  maxReplicas: 20
  minReplicas: 6
  scaleTargetRef:
    apiVersion: apps/v1
    kind: Deployment
    name: demo
  metrics:
  - type: Resource
    resource:
```

```yaml
      name: cpu
      target:
        type: AverageValue
        averageValue: {{ $.Values.features.hpa.cpuAverageValue }}
    - type: Resource
      resource:
        name: memory
        target:
          type: AverageValue
          averageValue: {{ $.Values.features.hpa.memoryAverageValue }}
... ...
```

在使用 Helm Chart 进行部署升级时，可以查看 HPA 生效的日志文件，如图 9-25 所示。

```
==> demo/HorizontalPodAutoscaler
NAME              REFERENCE                    TARGETS                        MINPODS   MAXPODS   REPLICAS   AGE
demo-api-grpc     Deployment/demo-api-grpc     95m/800m, 124950118400m/500Mi  6         20        7          259d
demo-api-http     Deployment/demo-api-http     39m/800m, 319315512888m/500Mi  6         20        8          259d
```

图 9-25

通过 Pod 资源配额结合水平扩缩，我们达到了合理利用集群资源的目的，同时可以应对不同数量级的访问需求。

9.3.2 服务上下线流程和故障分析

在应用的持续部署过程中，我们解决了 Helm 和 Kubernetes 集群在使用过程中出现的问题，比如网络连通性问题、访问权限问题、资源限制问题等。根据具体的部署场景，我们会从服务上线流程、服务版本升级，以及服务下线流程三个方面介绍如何进行故障分析。

1. 服务上线流程的故障分析

结合前面的介绍，服务上线的流程是，先在开发环境测试服务功能和 Helm Chart，然后在预发布环境进行部署测试和系统级别的用户确认测试（User Acceptance Test，UAT），最后进行正式上线发布。

尽管我们可以采用各种策略进行测试，但是在生产环境中的首次部署是真正的检验。服务上线需要注意的是，其依赖是否在集群中都已经准备好。随着应用复杂度的提高，服务本身的依赖数量也在增加。有些依赖是服务之间的，有些依赖则是服务对外部的依赖，比如 MySQL 数据库、Solr 搜索服务器、Amazon S3（Simple Storage Service）存储服务等。

目前，我们的自动化部署任务支持显示及通知部署结果和 Pod 信息。不过，部署出现问题的时候还需要人工介入进行分析。结合 Jenkins 部署任务中的日志信息，我们使用 Kubectl 命令进行问题排查，分析步骤如下。

首先，检查部署任务中的日志信息。

如果出现如图 9-26 所示的错误信息，就表明在设定的 1200s 超时时间内，Helm Chart 部署失败。

```
helm upgrade
                              --install --wait --timeout 1200
UPGRADE FAILED
ROLLING BACK
Error: timed out waiting for the condition
Error: UPGRADE FAILED: timed out waiting for the condition
```

图 9-26

然后，进行 Pod 级别的排查，通过命令行查看，如下所示。

```
$ kubectl get pods -n ui-app | grep demo
demo-56c44849f8-88bm4                 2/2    Running    0    14d
demo-56c44849f8-mpmgr                 2/2    Running    0    14d
demo-56c44849f8-ts6pj                 2/2    Running    0    14d

$ kubectl describe pods demo-56c44849f8-88bm4 -n ui-app
Name:         demo-56c44849f8-88bm4
Namespace:    ui-app
Priority:     0
Node:         ip-10-52-134-48.ec2.internal/10.52.134.48
... ...
Events:
... ...
```

如果 Pod 处于 Pending 或 Crashing 等非健康状态，那么也就无法进入 Pod 中的容器内进行调试，这时主要通过 Pod 级别的日志信息进行分析。

最后，我们可以进入容器中进行排查，这里主要进行服务功能逻辑的日志检查，具体如下。

```
$ kubectl exec demo-56c44849f8-88bm4 -c demo -n ui-app -- ls
bin
env-config
log

$ kubectl logs demo-56c44849f8-88bm4 -c demo -n ui-app
2021/04/22 03:55:50 proto: duplicate proto type registered: proto.Int64Slice
2021/04/22 03:55:50 proto: duplicate proto type registered: proto.StringSlice
2021/04/22 03:55:50 proto: duplicate proto type registered: proto.Message
2021/04/22 03:55:50 proto: duplicate proto type registered: proto.CompanyContacts
... ...
```

如果日志文件中出现 "Can't connect to MySQL server" 内容，表示出现了数据库连接问题，需要检查新上线服务的 MySQL 配置是否正确，以及新服务与 MySQL 的网络连通性是否正常。

2. 服务版本升级的故障分析

在预发布环境或生产环境中，常规的版本升级绝大多数情况下是成功的。因为服务经过测试能在一定程度上保证质量。这种问题多数是由集群本身状态引起的，而不是由服务引起的。

分析版本升级失败的步骤与服务第一次部署上线中介绍的基本一致。

- 出现 Pod 级别日志“Warning FailedMount 20s (x496 over 16h) kubelet, demo.server.net (combined from similar events): MountVolume.SetUp failed for volume "demo-sftponly" : mount failed: exit status 32 mount.nfs: requested NFS version or transport protocol is not supported”，说明需要检查集群中 NFS 的使用是否正常。
- 出现 Pod 级别日志“['Error from server (Forbidden): pods "consumer" is forbidden: User "system:serviceaccount:authorize:demokey" cannot get resource "pods" in API group "" in the namespace "ui-independent-app"']”，说明需要处理集群权限。
- 出现 Pod 级别日志“"0/4 nodes are available: 1 node(s) had taints that the pod didn't tolerate, 3 Insufficient cpu.”，说明集群资源不足，需要扩容。

上述问题会导致本次服务部署失败，并且使 Helm 部署记录为 Failed。目前我们团队使用的 Helm 版本是 2.13.1，这个版本的 Helm 要求将记录为 Failed 的服务先回滚到成功版本，在正常的记录上再进行新版本部署。Helm 回滚命令及成功回滚的提示如图 9-27 所示。

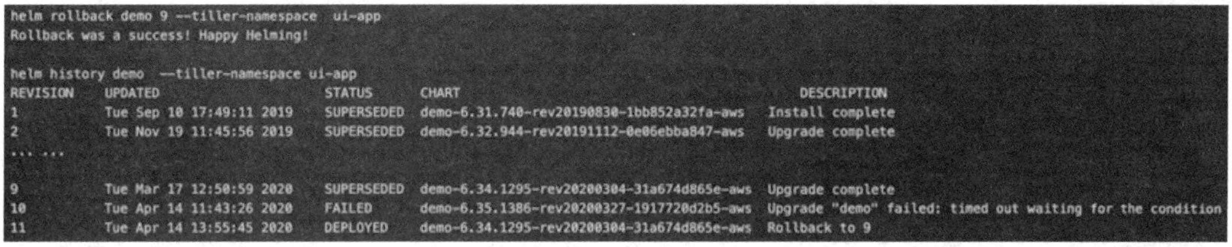
```
helm rollback demo 9 --tiller-namespace  ui-app
Rollback was a success! Happy Helming!

helm history demo  --tiller-namespace ui-app
REVISION    UPDATED                     STATUS      CHART                                       DESCRIPTION
1           Tue Sep 10 17:49:11 2019    SUPERSEDED  demo-6.31.740-rev20190830-1bb852a32fa-aws   Install complete
2           Tue Nov 19 11:45:56 2019    SUPERSEDED  demo-6.32.944-rev20191112-0e06ebba847-aws   Upgrade complete
... ...

9           Tue Mar 17 12:50:59 2020    SUPERSEDED  demo-6.34.1295-rev20200304-31a674d865e-aws  Upgrade complete
10          Tue Apr 14 11:43:26 2020    FAILED      demo-6.35.1386-rev20200327-1917720d2b5-aws  Upgrade "demo" failed: timed out waiting for the condition
11          Tue Apr 14 13:55:45 2020    DEPLOYED    demo-6.34.1295-rev20200304-31a674d865e-aws  Rollback to 9
```

图 9-27

3. 服务下线流程的故障分析

服务下线既可以达到节约集群资源的目的，又能保证对应用的全生命周期进行运维。首先要注意的是，不能对集群中正在提供的服务产生负面影响。主要的下线流程是，先将服务对应的 Pod 数降为 0，如果一段时间内集群中正在提供的服务的运行情况符合预期，可以使用如下命令下线服务并删除依赖。

```
$ kubectl scale deployment demo-test --replicas=0

$ helm delete --purge demo-test
release "demo-test" deleted
```

此外，除了服务部署包及相关依赖资源，使用的 Jenkins 部署任务及对应的代码也需要一并删除。

9.4 本章小结

本章基于我们团队的实践经验，介绍了持续集成和持续部署的概念和相关工具，同时针对软件工程师的日常开发工作探讨了实现持续集成和持续部署的重点流程，描述了持续集成自动化触发的多种配置方式及流水线间的协作，阐述了不同环境下多集群的持续部署规划及部署框架的实现。从服务全生命周期的角度来看，本章总结了 Kubernetes 中的服务资源配额和水平扩缩，以及服务发布流程和运维操作。

本章内容是 DevOps 思想的落地实践，是一个面向开发和运营团队的解决方案。读者需要结合实际的软件开发和发布需求，持续调整和优化，定制属于自己的最佳实践方案。

云原生精品力荐

《Kubernetes权威指南：从Docker到Kubernetes实践全接触（第5版）》

龚正 吴治辉 闫健勇 编著
ISBN 978-7-121-40998-1
2021年6月出版
定价：239.80元

◎人手一本、内容超详尽的Kubernetes权威指南全新升级至K8s 1.19
◎人气超高、内容超详尽，多年来与时俱进，迭代更新
◎CNCF、阿里巴巴、华为、腾讯、字节跳动、VMware众咖力荐

《金融级IT架构：数字银行的云原生架构解密》

网商银行技术编委会 主编
ISBN 978-7-121-41425-1
2021年7月出版
定价：109.00元

◎引领数字化时代金融级别的IT架构发展方向
◎书中阐述的核心技术荣获"银行科技发展奖"
◎网商银行IT技术架构演进实践精华

《混合云架构》

解国红 刘怿平 陈煜文 罗寒曦 著
ISBN 978-7-121-40958-5
2021年5月出版
定价：129.00元

◎阿里云核心技术团队实践沉淀
◎数字化转型背景下，未来企业云化架构规划与实践参阅

《云原生操作系统Kubernetes》

罗建龙 刘中巍 张城 黄珂 苏夏
高相林 盛训杰 著
ISBN 978-7-121-39947-3
2020年11月出版
定价：69.00元

◎来自阿里云核心技术团队的实践沉淀
◎7位云原生技术专家聚力撰写K8S核心原理与诊断案例

《Kubernetes in Action中文版》

【美】Marko Luksa 著
七牛容器云团队 译
ISBN 978-7-121-34995-9
2019年1月出版
定价：148.00元

◎k8s实战之巅
◎用下一代Linux实现Docker容器集群编排、分布式可伸缩应用
◎全真案例，从零起步，保罗万象，高级技术

《未来架构：从服务化到云原生》

张亮 等著
ISBN 978-7-121-35535-6
2019年3月出版
定价：99.00元

◎资深架构师合力撰写，技术圈众大咖联合力荐
◎凝聚从服务化到云原生的前沿架构认知，更是对未来互联网技术走向的深邃洞察

云计算领域权威巨著

《性能之巅：洞悉系统、企业与云计算》

【美】Brendan Gregg 著

徐章宁 吴寒思 陈磊 译

ISBN 978-7-121-26792-5

2015年8月出版

定价：128.00元

◎通晓性能调优、运维、分析
◎Linkedin、Intel、EMC、阿里、百度、新浪、触控科技众牛作序推荐
◎DTrace之父扛鼎巨著

《BPF之巅：洞悉Linux系统和应用性能》

【美】Brendan Gregg 著

孙宇聪 等译

ISBN 978-7-121-39972-5

2020年11月出版

定价：199.00元

◎震撼全球的Gregg大师新作
◎经典书《性能之巅》再续新篇
◎性能优化的万用金典，150+分析调试工具深度剖析

《弹性计算：无处不在的算力》（全彩）

阿里云基础产品委员会 著

ISBN 978-7-121-37228-5

2020年8月出版

定价：129.00元

◎新经济、新引擎、新基建的底层技术
◎数字化、智能化、自动化的核心能力
◎阿里云弹性计算产品六大核心领域齐发，全面揭示云计算核心!

《企业数字化基石
——阿里巴巴云计算基础设施实践》

高山渊 蔡德忠 赵晓雪 刘礼寅
刘水旺 陈义全 徐 波 编著

ISBN 978-7-121-37388-6

2020年1月出版

定价：109.00元

◎历数基础设施跨越发展史!
◎承载云计算技术风云变幻!

《云网络：数字经济的连接》（全彩）

阿里云基础产品委员会 著

ISBN 978-7-121-41121-2

2021年6月出版

定价：139.00元

◎云网络开山之作，网络认知刷新之作
◎云高速全球版图自动导航之作，政企数智化重构及转型先行之作
◎解析云计算+网络技术的发展历程、底层原理、技术体系、解决方案

《对象存储实战指南》

罗庆超 著

ISBN 978-7-121-41602-6

2021年9月出版

定价：89.00元

◎国际资深存储技术大师专著
◎对象存储为海量数据存储、人工智能、大数据分析、云计算而生
◎详解对象存储的历史由来、技术细节、实战操作、未来展望